ヒトという種の未来について
生物界の法則が教えてくれること

A Natural History of the Future: What the Laws of Biology Tell Us About the Destiny of the Human Species

ロブ・ダン
Rob Dunn
今西康子訳

白揚社

どんなときも
計画を練るのが好きな
父に捧ぐ

目次

◉〔　〕で括った箇所は訳者による補足です。

人vs川

子どもの頃、私は川の話を聞きながら大きくなった。その話の中で、人々はいつも川に立ち向かっていた。その話の中で、勝利するのはいつも川のほうだった。

子どもの頃、私にとっての川と言えば、ミシシッピ川とその支流だった。私はミシガン州で生まれ育ったが、父方の祖父の一家はミシシッピ州のグリーンビルという町の出身だった。祖父の子ども時代のグリーンビルは、その昔、氾濫原だった場所に位置しており、堤防を築くことで、町をミシシッピ川の氾濫から守っていた。ミシシッピ川は船を呑み込むこともあった。幼い少年を呑み込むのはしょっちゅうだった。そして、祖父が九歳くらいのとき、川はグリーンビルの町全体を呑み込んだ。家々は川下へと流されていった。ウシたちは増水した川にさらわれた拍子に、ロープで絞め殺された。溺死者は何百人にも及んだ。この洪水の後、町が元の状態に戻ることは決してなかった。

一九二七年のミシシッピ大洪水のような災害が起きると、人間はどうしても、なぜそれが起きたのかを説明したくなるようだった。その説明は、語る人によってまちまちだった。川の氾濫を防いでいるミシシッピ川を挟んだ西隣のアーカンソー州の「紳士ども」のせいだという主張もあった。川の氾濫を防いでいるミシシッピ州側の堤防が決壊すれば、水はミシシッピ州側へと溢れ出して、アーカンソー州は被害を免れる。この大洪水のときがまさにそうだった。それゆえ、(何の証拠もなしに)アーカンソーの紳士の一団が船で川を渡ってきて、ダイナマイトを使って堤防を爆破し、グリーンビルを水浸しにしたのだと言いだす者もいた。あるいは、お怒りになった神が、罰として洪水を引き起こしたのだという説明もあった。洪水と疫病は、復讐心に燃える神が好んで用いる道具であり、人類最古の記録であるシュメールの神話にも、神が大洪水を起こす話が記されている。そして、最もよく聞かされた覚えのあるのが、水位が上がって溢れ出した川の水が、徐々に堤防表面を削り取っていき、ついに崩してしまったのだという説明だった。堤防が崩れ始めた場所を見つけて町の人々に知らせた少年は、うちのおじいちゃんなのだと聞いたこともある。

グリーンビルの洪水について最も真実に近いのは、川をコントロールしようとする人間の企てこそがその原因である、という説明だ。土手を越えて蛇行し、地表に新たな流路を刻んでいくのが、川本来の性質だ。しかし、曲がりくねって流れる川は、今も昔も、川の近くに築かれた町にとってはもちろん、家々にとっても都合が悪い。そのような川は、今も昔も、川沿いに造られた大きな港にとっては都合が悪い。ミシシッピ大洪水という結果に至るまでの期間、川沿いで生活する人々は、途方もない金をかけて、川の蛇行を防ぐための堤防を築いていった。それまで、時間と物理法則と偶然が支配していたその川筋は、人工的に造られるものとなった。よく言われていたのが、川を「手なずけ」て、「コントロール」し、「文明化」することによって、都市の成長と富の蓄積が可能になったということだ。川を手なずけるための管理は、誇りをもって、そして時に傲慢さをもって実施されていった。その傲慢さは、人間には自然を人間の都合に合わせて曲げる能力がある、という思い込みからくるものだった。

ミシシッピ川は、何百万年も前から、毎年のように、土手から溢れ出しては、流域の平野を水浸しにしてきた。そして、あちこちへと移動しながら曲がりくねって流れることによって、動植物の新たな生息地を生み出し、さらには新たな土地を造り出すこともあった。アミタヴ・ゴーシュが『大いなる錯乱——気候変動と〈思考しえぬもの〉』（以文社）の中でベンガル・デルタについて述べているように、「沈泥（シルト）を含んだ水の流れは凄まじく、通常は想像を絶するほどの時間がかかる地質学的プロセスが、週ごと月ごとに捉えられるスピードで進んでいきそうに思えるほどだった[1]」。たとえば、ルイジアナ州の地形は、太古から続く川の動きによって造り出されたものだ。ルイジアナ州は、大陸から水を排出する川の口にあたる部分なのだ。

樹木類は、洪水や川筋の移動をうまく利用するように進化していった。草本類も同様だった。魚類は、溢れるほど豊かな水を頼りに、自然の循環の中で生と死を繰り返していった。ミシシッピ川沿いに暮らすアメリカ先住民は、こうしたサイクルに合わせて農耕、狩猟採集、儀式を営み、必要に応じて、浸水を免れる高台に集落を作った。自然界の生き物もアメリカ先住民も、川と折合いをつけ、避けようのない季節変動を巧みに利用することによって、これに対処していた。

ところが、初期の工業化を支えたミシシッピ川沿いの大規模商業輸送には、辛抱強く自然と向き合ったり、川の季節変化や流路変動に煩わされたりしている余裕はなかった。アメリカの工業化の初期には、船が定期的に運航されること、そして、船荷の最終目的地の町が川に近接していることが必須条件だった。工業化によって、川は、予測の範囲内にとどまるだけでなく、一定不変であることが求められるようになったのである。

川を一定不変にしようとする企ては、川を人間の支配領域内に組み込もうとする企てでもあった。川の土手が、あたかも、流れる水の方向を変えたり、流速を遅くしたり速くしたり、さらには流れを止めることさえ可能なパイプであるかのような語られ方をするようになった。そんなふうに川を見るようになった結果、さまざまなことが起きていた。その結果、祖父の家は洪水に流されてしまった。川はやはり、人間の手には負えるものではなかったのだ。今でもそれは変わらない。詩人のA・R・アモンズが語るように、川は、人間の介入にはおかまいなしに「下流に向ってどんどん進んでいく[2]」のである。

当時よりさらに高度な管理がなされている現在でも、ミシシッピ川はしょっちゅう、船や、少年や、農地を呑み込んでいる。町を水浸しにされると、われわれはどうしたものかと驚いて戸惑う。しかし、このような洪水は、今後、気候変動の影響を受けてますますひどくなっていくだろう。自然から逃れ、自然と闘い、自然を支配しようとする人間の企てなど、自然はすべて呑み込んでしまうのだということを、川による強奪行為は思い出させてくれる。ミシシッピ川は、人間の力など到底及ばないという点において、人間もその一部を成す生命の川の流れとよく似ている。ミシシッピ川をコントロールしようとする企ては、自然全般を、とりわけ生命をコントロールしようとする企てを象徴するものだ。

自然界の未来を予測する法則

未来を思い描くとき、われわれはたいてい、テクノロジーの生態系におさまっている自分たちを、ロボットや各種装置やバーチャルリアリティから成る生態系におさまっている自分たちを想像する。未来は、輝けるテクノロジーの世界だ。未来は、デジタル化されたイチとゼロの世界、電気エネルギーと目に見えないネットワーク接続に支配された世界だ。自動化や人工知能に依存する未来の危うさについては、これまで数多くの書物が指摘してきた。未来の世界がどんなものかを考えるとき、自然はただの付け足しにすぎず、たとえば、開かない窓の向こうに置かれた遺伝子組換え植物の鉢植えだったりする。未来を描いたものの中には、遠く離れた農場（世話するのはロボット）や屋内菜園の生物を別にすると、ヒト以外の生物はほとんど出てこない。

われわれは、人間だけが生き物の主役であるような未来を思い描いている。全体として見ると、われわれは生物界を単純化して、人間にとって都合のいい方向に向けようとしている。生物界を人間の力の及ぶ範囲内に抑え込んで、見えなくしてしまおうとさえしている。言ってみれば、人間の文明とその他の生き物との間に、堤防を築いているのである。しかし、堤防の構築は失策でしかない。なぜなら、生き物を寄せつけずにおくことはそもそも不可能であって、そんなことを試みれば、自らが禍(わざわい)を受けるはめになるからである。自然界で人間が占める位置に照らしても、また、自然界のルールや、人間と他の生物の関係のルールに照らしても、それは失策と言える。

学校では自然界の法則をいくつか教わる。重力の法則や、慣性の法則、エントロピーの法則などである。しかし、自然界の法則はこれだけにとどまらない。ライターのジョナサン・ワイナーが述べているように、チャールズ・ダーウィンをはじめとする生物学者たちは、「ニュートンの運動法則と同じように、単純で普遍的な地上の運動法則[3]」を、つまり、細胞、身体、生態系、そして頭脳の運動法則を発見した。これから訪れる未来を理解しようとするならば、まず何よりも、こうした生物界の諸法則をしっかりと認識する必要がある。本書は、生物界の諸法則と、そこから導き出される自然界の未来の姿について述べた本だ。

生物学的な自然界の諸法則のなかで、私が常々研究しているのが生態学の諸法則である。最も役立つ生態学の法則（および、生物地理学、マクロ生態学、進化生物学といった関連分野の法則）は、物理学の法則と同様に、普遍性をもっている。ただし、こうした生物学的な自然界の法則は、物理学の法則と同様に、未来を予測する際に利用できる。ただし、これらの法則は、物理学者たちが指摘するとおり、物理法則に比べて適用範囲が狭い。なぜなら、生命が存在することがわかっている、宇宙のほんの片隅にしか当てはまらないからだ。しかし、人間に関わる物語にはすべて生物が絡んでいるとすれば、こうした法則は、われわれ人間が遭遇するどんな世界にも普遍的に適用される。

生物学的な自然界のルールを、本書のように「法則」と呼ぶか、「規則性」と呼ぶか、それとももっと別の言葉を使うかといったことに捕らわれてしまいがちだ。しかし、そのような議論は科学哲学者に任せるとしよう。こうした言葉の日常的用法に合わせて、私はこれを「法則」と呼ぶことにする。これらは「ジャングルの法則」である。もっと正確に言えば、密林、大草原、湿原、そして（家もまた生きているので）寝室と浴室の法則である。結局のところ、私の最大の関心は、こうした法則を知っておけば、人類が武器を振り回し、石炭を燃やして、全速力で体当たりしようとしている未来について理解するのに役立つということなのだ。

自然界の法則のほとんどは、生態学者なら誰でもよく知っている。そのほとんどは、一〇〇年以上前から研究されるようになり、この数十年の間に、統計学、数理モデル、実験法、そして遺伝学の進歩とともに精巧で洗練されたものになってきた。これらの法則は、生態学者には直感的にわかっていることなので、生態学者は敢えて口にしたりはしない。「もちろんそのとおり。そんなこと誰でも知っている。わざわざ言うまでもなかろう」

しかし、こうした法則は、もしあなたがこの数十年間それについて考えたり語ったりしてきた生態学者でないとしたら、なかなか直感的にわかるものではない。そして、さらに重要なこととして、未来について考える際に、こうした法則からは、必ずと言っていいほど、生態学者さえも驚くような結論や結果が導き出される。つまり、われわれが日常生活において下す意思決定の多くとは相容れないのだ。

最も確固たる生物学の法則の一つは、自然選択の法則である。自然選択とは、チャールズ・ダーウィンが端的に示した生物進化の仕組みだ。ダーウィンは「自然選択」という言葉を用いて、自然環境によって世代ごとに一部の個体だけが「選り分け」られていく現象を表した。自然は、生存と繁殖の可能性を下げる形質をもった個体を選んで、それを冷遇する。自然は、生存と繁殖の可能性を高める形質をもった個体を選んで、それを優遇する。有利になった個体は、自らの遺伝子とその遺伝子がコードする形質を、次の世代へと伝えていく。

ダーウィンは、自然選択をゆっくりと進んでいくプロセスだと考えていた。今日のわれわれは、それが極めて迅速に起こりうることを知っている。これまですでに非常に多くの生物種において、自然選択による進化がリアルタイムで観察されている。それは何ら驚くことではない。むしろ驚くべきは、たとえば、ある生物種を殺そうとするたびに、この単純な法則がもたらす結果が日常生活にどっと流れ込んでくるという、川の流れにも似た、どうにも避けられない現実である。

われわれは、抗生物質、殺虫剤、除草剤、その他の薬剤を用いて生物を殺そうとする。こうしたことを、家庭でも、病院でも、裏庭でも、農地でも、場合によっては森林でも行なっている。そのときわれわれは、ミシシッピ川の堤防を築いた人々と同じように、支配力を行使しようとしている。それによってどんなことが起きてくるかは予測が可能だ。

最近、ハーバード大学のマイケル・ベイムらが、いくつもの帯状の区画（カラム）に分割された「メガプレート」を作成して実験を行なった。第十章で、このメガプレートとそのカラムについて取り上げる。これは、極めて重要な意味をもつプレートなのだ。ベイムはこのメガプレートに、微生物の栄養源と棲み処になる寒天培地を充塡した。メガプレート両端の一番外側のカラムには、培地以外何も含まれていない。そこから内側に向かうにつれて、各カラムに含まれる抗生物質の濃度が徐々に高まっていく。ベイムはこのメガプレートの両端に細菌を植え付けて、その細菌が抗生物質に対する耐性を進化させるかどうかをテストしたのだ。

この細菌はもともと、抗生物質に対する耐性を与える遺伝子をもっていなかった。つまり、ヒツジのごとく無防備なままで、メガプレートに投入されたのだ。寒天培地が、「ヒツジ」である細菌の牧場だとしたら、抗生物質はオオカミだった。この実験は、抗生物質を使って体内の病原菌をコントロールする方法を模していた。自然が生活の場に流れ込んでくるたびに、それを食い止めようとするわれわれのやり方を模していた。

それで、どんなことが起きたのだろうか？ 自然選択の法則から予測されるのは、突然変異によって個体間に遺伝的差異が現れうる限り、細菌はいずれ、抗生物質に対する耐性を進化させるだろうということだ。とはいえ、それには何年も、あるいはもっと長い時間がかかるかもしれない。あまり長い時間がかかると、抗生物質を含んだカラム、つまりオオカミだらけのカラムへと広がる能力が得られる前に、細菌の栄養分が尽きてしまうかもしれない。

しかし実際には、長い時間などかからなかった。かかったのは一〇日ないし一二日だった。

ベイムはこの実験を、何度も、繰り返し実施した。そのたびに同じ現象が繰り返された。一番目のカラムが細菌で満たされると、増殖速度がいったん低下したが、ほどなく、ある系統が最低濃度の抗生物質に対する耐性を進化させ、続いて、多くの系統もこうした耐性を進化させた。やがて、最低濃度のカラムがそれらの系統で満たされると、再び、増殖速度がいったん低下したが、ほどなく、別の一系統が、次に高い濃度の抗生物質に対する耐性を進化させ、またもや続いて、多くの系統がこうした耐性を進化させた。このような現象が次々と起きていって、ついに、いくつかの系統が最高濃度の抗生物質に対する耐性を進化させるに至り、まるで堤防を越えて溢れる水のごとく、最終カラムへと流れ込んでいったのである。

ベイムの実験を早回しで見ると、ぞっとするほど恐ろしい。その反面、美しくもある。その恐怖の源は、無防備だった細菌が耐性をつけ、人間の手に負えなくなっていくスピードにある。その美の源は、自然選択の法則に基づく、実験結果の予測可能性にある。このような予測性は、次の二つのことを可能にしてくれる。まず、細菌にせよ、トコジラミにせよ、何か他のグループの生物にせよ、どのような場合に耐性進化が起こりそうかを予想することができるようになる。また、耐性進化が起こりにくくなるように、生命の川の流れを管理することができるようになる。自然選択の法則を理解することこそが、人間が健康で幸福に暮らすために、ありていに言えば、人類が生き残っていくために、極めて重要な鍵となるのである。

生物学的な自然界の法則として、自然選択の法則と同じくらい重要な意味をもつものがまだ他にもある。種数－面積関係の法則は、ある島や地域にどれだけの種数の生物が生息するかを、その面積の関数として示すものだ。この法則を利用すれば、いつどこで種が絶滅するかだけでなく、いつどこで新種が出現するかをも予測することができる。回廊（コリドー）の法則は、将来、気候変動に伴って、どんな種が、どのように移動するはめになるかを教えてくれる。回避（エスケープ）の法則は、害虫や寄生体を回避できた種が、いかにして繁栄に至るのかを説明してくれる。回避という視点から捉えると、人類が他の種に比べてかなりの成功を収めることができたのはなぜか、他の種に比べて異常なほど多くの個体数を達成できたのはなぜかが見えてくる。さらに、この法則に基づいて考えると、今後、害虫や寄生体などからの回避が見込めなくなったときに直面する、いくつかの問題が見えてくる。将来、気候変動が進んだとき、人類も含めて、それぞれの種が生息可能な場所はどこか、人類がうまく生きていかれそうな場所はどこかは、ニッチの法則によって決まってくる。

以上のような生物界の諸法則は、どれもみな、人間が注意を払うか否かにかかわらず、人間に重大な影響をもたらす。そして多くの場合、それに注意を払わずにいると、厄介な事態を引き起こす。たとえば、コリドーの法則に注意を払わずにいると、うっかり（有益な種や全く無害な種ではなく）有害な種が将来はびこる手助けをしてしまう。種数－面積関係の法則に注意を払わずにいると、ロンドンの地下鉄内で出現した新種の蚊のような有害な種を進化させてしまう。エスケープの法則に注意を払わずにいると、人体や作物がせっかく寄生体や害虫を免れている状況をみすみす無駄にしてしまう。まだまだ挙げていけばきりがない。逆に言うと、それらに注意を払えば、つまり、自然界の行く末にそれらがどう影響するかをよく考えれば、人類の存続が許容される世界を創造できる、という点がどれもよく似ている。

これらの他に、人間の行動の仕方に関する法則もある。人間行動の諸法則は、生物界全般の諸法則よりも適用範囲が狭い上に、整合性に欠けるきらいがある。法則と言わずに、傾向と言ってもいい。しかしそれは、時代や文化を越えて繰り返される傾向であり、未来を読み解く上で欠かせない。なぜなら、人間がどのように行動しがちかを教えてくれるからであり、また、それに逆らって進むには、何を意識すべきかをも教えてくれるからである。

人間行動の法則の一つは、複雑な生命現象を単純化して支配（コントロール）しようとする傾向である。太古からの強力な川の流れを真っ直ぐにしようとするのも、そうした傾向の現れだ。これから何年かのうちに、生態系は、過去数百万年間に経験したことのないような状況に置かれるだろう。地球上の人口は膨れ上がるだろう。現在すでに、陸地の半分以上が、都市や農地や水処理施設といった、人間が造り出した生態系で覆われている。一方で、人類は今や、地球上の最も重要な生態学的プロセスの多くを、資格も能力もなしに直接的に支配（コントロール）するようになっている。人類は現在、地球上の純一次生産量（植物によって新たに生産されるバイオマスの総量）の半分を食べているのだ。そこに気候変動の問題が加わる。気候条件は、これからの二〇年間に、人類がいまだかつてさらされたことのないものになるだろう。最も楽観的なシナリオに基づいても、二〇八〇年までに、何億もの生物種が生き残りをかけて新たな地域へと、場合によっては新たな大陸へと移動しなければならなくなる。われわれは前例のない規模で自然を造り変えているのだが、たいていの場合、他のことに気をとられて、造り変えていることには気づいていない。

人間は、自然を造り変えながら、支配力をますます強化しようとする傾向がある。農地をより単一化して産業化を図るとともに、ますます強力な殺生物剤を使用するようになっている。後述するように、こうしたやり方は間違っており、変化しつつある世界では、特に問題が多い。変化しつつある世界では、支配力を強めようとする行動傾向は、二つの多様性の法則にそぐわないからだ。

多様性の法則の一つ目は、鳥類や哺乳類の脳で顕著だ。近年、生態学者たちが、創意に富む知能を用いて新たな課題に取り組むことのできる脳をもつ動物は、変わりやすい環境下で有利になることを明らかにした。こうした動物には、カラス、オウム、および数種の霊長類が含まれる。そのような動物は、環境条件が変化しても、知能を用いてその衝撃を和らげることができる。認知的緩衝の法則と呼ばれる現象である。それまで一貫し、安定していた環境が変わりやすくなると、こうした創意に富む知能をもつ生物種がはびこるようになる。この世界が、カラスの世界になるのである。

多様性の法則の二つ目、多様性－安定性の法則は、より多くの生物種を擁する生態系ほど、時を経ても安定しているというものだ。この法則と生物多様性の価値を理解しておくと、農業を営む上で役に立つ。作物の多様性が高い地域ほど、主要作物の年間収穫量が安定しており、したがって、収量不足に陥る危険性が低くなる。繰り返し強調しておくと、変化に直面したとき、われわれ人間は、得てして自然を単純化しようとし、自然を造り変えてしまおうとさえするが、実際には、自然の多様性を維持していくほうが、持続的成功につながる可能性が高いのである。

自然をコントロールしようとするとき、われわれ人間はたいてい、自分たちを自然の外部にあるものと見ている。そして、自分たちはもはや動物ではないかのように語る。他の生き物から切り離され、全く異なるルールに従って生きる孤高の種であるかのように語る。これはとんだ思い違いである。われわれは自然の一部であり、しかも自然に密接に依存している。すべての生物種は他の種に依存している、というのが依存の法則だが、人類は、これまでに地球上に現れたどんな生物種にもまして、多数の種に依存して生きているのではないだろうか。

一方、人類が他の種に依存しているからといって、自然が人類に依存しているわけではない。人類の絶滅後もずっと、生命のルールが変わることはない。実のところ、人類が周囲の世界に加えている最悪の暴行でさえ、一部の種を優遇する結果となっている。生命の壮大なストーリーの瞠目（どうもく）すべき点は、人類が何をしようが結局、それとは無関係に物語は紡がれていく、という事実である。最後になったが、人間には、未来の計画の立て方にも関わる重大な傾向――自然に関する無知や、その規模や範囲についての誤解にもつながる傾向――がある。それは、生物界は人間のような種、つまり眼や脳や背骨をもつ種ばかりのように思ってしまう傾向である（これを人間中心視点の法則と呼ぶことにする）。これは、われわれの認識の限界、想像力の限界から生じてくるものだ。この法則から逃れ、旧来の偏見を打破できる日が訪れないとも限らないが、いくつかの理由から、その可能性は低い。

一〇年前に私は、生物の多様性とまだ発見されていない未知の生物をテーマに、『アリの背中に乗った甲虫を探して――未知の生物に憑かれた科学者たち』（ウェッジ）という本を書いた。その中で私は、生物は、われわれが想像するよりもはるかに多様性に富んでおり、いたるところに存在していることを主張した。この本は、私がアーウィンの法則と呼ぶものについて詳しく論じたものだった。

科学者たちはこれまで何度も、科学の終焉（しゅうえん）（または終焉が近いこと）や、生命の極とでも言うべき新種の発見を告げてきた。通常、そうすることで、自分こそが最後のピースをはめた人物だと主張するのだ。「とうとう私が成し遂げたので、これで終わった。私が突きとめた事実に注目せよ！」と。しかしこれまで何度も、そのような発表の後で、さらに新たな発見がなされ、生物はそれまで考えられていたよりも遥かに壮大で、研究はまだまだ不十分であることが判明する結果となった。

アーウィンの法則は、生物のほとんどは、まだ命名されておらず、ましてや研究の対象にもなっていない、という現実を反映している。アーウィンの法則という呼称は、甲虫の専門家のテリー・アーウィンの名をとってつけられたものだ。彼は、パナマの熱帯雨林で行なったただ一つの研究で、生物界の規模や範囲についてのわれわれの認識を一変させた。アーウィンは、生物界についての認識に、コペルニクス的転回とも言える革命をもたらしたのである。地球をはじめとする惑星は、太陽の周りを回っていることに科学者たちが異を唱えなくなったとき、コペルニクス的転回は完結した。生物界は想像しているよりも遥かに壮大で、未知の領域がまだまだ残されていることを忘れなくなったとき、アーウィン的転回は完結するだろう。

こうした生物界の法則や、その中で人間が占める位置についての法則は、全体として、未来の自然界やその中で人間が占める場所について考える上で、何が可能で何が不可能かという展望を与えてくれる。生物界の法則を念頭に置かない限り、持続可能な人類の未来はあり得ない。無理にコントロールしようとして失敗し、都市や町がたびたび洪水に見舞われるようなことのない未来——河川の氾濫だけでなく、害虫や寄生体や飢餓の氾濫にも見舞われることのない未来——はあり得ない。こうした法則を無視すれば、何度も失敗を繰り返すことになる。

残念なのは、抑え込みを図ることが、自然相手の標準的手法になってしまっていることだ。人間には、犠牲を払ってわざわざ自然と闘い、うまくいかないと、復讐する神（またはアーカンソー州の紳士）のせいにする傾向がある。しかし幸いなのは、必ずしもそうする必要はないということ。比較的シンプルな生物界の諸法則に注意を払えば、百年、千年、あるいは百万年先まで生き延びる可能性を格段に高めることができる。

しかし、それを無視したらどうなるか。そう、人類滅亡後の地球で、生物がどんな道筋をたどるか、実は生態学者も進化生物学者もだいたい予想がついている[4]。

第一章

生物界による不意打ち

人間中心視点の法則

人類の最初の種であるホモ・ハビリスは、今からおよそ二三〇万年前に地球上に誕生した。ホモ・ハビリスから分かれて、ホモ・エレクトスが生まれた。さらに、ホモ・エレクトスから分かれて、ネアンデルタール人、デニソワ人、ホモ・サピエンスなど、一〇余りの人類の種が生まれた。こうしたことが起きた時期には、哺乳類に属する多くの種の個体数はおびただしいものだった。当時、トナカイは何百万頭にも達していた。マンモス属の中には、何万頭にも達する種もあった。しかし、二五〇万年前から五万年前までの間、人類に属する種の個体数は、せいぜい一万から二万程度だったと思われる。これらの個体は、方々に分散した比較的小さな集団で暮らしていた。どの時期にも、どの地域にも、人類が満ち溢れるということはなかった。先史時代を通してほぼずっと、人類はどちらかというと稀少種で、生き残れるかどうかすらおぼつかない状況だった。やがてそれが一変する。

今からおよそ一万四〇〇〇年前に、われわれの種、ホモ・サピエンスが定住型の生活を営むようになった。狩猟採集の暮らしから農耕を中心とした生活に変わり、ビールを醸造したりパンを焼いたりする集団も現れた。こうした変化をきっかけに人口が増え始め、それから数千年にわたって増え続けていった。今から九〇〇〇年ほど前に、史上初の小都市が現れ始めた頃、地球上の総人口はまだそれほど多くはなかったが、人口増加のスピードはすでに上がり始めていた。二〇〇〇年前頃、地球上の総人口はおよそ三億人、つまり、現代の米国と同程度だったと思われる。しかし、人口増加のスピードはなおも上がり続けていった。

こうして、二〇〇〇年前から今日までの間に人口が激増した。地球上に七七億人が加わったのだ。この人口増加は、「大加速（グレート・アクセラレーション）」と呼ばれる変化をもたらした。急激な人口増加の結果、人類の活動の影響が広範囲に及ぶようになり、そのような影響拡大の速度が、年を追うごとに加速していったのである[1]。

実験室で細菌や酵母を培養するときにもやはり、人類の大加速期に起きたような個体数の増加が見られる。小集落のごとく、シャーレ上に点在するコロニーは、必要な栄養が十分に与えられると、最初はゆっくりと増殖するが、しばらくすると増殖スピードが加速していき、やがて栄養分が食い尽くされて、シャーレ一面がびっしりと細菌に覆われるようになる。われわれ人類は、地球というシャーレの表面をびっしりと覆う生物なのである。フランスの博物学者、ビュフォン伯ジョルジュ＝ルイ・ルクレールが一七七八年に、「地球の全表面に人類の力の痕跡が刻みつけられている[2]」と記したときにはすでに、こうした現実に目が向けられていた。

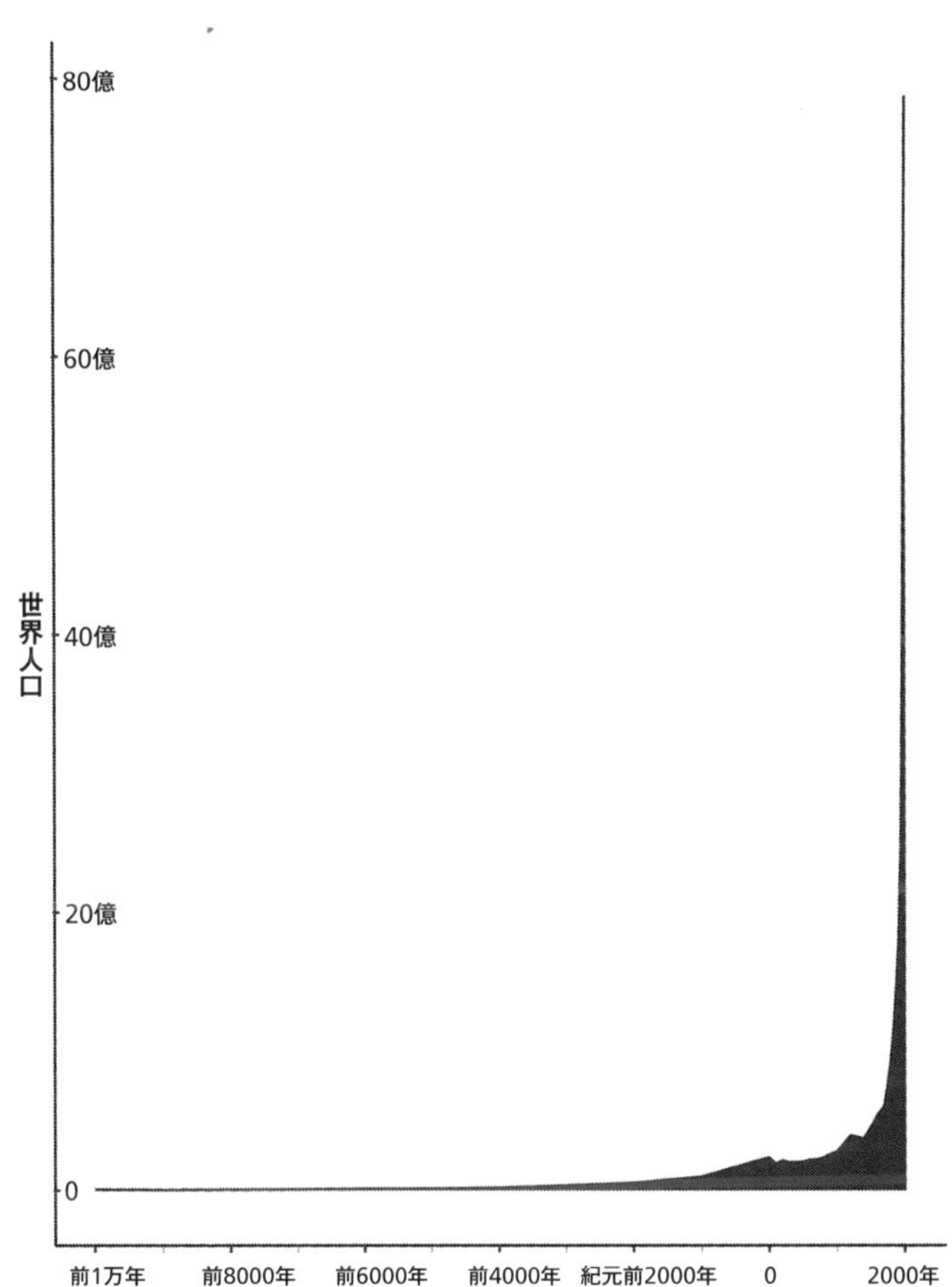

図 1.1　過去 1 万 2000 年間の人口増加。今から 1 万 2000 年前よりも前、つまり紀元前 1 万年以前には、人口が地球全体で約 10 万を超えることはなかったと考えられ、このグラフには現れてこない。図はローレン・ニコルズが作成。

人類が消費する地球上のバイオマス（生物量）の割合は、大加速期に指数関数的に増加し、今日では、地球上の純一次生産量（植物によって新しく生産されるバイオマスの総量）の半分以上を人類が消費するまでになっている。ある推定によると、現在、地球上の陸上脊椎動物のバイオマスの三二％が、肥え太った人間の体で構成されている。家畜が六五％を占めている。それ以外の脊椎動物、つまり、何万種もの痩せぎすの動物種に残されている分は、わずか三％にすぎない。こうした状況に置かれて、当然ながら、生物の絶滅のスピードが一〇〇倍、もしくはそれ以上に上昇した。過去一万二〇〇〇年間に、人類が生物に及ぼした影響の大きさを示す値はどれも増大傾向にあり、たいてい指数関数的に増えている。

こうした傾向は、人類社会が生み出した汚染物質についても当てはまる。メタンの排出量は一五〇％増加した。窒素酸化物の排出量は六三％増加した。大気中の二酸化炭素濃度は、三〇〇万年前の二倍近くになっている。殺虫剤、殺真菌剤、除草剤についても、同じような傾向が見られる。これらの影響も総じて増大しており、人口の増加や人々のニーズや欲求の高まりとともに加速しつつある。

大加速期のどこかの時点で、人類の個体数とその活動の影響が顕著に刻まれた新たな地質時代、「人新世」が始まったのだ。すべての事柄が、瞬く間に進んでいった。長い生物の歴史に比べると、人類の個体数増加はあっという間の出来事だった。列車が衝突して爆発したような一瞬の出来事、湿った大地から人類というキノコがにょきにょき生えてくるような出来事であった。

こうした事態がもたらした結果と向き合うとき、われわれは、衝突事故の余波を調べるように、そのかけらを掻き集めようとする。そして、細々としたかけらまで十分に集めてくれれば、全体像が見えてくるはずだと考える。これは一見、論理的推論のように思われる。極めて理に適っているので、科学研究によく用いられる手法となっている。生物学者の場合、掻き集めてくるかけらは、生物種だ。生物学者たちは、生物種を丹念に調べる。生物学者たちは、それぞれの生理生態やニーズを記録していく。しかしながらこの手法には一つ問題がある。それは、われわれの認識に欠落があるということだ。

　この世界を理解するために研究されている種は、ほとんどが珍しい種ばかりなのである。それらは現実の生物界を映し出すような種でもなければ、人類の幸福に最も大きく影響しそうな種というわけでもない。そうなる理由は、実にシンプルだ。われわれ人間には、生物界は自分たちと同じような種ばかりだと思ってしまう傾向、生物界のことはもう既によく知っていると思い込む傾向があるからなのだ。このような誤った思い込みは、いずれも、人間が世界を認識する際に、法則とも言えそうな諸バイアスが働く結果である。こうしたバイアスの吟味からスタートするのはなぜかと言うと、生物界についての人間の認識と、もっと興味深い現実との大きなギャップに気づかない限り、自然界の未来の姿を理解することは不可能だからである。

　人間がもつバイアスの筆頭が、人間中心視点である。このバイアスは、人間の感覚や精神の非常に深い部分にあるので、法則という言葉を使って「人間中心視点の法則」と呼んでもいい。人間中心視点の法則は、われわれの生理的メカニズムに根ざしている。どんな動物種も、その独自の感覚の枠組みに嵌（は）めて世界を認識している。科学研究を差配しているのがイヌだったとしたら、私はイヌ中心視点で捉えた問題について書いているだろう。

しかし、ヒトに特有なのは、そのバイアスが、個々人が周囲の生物界を認識する方法だけでなく、生物目録を作成するための分類体系にまで影響を及ぼしているという点である。この体系に規則性を与えたのは、スウェーデンの博物学者、カール・リンネだが、彼はこの人間中心視点の体系に、運動量、慣性、そして独特の配列をも与えた。

リンネは、一七〇七年に、スウェーデン南部の都市マルメから北東におよそ一五〇キロメートルのところにある、ロースフルトの村に生まれた。ロースフルトの気候は、デンマークの首都コペンハーゲンの気候に多少なりとも似ている。夏は世界でも稀なほど寒く、冬はいつも雲が垂れこめていて陰鬱なので、太陽が現れると、人々はヒマワリのように太陽に顔を向ける。そして指をさして確認する。「ほら出てるよ!」リンネが自然に興味を抱くようになったのは、このロースフルトの地だった。そして、自然について研究することになるのは、スウェーデンでもさらに北方のウプサラやその周辺だった。

スウェーデンは、国土面積が大きいにもかかわらず、生物多様性は世界でも極めて低い国の一つだ。しかしリンネは、母国の生物多様性の乏しさの中で暮らしていて、それが普通なのだと思っていた。また、リンネがスウェーデン以外に調査に赴く先といえば、オランダ、北フランス、北ドイツ、そしてイギリスだった。

これらの地域は、スウェーデンよりもやや南方に位置してはいるが、その動植物相は、相対的に見るとスウェーデンとほとんど変わらない。リンネが目にした地球の風景、思い描いた地球の風景は、スウェーデン一色ではないにせよ、みなスウェーデン風だったのだ。天候は雨がちで気温は低く、シカがうろつき、蚊やサシバエが飛び回り、ブナ、オーク、ポプラ、ヤナギ、カバノキが生えている土地だった。春の訪れとともに咲き始める繊細な花々、晩夏にたわわに実るベリー類、そして、秋になると湿った土から頭をもたげてくるキノコ類が織りなす風景だった。

一七〇〇年代以前は、科学者たちが生物を命名する方式が、地域ごと、文化ごとに異なっていた。そこでリンネは、ラテン語で属の名と種の名を与えて各生物種を表すという普遍的な方式、いわば科学の共通言語の体系化に着手した。たとえば、ヒトであれば、ホモ（属名）・サピエンス（種小名）と表される。彼はその後、身近な所にある生物種をつぶさに検討していった。手に取って調べては、まるで祝福するがごとく、それらに新たな名前――リンネ式の名前――を授けていったのである。

リンネはまず、地元スウェーデンの生物種から改名していったので、彼が最初に改名した種はスウェーデン産、もっと広く言えば、北欧産だった。すべての生物に名前を与えるという西洋の科学的伝統は、もともとスウェーデン寄りのバイアスがかかっていたのである。今日でも、スウェーデンから遠く離れた土地に行くほど、科学界でまだ知られていない新種を発見しやすい。

リンネのバイアスは、スウェーデン人であることにとどまらなかった。彼はまた、まぎれもなくヒトであった。それ以外のものになどなりようがない。ヒトであるリンネは、自分の周囲にあって、視覚に訴える生物を調べようとする傾向があった。リンネは植物を好み、その生殖器の特徴をとりわけ重視した。彼は植物だけでなく、動物も調査した。動物界の中で、最も彼の関心を引いたのは

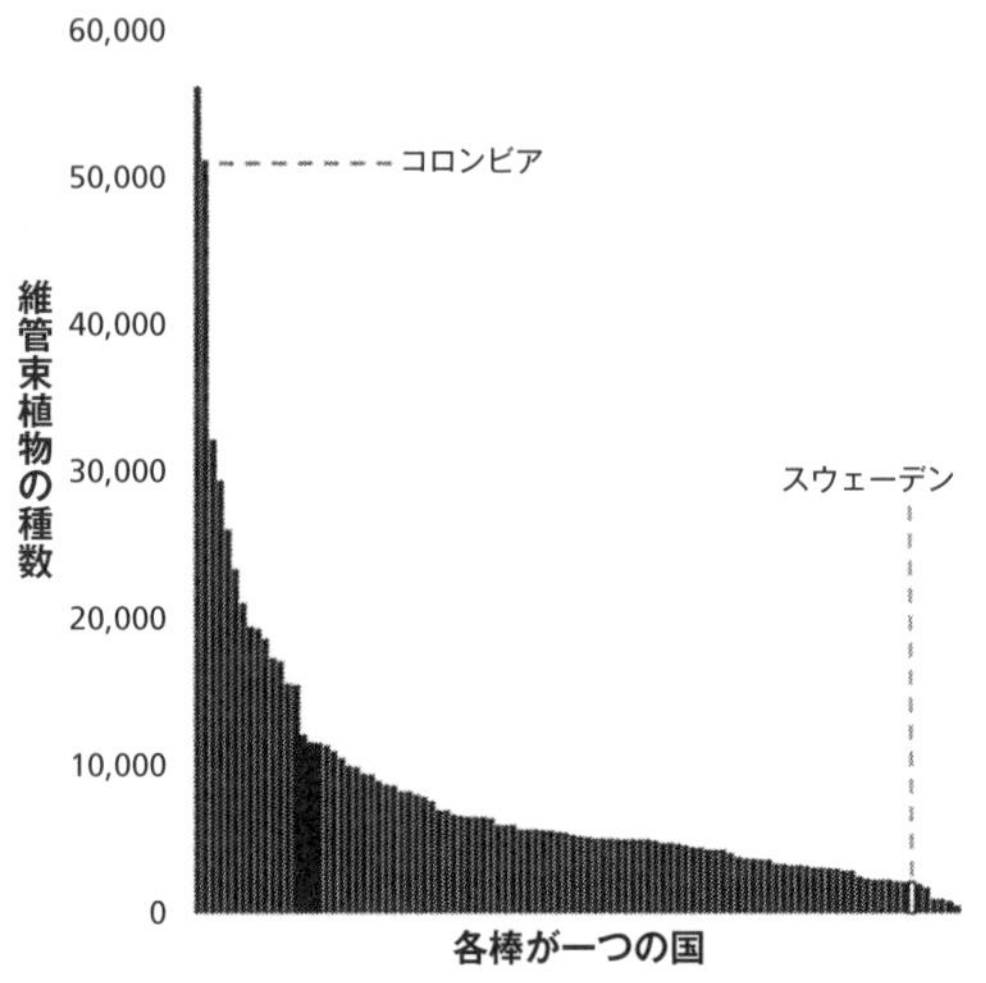

図1.2　103か国に生育している維管束植物の種数。スウェーデンは、植物に関して、生物多様性が最も低い国の一つである点に注目してほしい。たとえばコロンビアは、国土面積はスウェーデンの2倍にすぎないが、そこにスウェーデンのおよそ20倍に及ぶ植物種が生育している。鳥類、哺乳類、昆虫類などの多様性についても、これと同様の傾向が認められる。

脊椎動物だった。脊椎動物の中でも、リンネは哺乳類に注目する傾向があった。哺乳類の中でも、リンネは、無数の種類があるマウスのような小型動物には目もくれずに、むしろ大型の種に注目する傾向があった。総じて、彼の関心は、花を咲かせる植物のように、自分や仲間たちの目につきやすく、見て心地よい種、あるいは、大きさや行動がヒトに似ているので目に留まりやすく、なじみやすい種に向けられた。

そんなわけで、彼の関心は、ヨーロッパ中心視点であると同時に、人間中心視点だった。リンネの教えを受け、「使徒」などと呼ばれた科学者たちはほとんどが、彼と同じ道を歩み、彼と同じようなバイアスをもっていた。それ以降の大多数の科学者たちも同様だった。このようなバイアスが、どの種を最初に命名するかだけでなく、どの種を詳しく研究するか、特に、どの種を保全活動の対象にするかにも影響を及ぼしたのである。[3]

科学におけるヨーロッパ中心バイアスや人間中心バイアスの問題は、それらがこの世界について、誤った印象を与えてしまうという点にある。これまで研究されてきた生物種は、われわれが研究対象に選んだ世界の一部にすぎないにもかかわらず、まるで世界そのものを映し出しているかのような印象を与えてしまうのである。

数十年前、こうした認識がいかに誤りであるかが明らかになった。それは、科学者たちがあるシンプルな問いを立てたときだった。「地球上にはいったい何種の生物が存在するのだろうか?」

この問いに真摯に答えようとする取り組みが、昆虫学者のテリー・アーウィンとともに始まった。一九七〇年代に、アーウィンは、パナマの熱帯雨林の樹冠に生息する甲虫類の研究に着手した。樹木に棲む甲虫類は、そのほとんどが空と接する林冠部に生息しているにもかかわらず、グ、ラ、ウ、ン、ド・ビートル〔和名はオサムシ（歩行虫）〕と呼ばれている。なぜなら、初めて調査されたのがヨーロッパだったからだ。ヨーロッパでは、オサムシの多様性がひどく乏しく、そこで見つかる種のほとんどは、実際に地面を這(は)い回っている。

空に近い林冠部にいるオサムシを見つけて同定しようと、アーウィンは新たな方法を考案した。ロープを使って高木によじ登り、隣の木の樹冠に殺虫剤を噴霧するという方法だ。まずはルエア・シマニ（*Luehea seemannii*）〔シナノキ科の樹種〕に噴霧した。噴霧を終えると、地上に降りてきて、死んだ昆虫が落下してくるのを待った。アーウィンが初めてこの方法を試すと、林床に広げておいたタープの上に、何万匹もの昆虫が落下してきた。嬉しいことに、その中にはオサムシ亜科の甲虫だけでなく、もっとずっと多くの昆虫種が含まれていた。

アーウィンは結局、自分と共同研究者で同定できただけでも、ルエア・シマニに生息するオサムシ亜科の甲虫、およそ九五〇種を記載することになった。それに加えて、採集したサンプルには、ゾウムシ科の甲虫二〇六種が含まれると推定された（正式な同定作業に時間を割いてくれるゾウムシ専門家はいなかったが）。それを合わせると、およそ一二〇〇種の甲虫が見つかったことになる。つまり、ある森林の一種類の樹木に生息している甲虫の種数は、アメリカ合衆国に生息している鳥類の種数よりも多かったのである。

アーウィンは次に、別の種類の昆虫について検討し、その後さらに、別の種類の節足動物についても検討を加えた。その結果、オサムシ亜科の種のほとんどが、科学界にとって新顔であるだけでなく、他の甲虫目の種のほとんども、そして、他のありとあらゆる節足動物門の種のほとんども、やはりそうであることに気づいたのだった。それだけではない。彼が別種の樹木でサンプリングを始めると、ルエア・シマニのときとはまた別の種が見つかった。熱帯雨林の樹種ごとに、それぞれ独自の昆虫やその他の節足動物の種を宿しており、しかも、熱帯雨林の樹種は並外れて多種多様だった。

アーウィンは、多彩極まりない、名も無き生物と向き合うことになった。科学者たちがこれまで見たこともなかった種、ましてや詳しく調べたことなどなかった種に取り囲まれたのである。これらの種については、どの樹木から落下してきたかということ以外、誰も何も知らなかった。

そんな折に、植物学者のピーター・レーヴンから、アーウィンのもとに電話がかかってきた。当時、ミズーリ植物園長だったレーヴンは、アーウィンに対して、実にシンプルな問いを投げかけた。「パナマの森林全体にはどれだけの種がいるのでしょうか？」レーヴンの問いは、米国学術研究会議の議長として、彼が携わっている研究から生じた問いだった。同会議は、熱帯林の動植物相に関する認識のギャップを明らかにする任務を負っていたのだ。[4] アーウィンは答えた。「ピーター、昆虫についてそんなことがわかる者はいません。知るなんて不可能です[5]」

ヒトを謙虚にさせるアーウィンの法則

レーヴンがアーウィンに電話をかけた当時、地球上の生物の多様性について、適切な見積もりはなされていなかった。一八三三年に、昆虫学者のジョン・オバダイア・ウェストウッドが、知人の昆虫学者たちから意見を募り、その結果に基づいて、地球上には（昆虫以外の生物はさておき）五〇万種の昆虫がいるのではないかという仮説を立てた。レーヴンも、アメリカ国立科学財団に提出する報告書の中で、ある単純な計算に基づいた推定値を出していた。地球上には三〇〇万～四〇〇万種の生物が存在している可能性があると予測したのだ。レーヴンの予測が正しいとしたら、地球上にいるすべての生物種の半分以上が命名されていないということだ。

一方、パナマの森林一エーカー（約〇・四ヘクタール）当たりの昆虫の種数を推定するのは、ましてや、地球上の総種数を推定することなど、「不可能」だと言っていたアーウィンだったが、試しに推定してみることにした。まず、ある計算から始めた。ルエア・シマニに一二〇〇種の甲虫が生息しており、それらの甲虫種の五分の一がその特定樹種に依存しているとしたら、パナマの森林一ヘクタールには何種類の甲虫が生息していると考えられるか？　さらに、他の熱帯樹木についても、ルエア・シマニの場合と同様の割合で、その樹種に依存する甲虫がいると仮定した上で、アーウィンは、現在の樹木種数をもとに、パナマの森林全体に生息している甲虫種数を算出した。次に彼は、その数字をもとに、（昆虫類だけでなくクモ類やムカデ類なども含めた）節足動物全体の種数を推定した。すると、パナマの森林一ヘクタールには、四万六〇〇〇種の節足動物が生息しているという結果になった。それが、レーヴンの問いに対する遅ればせながらの回答だった（レーヴンがアメリカ国立科学財団に提出した報告書はもうとっくに公表されていたが）。

しかし、アーウィンはもう少し先までやってみることにした。同じような単純な計算を用いて、パナマの森林一ヘクタールや、パナマの森林全体のみならず、世界中の熱帯林すべてに生息する節足動物の種数を推定したのである。アーウィンは、地球上におよそ五万種の熱帯樹木が存在するとしたら「全世界には三〇〇〇万種の熱帯節足動物が生息している可能性がある」と、「アメリカ甲虫学会誌」に掲載された二ページの論文に記している。当時、すでに命名済みの節足動物はおよそ一〇〇万種（生物全体でも一五〇万種）にすぎなかったので、この推定どおりだとすると、節足動物三〇〇〇種のうち二九種はまだ命名されていないということになった！(6)

アーウィンの推定は学術論争の波を巻き起こした。科学者たちはその妥当性について、紙面上で攻撃的な論争を繰り広げ、面と向かうと遠回しに否定的態度を示した。

アーウィンの主張はばかげていると、陰でささやく科学者もいれば、公然とそう言い放つ者もいた。推定値が高すぎるのでばかげていると考える者もいれば、自分が得意とする生物群の推定値が低すぎるのでばかげていると考える者もいた。何十件もの学術論文が執筆された。アーウィンは、自分の論文への反論にはさらに反論して応じた。新たなデータも収集した。彼が新たな論文を執筆すると、それがまた新たな反論を誘発した。そうこうするうちに、他の科学者たちが刺激を受けて、新たなデータを収集し始め、さらに多くの論文が執筆された。アーウィンの推定を退けたり、その精度を高めたりする研究が、攻撃的な姿勢で激しく競い合いながら表立って進められていったのである。

論争はやがて、基本的に終結した。ともかくもペースがすっかり緩やかになった。論争が始まってから数年後、科学者たちは次のような控え目な合意に達した。まだ命名されていない動物の種数はあまりにも多く、したがって、アーウィンの推定が正しいかどうかが判明するまで何百年もかかるであろう、と。直近の推定では、地球上に生息する昆虫その他の節足動物の種数について、およそ八〇〇万種に及ぶ可能性があるとの結果が示された。だとすると、節足動物八種のうち七種はまだ命名されていないことになる。八〇〇万種という数は、アーウィンの推定値よりも少ないが、それでも、彼の研究以前に考えられていた種数に比べればはるかに多い。[7] 未知種が大部分を占め、既知種はわずかにすぎない。

動物界の大きさや広がりについて科学者たちに再考を迫ったという点で、アーウィンは、生物の多様性に関してコペルニクスのような役割を果たした。天文学者のコペルニクスは、太陽を中心に据えた宇宙観を提示した。コペルニクスは、太陽が地球の周りを回っているのではなく、地球が太陽の周りを回っているのだと唱え、さらに、地球は自身の地軸の周りを一日に一回転していると指摘した。

一方、アーウィンは、人類が、何百万もの動物種の一つでしかないことを明らかにした。さらに、標準的な動物種は、われわれのような脊椎動物でもなければ、（リンネのような）北欧人でもないことも明らかにした。それは、熱帯の甲虫や、ガ、ハチ、ハエなのである。このアーウィンの知見は、われわれの常識を根底から覆すものだった。実際、あまりにも根本的であるがゆえに、その認識に立って日常の世界を理解することは、静止しているように見える地球が実は地軸を中心に回転しながら太陽の周りを回っているのだ、と考えること以上に難しかった。

認識のアーウィン的転回を迫られているのは、昆虫類だけにとどまらない。カビやキノコなどの真菌類は、昆虫類よりもさらにいっそう未知のものが多いようだ。私は最近、研究仲間とともに、北アメリカ各地の屋内真菌について調査を実施した。どの家からも真菌が見つかったが、驚かされたのは、真菌の存在よりも、見つかった真菌の種数の多さだった。北アメリカの命名済みの真菌の全種数は、直近でおよそ二万種だった。ところが、屋内のホコリを調べてみると、その二倍もの種が見つかったのだ。[8] つまり、家の中で見つかった真菌種の半分もが、科学界にとって新顔だということだ。何千種にもおよぶ屋内真菌が、科学界でまだ知られていない新種なのである。〔詳しくはロブ・ダン著『家は生態系』を参照のこと〕

それは屋内に限ったことではない。おびただしい種数の名もなき真菌がわが家にうようよいるという事実からは、身のまわりの真菌類全般についての無知さ加減がわかるというものだ。呼吸するたびに吸い込む真菌胞子の種の半分は、まだ命名もされておらず、ましてや、人間の心身の健康への影響を明らかにするような研究などなされていない。ちょっと立ち止まって息をしよう。そして未知の真菌類を吸い込もう。真菌類はおそらく、昆虫類ほど多様ではないが、脊椎動物よりもはるかに多様性に富んでいる。

しかし、アーウィン的転回を完結させようとするのであれば、全容をしっかりと捉えるべき相手は、真菌ではない。むしろ、細菌である。リンネは細菌の存在を認識していたが、敢えて無視した。彼は細菌類をすべて、事実上一つの種、「カオス（混沌）」にまとめた。体系的に分類するには、あまりにも小さくて雑多だからである。

最近、ケネス・ローシーと、私の共同研究者の一人、ジェイ・レノンが、この「カオス」の規模測定を試みた。彼らは細菌だけに注目して、地球上にはおそらく一兆種の細菌が存在していると推定した。一兆（1,000,000,000,000）種である。[9] 一兆。テリー・アーウィンは、その後の研究人生で、生命の壮大さを前にして畏れを抱き、「生物多様性は無限」であり「その無限の広がりを推し量るすべはない」[10]と記しているが、そのとき彼の念頭にあったのはこうした数の膨大さだったのだろう。ローシーとレノンによる細菌の多様性の評価は、無限とまではいかないが、既知の世界と比較すれば、ほとんど無限に近い。

ローシーとレノンによる推定は、土、水、糞、葉、食物、その他、細菌の棲み処となりうる三万五〇〇〇のサンプルを世界各地から集め、そこから得られたデータをもとに行われた。それらのサンプル中には、五〇〇万の遺伝的に異なる細菌種を確認することができた。それをもとに、生物の一般法則（ある生息地の個体数が増加すると、その生息地の種数も増加する、など）に照らして、もし地球を隅々まで徹底的にサンプリングしたら、何種類の細菌に遭遇するかを推定した。その結果が、数十億程度の差はあるにしてもだいたい、一兆種だったのである。もしかしたらローシーとレノンの推定は大幅にずれているかもしれないが、しかし、確かなことがわかるまでには、まだ何十年も、何百年も、もしかしたらもっと長い年月がかかるだろう。

仕事を終えた後のとりとめのない雑談の中で、親しい研究仲間の一人が、細菌の種類って一〇億くらいじゃないのかしら、ともらした。しかし、すぐにこう続けた。「でも私には見当がつかないわ。わかるのは、そこらじゅうに新種の細菌がいるということだけね」。われわれはいつも、その上に座り、それを吸い込み、それを飲み込んでいるにもかかわらず、その命名や種数確認ができずにいる。ともかくも、命名や種数確認がなかなか進まぬゆえに、日々の暮らしを営んでいるこの混沌とした世界を把握できずにいるのだ。

私が大学院生になった頃にはすでに、アーウィンの推定結果を知った科学者たちが、生物のほとんどは昆虫類だと考えるようになっていた。その後しばらくは、真菌類が大きな展開を見せるのではないかと思われた。そして現在では、大まかに言うと、地球上の生物はみな細菌種であるかのように思われている。この世界についてのわれわれの認識は常に変化し続けているのである。具体的に言うと、生物界の広がりを捉えるわれわれの物差しがどんどん拡張している。そして、それに伴って、この世界の標準の生活様式は、人間のそれとどんどん離れていくように思われた。標準的な動物種は、ヨーロッパ人でもなければ、脊椎動物でもない。さらに、もっと広く捉えた場合の標準的な生物種はというと、それは動物でも植物でもなく、細菌なのである。

しかし、細菌まで到達しても、話はまだここで終わりではない。細菌株や細菌種のほとんどが、その各々に特化されたバクテリオファージと呼ばれるウイルスをもっているようだ。バクテリオファージの専門家であるブリタニー・リーが、最近、本章をチェックする際にEメールで教えてくれたのだが、バクテリオファージの種類数は、細菌の種数の一〇倍に及ぶこともあるという。一兆種の細菌が存在するとしたら、バクテリオファージもやはり一兆種類、もしくは一〇兆種類あっても不思議はないということだ。本当かどうかは誰にもわからない。確信をもって言えるのは、圧倒的多数の種がいまだに命名もされていなければ、何の調査もされておらず、どういうものかわかっていないということだ。

バクテリオファージも及ばないところに、生物界の中心的存在と思われていたヒトの地位を突き崩す、最後の層が存在する。標準的な生物種は、ヨーロッパ人でも、動物でもないだけでなく、そもそも地球表面だけに生息する種ではないのかもしれない。最近、テネシー大学の微生物学者、カレン・ロイドの話を聞いて、そう思った。

ロイドは、海洋地殻内に生息する微生物を研究している。つい最近まで、地殻内に生物は存在しないと考えられていた。しかし、ロイドをはじめとする人々の研究によって、そこにも生物が満ち溢れていることが明らかになった。地殻内に生息する生物は、太陽光をエネルギー源にして生きているのではない。地底深くにある化学的な勾配から生まれるエネルギーに依存している。そのようなエネルギーを利用して地味に粛々と生きているのである。

こうした生物のなかには、生育速度が極めて遅く、細胞が一回分裂するのに一〇〇〇年かかるものや、一〇〇〇万年かかるものもある。では、後者の細胞、つまり世代時間が一〇〇〇万年の種の細胞一個について考えてみよう。いよいよ明日、細胞分裂の時を迎えようとしている細胞を思い描いてほしい。その細胞が最後に分裂したのは、ヒトとチンパンジーの祖先が、それぞれ別の進化の道筋を歩み始めるより前だったかもしれない。あるいは、それが最後に分裂したのはもっと古く、チンパンジーとヒトの共通祖先が、ゴリラの祖先から枝分かれするより前だったかもしれない。そのような細胞は、人類進化の物語の一部始終も、人類の大加速もすべて、一世代のうちに見てきたはずである。それを引き継いだ次世代の細胞は、およそ一〇〇〇万年後に終わるはずのその一生の間に、いったい何を経験するのだろうか？

このように生育速度が遅く、化学物質を食べて生きる地殻内微生物が発見されたのは、比較的最近になってからのことだ。しかし現在では、地球上の生物体の総量（科学者がバイオマスと呼ぶもの）の二〇％までを地殻内微生物が占めると考えられている。地下生物圏がどの深さにまで及んでいるかによって、この数字は変わるので、もしかしたら二〇％どころではないかもしれない。しかし、どれだけ深くまで広がっているのかは全くわかっていない。確実に言えるのは、われわれ人類がまだ行ったことのない地底深くにまで広がっているということだ。地殻内微生物は「普通」の生物ではない。その生育条件は決して標準的ではない。しかし、その生活様式は、生物量の点から見ても、多様性の点から見ても、哺乳類や脊椎動物よりむしろありふれたものなのだ。

人間中心視点に立って見えてくるのとは全く逆で、標準的な生物種は、ヒトに似た種でもないし、ヒトに依存している種でもない。これこそが、アーウィン的転回がもたらす重要な知見であり、そこから、私が「アーウィンの法則」と呼ぶ認識が生まれる。きちんと研究されている生物は、想像をはるかに越えるほどわずかでしかない、というのがアーウィンの法則である。しかし、人間中心視点の法則にせよ、アーウィンの法則にせよ、日常生活の中ではなかなか思いが及ばない。となると、日々の確認のようなものが必要となろう。「小さな生物種の世界にあって、私はたまたま大型の動物だ。単細胞生物種の世界にあって、私はたまたま多細胞生物だ。骨のない生物種の世界にあって、私はたまたま骨を備えている。無名の生物種の世界にあって、私はたまたま命名されている。知りうる事柄のほとんどが、まだまだ未知の領域にある」と。

他の生き物との付き合い

生物界のことをよく知りもせず、その大きさや広がりについての認識にバイアスがかかっているにもかかわらず、種としての人類がここまでうまくやってこれたのは、まさに驚きである。アインシュタインは「この世界の永遠の謎は、この世界が理解可能だということだ」と語った。言い換えると、最も理解しがたいのは、われわれの理解の及ぶ範囲がこれほど広いことだ、ということになる[11]。しかし、私はそうは思っていない。それよりもむしろ理解しがたいのは、理解の及ぶ範囲がこれほど狭いにもかかわらず、人類がこれまで生き延びてきたことだと思っている。われわれ人類はまるで、背が低くて窓の外が見えず、少々酒に酔っており、しかも飛ばすのが大好きであるにもかかわらず、何とか無事にクルマを走らせているドライバーのようだ。

人類がこれまで何とかやってこられたのは、一つには、身のまわりにいる小さな名も無き生物種が何であるか、その正体を知らなくても、それらが何をするかを理解していたからである。たとえば、パン職人や醸造家がサワードウブレッドやビールを作るときに、昔からずっとやってきたことがまさにそれなのだ。

サワードウブレッドを作るとき、小麦粉と水を混ぜ合わせて何日か放置すると、不思議なことに、小麦粉と水を混ぜたものから気泡が出てきて、その塊が膨らみ始め、だんだんと酸味を帯びてくる。スターターと呼ばれるこの泡立つ元種に、さらに小麦粉と水を加えていくと、膨れ上がって酸味のあるパン生地が出来上がる。こうしてできたサワードウ（酸っぱい生地）を焼いたものが、サワードウブレッドだ。

サワードウブレッドが初めて焼かれた時期はわかっていない。最近、私は考古学者たちと共同で、七〇〇〇年前の焦げた食物のかけらが最古のサワードウブレッドなのかどうかを調べるプロジェクトを立ち上げた。そのかけらが大昔のサワードウかどうかはまだわかっていない（どうやらそうらしいが）。しかし、そうではないとしても、最古のサワードウブレッドが発見されたら、そのくらい古いのではないかと思われる。

これまでに発見された最古のビールは、実は農耕開始以前にまでさかのぼる。[12]ビールもやはり、サワードウブレッドを作るのとよく似た工程で作られたはずだ。まず、麦を発芽させて麦芽を作る。

その麦芽（モルト）を温水と混ぜ、糖化させてできた麦汁を煮立ててから放置すると、やがて酸味を帯びてきてアルコールが生成される。

パンを焼くにしてもビールを醸すにしても、昔から科学者たちは試行錯誤を通して、よりよいものを作り出す能力を磨いてきた。たとえば、パン職人たちは、元種を保存して栄養を与えれば、再度利用しても、新たなパン生地から気泡が出てくることに気づいた。そして、元種はどのような条件を好むのかを探り当てた。パン職人たちは元種を、何とも言いようのない、とても大切な家族のように扱った。同様に、醸造家たちは、ビール上層の泡を一部掬い取って、別のビールに加えるという方法を編み出した。その泡もやはり、一種の「動物」だったのだ。

パン職人たちが理解していなかったのは、元種が膨らむのは昔ながらの酵母の働きであり、それが酸味を帯びるのは昔ながらの細菌の働きだということだった。醸造家たちが理解していなかったのは、ビールにアルコールが発生するのは昔ながらの酵母の働きであり、それが酸味を帯びるのは昔ながらの細菌の働きだということだった。さらに言うと、パン職人も醸造家も理解していなかったのは、パンやビールに含まれる細菌は、栽培している穀物や自身の体に由来しているということだった。やはり彼らが理解していなかったのは、パンやビールに含まれる酵母は、ハチの体（パン酵母やビール酵母の自然生息地）に由来しているということだった。そんなことは知らなくても、こうした微生物に適した条件を保つ方法を知っていれば十分だった。つまり、未知のものに満ちた世界で日常生活を営んでいくコツさえ身につけていれば、それで十分だったのだ。

ところが、祖先たちが周囲の世界を変え始めると、図らずして周囲の生物種の構成をも変えてしまうことになった。すると、日常生活を営むための処方箋が、ときおりその効果を発揮しなくなった。パンが膨らまない。ビールが醸されない。でもその理由がわからない。祖先たちは諦めたり、住処を変えたり、別の方法を考えたり、新たなものを作ってみたりするようになった。われわれは、こうした変遷のもとになった失敗の記録を目にすることはあまりない。目にするのは変遷の結果だけだ。薄暗い場所で遠くから撮った写真では、シワもニキビもわからないように、考古学的記録はときとして、人類がしでかした過ちをうまく包み隠してくれる。しかし記録にはなくともおそらく、人口が増大し、ヒトに起因する生態系の変化が加速するにつれて、日常生活を営むための昔ながらの処方箋がうまく機能しない事例が増えていったに違いない。

突然の絶縁

何年も前に、あるサイエンスライターが書いたこんな話を読んだことがある。彼はガイドに連れられて、旅行者の一団とともに暗闇の洞窟に入っていった。一行が洞窟に足を踏み入れるや否や、コウモリが大挙して飛び出してきた。ライターには、その羽音や鳴き声が聞こえたし、多数の個体が羽ばたいて巻き起こる風まで感じられた。ガイドは「ご心配なく」と言った。「コウモリには、反響定位（エコロケーション）能力〔自らの発した超音波の反射を捉えることで物体の位置を知る能力〕がありますから、皆さんの位置が正確にわかります。暗闇でも見えるんです！」そう言って、さらに洞窟の奥へと歩を進めたとたん、出し抜けに飛び出してきた一匹のコウモリがガイドの顔に激突した。

そのガイドが知らなかったのは、コウモリは反響定位によって暗闇でも物を「見る」驚くべき能力を備えているが、同時に、目標物や普段よく通るルートに関する詳しい知識をも利用しているということだった。特に洞窟内では、その知識に基づいて進路を決めていた。くだんのコウモリは、お得意のルートを飛んでいて、突然、その世界モデルではそこに存在するはずのないガイドに遭遇したのである。そのコウモリは、人間に不意打ちを食わされ、人間のほうも、コウモリに不意打ちを食わされたのだった。

これまでの人類の成功の多くは、障害物が固定されている比較的安定した世界で成し遂げられてきた。周囲をはっきりと見ることができなくても進路を定めることができた。ところが、身のまわりの生物を変化させることによって、人類は、コウモリが直面したのと同じような状況を作り出してしまったのだ。未来と対峙するとき、自分たちが一体どこにいるのか全く把握できておらず、しかも、周囲の世界についての認識にはひどいほころびが生じている。これまでどおりの場所に存在しているものはない。われわれはさまざまなものに衝突するようになってきた。生き物に不意打ちを食わされるようになっているのである。

つまずきを経験しても致命的結果には至らない場合もある。そのようなケースは、もっと大きな失敗を予見するきっかけを与えてくれる。たとえばこんな例がある。私の共同研究者たちが最近、ノースカロライナ州立大学の実験室で、サワー種を起こしてそれを研究しようとした。ところが、その実験室にいたのは、異常な微生物種――気密性が高くて、食品がめったに発酵しないような家屋によく見られる種――ばかりだったのだ。サワー種を起こそうとしてもうまくいかない。元種に酵母がなかなか棲みつかないのである。むしろ、元種にコロニーを形成したのは糸状菌、つまりカビだった。カビではパンは膨らんでくれない。パン作りを実験室の環境で行なったがために、レシピの構成要素の一部が、パンが作れないほど変化してしまったのだ。気密性が高くて、屋外の生物が入り込めないような家屋では、これと同じような現象が起きているようだ。そのような場所では、サワー種の生態系が壊れてしまうほど、生物種の構成が変わってしまっている。

この機能不全を起こした実験室のサワー種は、われわれが生きている生物学的世界の縮図のようなものだ。では、その中で、人類にあたる生物は何だろう？　私は先ほど、人類は地球というシャーレの表面をびっしりと覆う生物だと述べたが、その比喩はあまり適切とは言えない。なぜなら、われわれはこの球形の生息地に単独で生きているわけではないからである。人類は、より大きな生物群集の中に存在する一生物種なのだ。ただし、不相応に大きな影響力をもっている生物種でもある。

人類は、サワー種の中に存在する乳酸菌とよく似ている。乳酸菌は、人類と同様、自分が属する世界を形成しながら、同時に、周囲にいる他の生物種に依存して生きている。しかし、乳酸菌は、人類とは違い、周囲の世界を自分の生育に適した環境にしていく傾向がある。乳酸を産生し、その酸性環境下で増殖するのである。そして両者には、もっと大きな違いが二つある。一つ目は、乳酸菌が生きている世界を構成する種の数は、何万、何億、何兆ではなく、何十という単位にすぎないということである。二つ目は、乳酸菌が資源をすべて使い尽くしてしまうと、われわれが助けに入るということだ。救いの手を差し伸べて、小麦粉をまた新たに追加する。

生物界の法則が照らす道

しかし、人類が食料を使い果たしてしまっても、天からの新たな差し入れで救ってはもらえない。われわれは資源を利用しつつ、その生産を維持していく必要がある。

人類と乳酸菌にはさらに、三つ目の違いがあると言えるかもしれない。その違いは、人類は自らの置かれた状況を認識できるという点にある。

ただし、その自己認識には限界がある。われわれの意思決定が招いた結果が明らかになり始めても、さまざまな活動が複雑に関連し合っていることが多いので、特定の結果を招いた原因はどれなのかを見極めるのは難しい。

最近、ドイツのアマチュア昆虫学者のグループが、これまで三〇年にわたって作成してきた昆虫標本コレクションの再検討を始めた。それらの昆虫は、基準となる調査地で標準型トラップを用いて採集されたものだった。毎年、トラップにかかった昆虫が、分類されて同定され、グループのコレクションに加えられてきたのだ。テリー・アーウィンのような甲虫愛好家の多い、これらアマチュア昆虫学者たちの当初の目的はただ単に、ドイツに生息する昆虫類を、稀少種を中心に記録に留めることにあった。必ずしも驚くべき重大な事実を立証しようという意図はなく、ましてや、小グループの外で大ニュースになることなど期待していなかった。

ともかくも、ドイツという国は、昆虫類について、地球上で最も詳細な調査が行なわれている二、三か所の一つだ。その反面、昆虫類の多様性は、リンネのスウェーデンよりは高いものの、それほど高いというわけではない。たとえば、パナマやコスタリカ国内にある個々の熱帯雨林に生息する昆虫類の種数は、ドイツ全体に生息する昆虫類の種数をほぼ確実に上回っている。具体例を挙げると、ドイツにはおよそ一〇〇種のアリがいることがわかっているが、コスタリカのラ・セルバ・バイオロジカル・ステーション〔ラ・セルバ自然保護区にある熱帯研究所〕の森には、現在知られている限りで、五〇〇種を超えるアリが生息している[13]。

それはさておき、年ごとに採集してきた昆虫類の数を比較してみて、昆虫学者たちはギョッとした。それまで三〇年間、ずっと調査してきた自然生息地の昆虫類のバイオマスの総量が、知らず知らずのうちに七〇〜八〇%減少していたのである。地球上で最も詳しい調査がなされている国の一つでもこうしたことが起きていたのだ。この減少を引き起こした原因は何なのか、いまだ明らかになっていない[14]。

このドイツの昆虫類の減少がどんな影響をもたらしたかも、やはり明らかになっていない。それが昆虫食鳥類の個体数の減少につながったことはわかっているが、それ以外にどんなことが起きたのか、まだ誰も把握していないのだ。それがもたらした結果に遭遇して初めて、事の重大さを知ることになるのだと思う。

未知の事柄ばかり、流動的な状況ばかりなのだから、いっそのこと諦めてしまえば、あれこれと悩まずにすむ。知識もなく、方向感覚もない暗闇の中では、運に身を任せて、やみくもに未来へと突き進むのが一番楽なのかもしれない。考え込んでいても仕方がない。世界はあまりにも複雑なのに、われわれはあまりにも知識に乏しく、しかも状況は時々刻々と変化している。前に進もうとすれば、頭をぶつけてしまうに違いないが、それがわれわれの運命なのかもしれない。

　そう言って諦めてしまわずに、もう一つ、細部に注意を向けるという方法もある。たとえば、特定のドイツの甲虫種のストーリーに焦点を合わせるのだ。特定の種について深掘りするところから、広く応用できる解決策が生まれてくる可能性もある。したがってそれは、アプローチの一環としては必要なことだが、しかし、特定の種に注意を向けるだけでは、決して全体像は見えてこない。全体が把握できないのは、特異な事例ばかりが集まってしまうからでもある。

　そこで、私がこれから本書で提案するのは、変化しつつあるこの世界を、その要素すべてに名前がついていなくても、生物界の諸法則をうまく利用して読み解いていくという方法である。ただしその際にも、アーウィンの法則を常に心に留めておく必要がある。アーウィンの法則とは、生物界はわれわれが思っている以上に広大で、多様だということ。既知の世界の外側に、未知の世界が果てしなく広がっているということだ。これから本書で紹介する諸法則さえも、アーウィンの法則を免れない。まだ研究されていない生物は、これまで研究されてきた生物のようにふるまうとは限らないのである。

　しかし、生物界のごく一部を、偏った方向から、ぼんやりとしか見ていないことがわかっていても、すでに知られている事柄をもとにして、この世界を読み取ろうとする歩みを止めるわけにはいかない。知の光は、微弱であっても、底知れぬ闇を照らしてくれる。それを頼りに、何とかして進むべき道を見つけ出すことが求められている。[15]

第二章
都会のガラパゴス

種数－面積関係の法則

E・O・ウィルソンは、生物界を支配する確固たる法則の一つについて、その仕組みを詳細に解き明かすことになる。それは、どの場所でどれだけのスピードで生物種が絶滅していくかだけでなく、どの場所でどれだけのスピードで新しい種が出現してくるか、つまり、今まさにどこで進化が起こりつつあるかをも予測する法則である。

しかし、彼について語るには、それ以前にまでさかのぼって語り始める必要がある。彼の物語は、アラバマ州で過ごした、動物好きな痩せっぽちの少年時代から始まる。彼は、ヘビや、海獣、鳥類、両生類、その他動くものならほとんど何でも好きだった。ある日、フロリダ州のペンサコーラ湾で釣りをしているとき、垂れていた釣糸をぐいと強く引っ張りすぎた拍子に、水中から飛び出してきた魚に目を突っつかれてしまい、それからずっと視力障害を患う（わずら）ことになる。この事故がもとで、動きの速い脊椎動物を研究したり、捕獲したりすることはできなくなった。また、先天性の高音域難聴のせいで、さまざまな鳥類やカエルの鳴き声を聞きとることもできなかった。自伝に書いているように、彼は「昆虫学者になるように生まれついた」のである。(1) 彼の関心はずっと──少年の頃も、大学生のときも、そしてハーバード大学の教授になってからも──アリに向けられていた。

若い頃にアリの調査旅行に出かけたウィルソンは、ニューギニア、バヌアツ、フィジー、ニューカレドニアなど、メラネシアの島々を回った。当時彼は、ハーバード大学のエリート研究者養成制度「ソサエティ・オブ・フェローズ」のジュニア・フェローに選ばれており、目的に適うと自らが判断したことであれば、何でも自由に研究することが認められていた。そこで、彼はメラネシアの島々に赴いて、科学のためにアリを採集しては、思索に耽ることで給料をもらうという生活を送った(私にも経験があるが、すばらしい仕事だ)。丸太をひっくり返したり、木の葉を裏返したり、穴を掘ったりしては、良い方の目を使って、それぞれ異なる島にどのアリがどれだけ生息しているか、そのパターンを確認していった。そのパターンは、自然界のルールを映し出しているように思われた。ウィルソンは、アリに囲まれながら、この世界に関する、衝撃的で奥深い諸々の真実を掴み取ったように感じていた。そのような真実の一つが、面積の大きい島のほうが小さい島よりも、生息するアリの種類が多い、というものだった。

大きい島ほど多数の生物種を擁しているという事実に気づいたのは、ウィルソンが初めてではなかった。他の科学者たちもすでに、鳥類種や植物種の分布がそのようなパターンに従うことに気づいていた。このパターンは、ある島に生息する生物種の数は、その島の面積の累乗に定数を掛けた数値に等しいことを示すシンプルな等式で表すことができた。要するに、島の面積が大きいほど、生息する種の数も多いことが予想されるのだ。生態学者のニコラス・ゴテリは、この等式とそれが表すパターンを「生態学分野の数少ない純粋な『法則』の一つ」と評した。それが種数－面積関係の法則である。(2)

サー・アイザック・ニュートンは、リンゴが落ちるのを見て重力を発見したとよく言われる。しかし、これは正しくない。ニュートンの偉大な功績は、重力を発見したことにではなく、重力を生み出す原因を発見したことにあるからだ。E・O・ウィルソンがニュートンとよく似ているのは、生物に重力が働いているかのようなパターン、つまり、大きな島に生物種が集まっていく傾向に気づいただけでは満足しなかったという点である。彼は、その理由を説明しようとし、そうすることで、生態学を、法則に基づく厳密な数理科学に発展させようとしたのだ。

しかし、一つ問題があった。ウィルソンの数学の能力は、ヘビの姿を目で捉えたり、鳥の声を耳で捉えたりする能力と大差なかったのだ。そこで、ハーバード大学教授の彼は、大学一年次の数値計算法の授業を受けることにした。習得の必要性を痛感しているウィルソンは、長い脚を縮めて学生用の机にじっと座り、宿題をこなし、試験を受けることになろうとも、それをやってのけた。さらに、新入生の数値計算法だけでは不十分であることを悟った彼は、数学を得意とする野心的な若手生態学者、ロバート・マッカーサーと手を組むことにした。マッカーサーとウィルソンは力を合わせて、本格的な数学的理論――アリ類、鳥類、その他どんな生物であれ、大きい島ほど種数が多い理由を説明できると思われる理論――の構築に取りかかった。

その理論は、二つの主要な構成要素から成り立っていた。その一つ目は、ある島に生息する特定の生物種が絶滅する確率を、その島のサイズの関数とみなしたことである。マッカーサーとウィルソンは、ある生物種がある島から姿を消す確率は、島のサイズが小さくなるにつれて高まると考えたのだ。島が小さいと、必然的に生物の個体数が少なく、したがって、たとえばひどい嵐に一度襲われたり、厳しい環境が一年間続いたりしただけで、絶滅する確率が高まる。また、島が小さいと、個体数維持に必要なものが十分に得られないことも多い。島の面積と生物種の絶滅との間には一般的関連性が存在するというこの考え方は、時の経過によって裏づけられてきた。小さな島に生息する種の絶滅率は概して、大きな島に生息する種の絶滅率よりも高く、小さな島の生息環境が多様性に乏しい場合には特にその率が高くなる。

その理論の構成要素の二つ目は、島から姿を消す種ではなく、逆に、島に到来する種について考えるものだった。生物種は、空を飛んだり、海流に運ばれたり、水中を泳いだり、あるいは人や船に便乗するなどして、よそからやって来て島に棲みつく可能性がある。または、島内にいるままで進化を遂げる可能性もある。ウィルソンとマッカーサーは、いずれの場合も、島の面積が大きいほど、そのような「移入」の確率が高くなると考えたのだ。島が大きいほうが、生物種が島を見つけ出す確率が高くなる。また、島が大きいほうが、ある特定の種が必要とする特殊な生息環境、宿主、その他の条件が備わっている可能性も高くなる。さらに、島が大きいほうが、ある生物集団が他集団から十分に隔離されて、別の種へと進化していくための空間も得られやすい。

マッカーサーの助けを得てウィルソンは、こうした考え方すべてを精緻化し、拡張して、一連の等式で表し、『*The Theory of Island Biogeography*（島嶼生物地理学の理論）』という本の中で発表した。その理論はやがて、世界中の島々で検証されることになる。何十人もの、さらには何百人もの科学者によって、その真偽のほどが試されていった。こうした科学者のほとんどは、この世界の秘められた規則性を解き明かそうとする意欲に溢れた大学院生たちだった。その等式についてはこれまで、重要な事柄に対する科学者特有の潔癖さをもって、細部にまで踏み込んだ熱い議論が戦わされてきた。実は、マッカーサーとウィルソンの等式では、島の生物相の特徴の多くが見過ごされている。にもかかわらず、彼らの理論はこれまで時の試練に耐えてきた。ということは、この世界の仕組みの本質的な部分を捉えているのである。確かに、大きい島ほど多くの生物種を擁する傾向があるし、その傾向は絶滅と移入のバランスに起因しているようだ。そして同じく重要なのは、彼らの理論は未来の自然環境がどうなるかを明確に予測してくれるという点だろう。離島について、天然林について、さらには都市についても、とりわけ都市についてもである。

都市の中に浮かぶ島

生態学者たちはほどなく、マッカーサーとウィルソンの説は、島のように細分化された生息地にも当てはまるということに気づいた。そのような場所は現在、あちこちにあまた存在する。イギリスの農耕地の海原の所々にぽつりぽつりと残っている森は、実際の海原の所々に顔を出している岩や土とどう違うのか？　結局のところ、同じではないのか？[3]　また、マンハッタンを貫くブロードウェイの中央分離帯は、ガラスとセメントの海原に浮かぶ群島のようなものではないのだろうか？

さらに、マッカーサーとウィルソンの説を、パッチ状の生息地（分断された生息地）にまで押し広げて考えることが急務ではないかと思われた。当時も、現在と同様に、森林などの野生生物の生息地が恐ろしいほどの速度で失われつつあった。もしマッカーサーとウィルソンの島についての考え方が、本当に、徐々に縮小していく森林にも当てはまるのであれば、森林からも間違いなく、多くの生物種が姿を消していくことになる。分断化が進むと、実際にそういうことが起こるのだろうか？ マッカーサーとウィルソンは、起こるだろうと予測した。その予測に刺激を受けて、一連の大規模調査プロジェクトが次々と立ち上げられていった。その一つが、当時スミソニアン協会に所属していたトーマス・ラヴジョイの主導で実施された、ブラジルのアマゾンの森林を意図的に断片化する大規模実験だった。

作家のテリー・テンペスト・ウィリアムスは、地球に思いを馳せながら、こう書いている。「もし世界が引き裂かれて断片化したら、その断片の中でどんな物語が展開していくか、私は見てみたい[4]」。これこそまさに、ラヴジョイが断片化実験によって突きとめようとしたことだった。

ラヴジョイの実験では、パッチ状に分断された森林を作り出すために、それらの森林の周囲を牧草地に変えるという方法をとった。そもそも森林の樹木は、牧場主によって一本ずつ伐採されていき、いずれ皆伐される運命にあった。ラヴジョイは、そのような伐採を利用して、ある実験をさせてくれるように、ブラジル政府と牧場主を説得したのである。

「伐採する」という意味のデンマーク語skæreは、破片を意味するskårと語根が同じだ。ラヴジョイが伐採によって作り出そうとしたものは、まさに破片、つまり、それまで統一体を成していた壊れやすい生態系の破片であった。ラヴジョイのプロジェクトで作られた破片のようなパッチは、サイズがまちまちであり、また、互いの距離や、「本土」（つまり、もっと広くて連続性の高い森林地域）からの距離もまちまちだった。

このような実験の結果は、デイヴィッド・クォメンの名著『ドードーの歌——美しい世界の島々からの警鐘』（河出書房新社）や、エリザベス・コルバートの『6度目の大絶滅』（NHK出版）で取り上げられている。[5] ラヴジョイをはじめ多くの共同研究者たちは最終的に、パッチ状の生息地は、海の中の島のような働きをするという見解に達した。パッチの面積が小さいほど、生息する生物種の数は少ない。そして、森林などの野生生物の生息地が縮小するにつれて、そこに新たに移入してくる生物種数は減り、絶滅していく生物種数は増える。

生息地の消失が生物多様性の低下を招く詳しい機序についての理解は、研究の進展とともに若干変化してはいるが、行動の指針は既に十分に得られている。[6] ウィルソンなどの保全生物学者たちは、地球上の陸地面積の半分を、天然林、草原、その他の生態系として保護するよう、先頭に立って求めてきた。現在必要な、そして将来必要となる生物多様性を守るためには、地球上の陸地の半分を死守せねばならないとウィルソンは主張する。彼はよく知っている。等式を書いた一人なのだから。

ほとんどの場合、島やパッチへの生物種の移入（定着）と、島やパッチからの生物種の消失（絶滅）だけを考慮すれば、島の生物地理学的変遷について信頼性の高い予測ができる。

しかし、もう一つ、これに影響を及ぼすプロセスがある。それは、マッカーサーとウィルソンは言及していたにもかかわらず、その後の研究ではほとんど取り上げられなかったプロセス、種分化である。

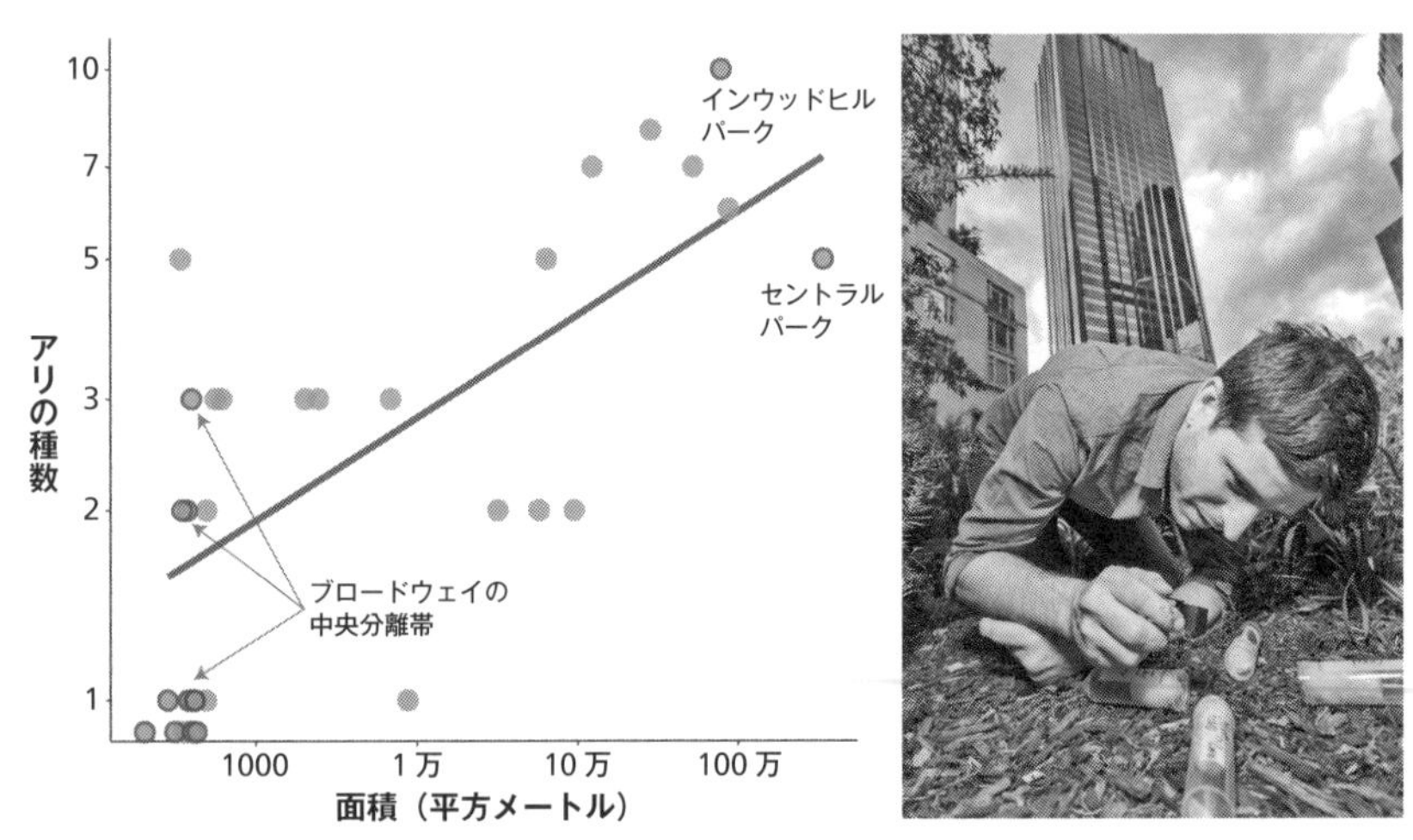

図2.1　種多様性と島状生息地の面積との関係を示す一例として、マンハッタンの中央分離帯や公園に生息するアリを取り上げたもの（左）。クリント・ペニック（当時、わがラボのポスドク研究員、現在はケネソー州立大学の助教）が、マンハッタンの中央分離帯で、小型フラスコ内の砂糖でおびき寄せてアリを採集しているところ（右）。図は、Amy M. Savage, Britné Hackett, Benoit Guénard, Elsa K. Youngsteadt, and Robert R. Dunn, "Fine-Scale Heterogeneity Across Manhattan's Urban Habitat Mosaic Is Associated with Variation in Ant Composition and Richness（マンハッタン都市部のモザイク状生息地ごとの異質性は、アリの種組成と種の豊富さに関連する）," *Insect Conservation and Diversity* 8 no 3 (2015): 216–228 のデータに基づいて、ローレン・ニコルズが作成。写真はローレン・ニコルズが撮影。

種分化とは、新しい生物種が形成されること。それまで一種しか存在していなかった場所に、二種以上の生物が誕生することである。生息地の面積が大きくなるほど、種分化の速度は速まると予測される。ウィルソンとマッカーサーは当初から、島の面積が大きいほど、移入してくる生物種が増えるという仮説を立てていたが、二人はまた、島の面積が大きいほど、種分化が起こりやすく、その速度も速いという予測も立てていた。しかし、一九六七年に『島嶼生物地理学の理論』が刊行された後、この予測についてはほとんど何の論評もなされなかった。マッカーサーとウィルソンの種分化についての考え方が無視されたのは、それが本の末尾に記されていたからかもしれない。しかし、それが少しばかり時代の先を行きすぎていたから、という可能性も否めない。当時はまだ、生態学者も進化生物学者も、進化がどれほど迅速に起こりうるかに気づいておらず、ましてや、現在のように新種の誕生をリアルタイムで記録できるとは考えてもいなかった。

本の最後までよく読めば、マッカーサーとウィルソンが種分化についてかなり詳細に論じているのがわかる。種分化であれ、局所適応であれ、新奇形質の誕生であれ、島は「進化を研究する上での格好の舞台[7]」であることに彼らは気づいていた。島を進化の舞台と捉えるこうした見方は、マッカーサーやウィルソンをダーウィンと結びつけるものだ。

ダーウィンは、島を、進化研究のレンズとして利用したが、同時に、自分の考えを明確化する場としても利用した。五年近くに及ぶビーグル号での航海中にダーウィンが訪れた島々——カーボベルデ諸島、フォークランド諸島、ガラパゴス諸島、タヒチ島、ニュージーランドの島々、そして島大陸と呼ばれるオーストラリアなど——において、彼は、他所（よそ）では見たこともない多種多様な生物の姿を目の当たりにし、やがて、そのような生物は多くの場合、それぞれの島で進化した種であることに気づく。一方、島々は、自然選択の作用を説明するための理想的な場も提供してくれた。つまり島々は、あらゆる場所で起きているプロセスを説明するためのお膳立てが整った、選り抜きの舞台だったのだ。

地理的に隔離されている島の中では、その土地の環境に合わせて、新種が出現してくる可能性があるとダーウィンは唱えた。たとえばこういうことだ。ガラパゴス諸島の島々は、南アメリカ大陸西岸から八〇〇キロメートルほど離れた海の中から、海底火山の噴火によって立ち現れた島々である。その島々に、ただ一種の中型カメがたどり着き、それが、大きさも色の濃淡もさまざまな一四種もの大型カメへと進化していった。その島々に、ただ一種のマネシツグミが飛んで来て、それが、それぞれの島特有の三種のマネシツグミへと進化していった。その島々に、ただ一種の何の変哲もないフィンチが飛んで来て、それが、現在「ダーウィンフィンチ類」と呼ばれている一三種のフィンチへと進化していった。

ダーウィンが気づいたとおり、これらのフィンチ類は、嘴（くちばし）の形がそれぞれ違っていた。自然選択の作用を受けて「それぞれ異なる目的に合うように変化した」のだと、彼は『ビーグル号航海記』に記している。(8) ダーウィンフィンチ類の一種は、嘴を使ってサボテンの花の蜜を吸ったり、その花粉や種子を食べたりできるように進化した。また別の一種は、鳥類やその他の脊椎動物の背を嘴でつついて、流れ出てきた血を飲む吸血フィンチとなった。別の二種は、嘴で棒をつかむ能力を進化させ、その棒を穴につっこんで、虫の幼虫を探し出して食べるようになった。また、数種のフィンチは、種子を食べるのに適した嘴を進化させた。

ダーウィンは、大洋島［大洋上にあって、大陸と地続きになったことがない島］には、その島でしか見つからない固有種が生息している可能性が特に高いと考えた。そのような種が生息しているのは、隔離された場所で、大陸の近縁種とは異なる進化を遂げてきたからだと見て取った。しかしながら、ダーウィンは、どんな島が新種の出現に有利で、どんな島がそうではないかについては明確な答えをもっていなかった。

島における進化について、ダーウィンの古典的理論への肉付けを行なったのが、マッカーサーとウィルソンだった。二人は、島にたどり着いた生物は、その島が大きいほどより多くの種に進化するという仮説を打ち出したのだ。しかし、その仮説は検証するのが難しかった。現に、二〇〇六年の時点では、まだほとんど何も検証されておらず、ただ一つあるのが、マッカーサーとウィルソンの著書に掲載された「図60」だった。マッカーサーとウィルソンは「図60」に、面積の異なる島に生息する、島固有の鳥類の種数をプロットした。図にプロットされた点の数はそれほど多くなかったが、それらの点は確かに、大きい島ほど固有種の鳥が多いことをほのめかしているようだった。おそらく、島内で進化が進んでいるからだろう。

新種が出現する条件

二〇〇六年、ヤエル・キゼルはロンドンのインペリアル・カレッジで、現在オックスフォード大学教授のティモシー・バラクロウとともに、博士論文の研究に着手した。キゼルは最終的に、島の面積がその島で新種が出現する確率に及ぼす影響について、いまだかつて試みられたことのない大胆な統合研究を成し遂げることになる。

今から何百万年も前に、海底火山の活動によって、海の中から島が出現した。やがて、噴出した溶岩が冷えて固まった。そこに藻類が定着した。鳥類が棲みついた。クモ類も、繰り出した糸にぶら下がってそこに運ばれていった。彼らは新たな島に上陸し、そこにコロニーを形成した。鳥の脚に便乗してやって来る植物や、海流に乗って漂着する植物もあった。その後、それぞれの土地の環境条件や、偶然そこにたどり着いた生物の種類に応じて、さまざまな進化が繰り広げられていった。キゼルは、このような進化の歴史が生み出した結果を調べることになるのだった。

その研究は、サイドプロジェクトとして始められたものだった。キゼルが博士論文のメインプロジェクトを進めているときに、バラクロウが、ある植物種が時を経て二つの異なる種になるためには、最低どれだけの島の大きさが必要かを算出してみてはどうかと持ちかけたのだ。その取り組みの足がかりにしようとしたのが、少し前に鳥類について行なわれた類似の研究だった。(9) 私にEメールで伝えてくれたところによると、キゼルは当初、「植物の種分化に必要な島の最小サイズ」というものはあるのか、もしあるとすれば、それはどれくらいかを突きとめるつもりでいた。ところが、キゼルとバラクロウは結局、別の種類の生物にまで検討対象を拡大することに決める。こうして、キゼルがさらに多くのデータを収集していくうちに、いつの間にか、さまざまなグループの生物が種分化を遂げてきた島々の特徴について、前代未聞の規模のデータセットをまとめることになったのだった。

彼女は、ヨーロッパを離れることなしに、すべてのデータをまとめた。ガラパゴス諸島にも、レユニオン島にも、マダガスカル島にも足を運んでいない。研究はすべて、そのような地域に赴いてなされたフィールドワークに基づく、博物館やコンピュータのデータベースを使って行なわれた。キゼルのデータベースには、ガラパゴス諸島のような小さな大洋島だけでなく、もっとずっと大きな島々のデータも含まれており、最大の島はマダガスカル島だった。

キゼルの注目の対象となりうる種分化には、二種類の種分化があった。まず一つは、ある生物種が、ある島にたどり着いたのちに、移入元である本土の近縁種とは異なる新たな種に進化したかどうかということだ。しかし、キゼルとバラクロウの主要な関心はそちらではなかった。むしろ二人は、島の内部で複数の種へと分かれる種分化のほうに関心を寄せていた。島内部での種分化に注目したことによって、キゼルは、種分化に必要な島の最小サイズ（当初の問い）だけでなく、種分化の重要な決め手となるその他の要因についても検討を加えることができたのだった。

マッカーサーとウィルソンの説から予想されたとおり、キゼルは、島のサイズが種分化の起こる確率に重要な影響を及ぼすことを確認した。キゼルが調査したどの生物群においても、種分化が起こる確率を支配する最重要ファクターは、島のサイズだった。島が大きいほど、種分化が起こる確率が高くなる。

しかし、それ以外にも重要なファクターが見つかった。キゼルは、先行研究と独自のデータ観察とを組み合わせて、次のような仮説を立てた。島間または島内での移動が不得手な生物ほど、小さな島でも種分化が起こる確率が高いはずである。逆に言うと、分散が容易な（したがって遺伝子拡散が起こりやすい）生物は、小さな島ではほとんど、あるいは全く種分化しないはずである。

キゼルの考え方は、十分に筋が通っている。分散能力が高くて、速く飛べる、遠くまで走れる、すばやく進めるという生物は、小さな島内の別々の場所で――しばらくの間は――隔離されることもある。しかし必ずや最終的に、ある場所にいる生物が、別の場所にいる生物と出会うことになる。それらがつがいとなって遺伝子のやりとりをするので、ある個体群が別の個体群に対してそれまで蓄積してきた差異が、帳消しにされる。

野生化した犬の血統を例にとって、この点について考えてみよう。ある島の一方の側にある、適応進化を利するような極限環境に、ある血統の犬（ブルドッグ）が放たれ、同じ島の反対側にある、もっと穏和な生息環境に、別の血統の犬（ゴールデンレトリーバー）が放たれたとする。島のサイズが小さくて、しかも障壁がほとんどなければ、ゴールデンレトリーバーの何匹かは必ず、その島のブルドッグ側に移動して行って（もちろん逆のことも起こる）、交尾し、両親の遺伝形質が混じり合った仔犬を産むだろう。つまり、ダーウィンが言うように、「変化が起こりかけても、変化していない個体との交雑によって阻止されてしまう」のである。[10] しかし、島のサイズが十分に大きければ、二種類の犬の個体群が出会うことはないだろう。時とともに、別々の道筋をたどって進化していき、あるところで交配はもはや不可能となり、その結果、互いに出会ったとしても生殖的に隔離されたままの状態になる。

要するに、キゼルは、分散が不得手な生物の場合には、小さな島であっても十分に種分化が起こりうると予測したのである。しかし、コウモリのように飛翔能力の高い動物や、食肉目の哺乳類

（オオカミやイヌなど）のように歩行能力に優れた動物の場合には、大きい島でなければ種分化は起こり得ない。

キゼルとバラクロウは、キゼルの大容量データベースに収められているさまざまな種類の生物――鳥、カタツムリ、草木、シダ、チョウやガ、トカゲ、コウモリ、食肉目の哺乳類――について、この分散能力仮説を検討した。生物の寄せ集めのようだが、どれもデータを入手しやすい生物ばかりで、哺乳類や昆虫類の種のほとんどは除外され、微生物は全く含まれていなかった。

キゼルとバラクロウが調査したどの生物の場合も、島が大きいほど、新種へと進化する確率が高かった。種分化が可能となる島の最小サイズを調べると、分散が不得手な生物（カタツムリ）ではそれが小さく、分散が容易な生物（鳥類やコウモリ）ではそれが大きかった。カタツムリの新種への進化に必要な最小面積は非常に狭く、一平方キロメートルにも満たない。テスラのカリフォルニア州フリーモント工場の敷地面積ほどの広さがあれば十分なのだ。逆に、遠く広く飛ぶ能力のあるコウモリの場合、最小面積はその何千倍も広く、数千平方キロメートルかそれ以上――ニューヨーク市の五つの区全体ほどの面積――が必要となる。

島における新種の出現に関するプロジェクトを終えたキゼルは、未検証の事柄をいくつか残したまま、別のテーマに移っていった。未検証の事柄の一つはカタツムリに関することだ。どの地域でもあまり取り上げられることはないが、実は、世界中の島々でカタツムリの新種が出現している。カタツムリはいともたやすく多様な種に分化していくのだ。こうした現象は、単にカタツムリは分散するのがのろい、という理由だけで説明が可能かもしれない（確かに説明がつきそうだ）。しかし、キゼルは、何か別の要因も働いているのではないかと考えた。Eメールで私に説明してくれたように、生物種が島の中で多様な種に分化するためには、二つの特性を備えている必要がある。まず、他の島々や本土の近縁種との交雑を避けられるように、出不精の生物でなければならない。しかしそれだけでは不十分で、まず最初に、島にたどり着けなくてはならない。

カタツムリはまさに、この両方の特性を備えている。通常は、特定の場所からほとんど離れることがなく、歩みも極めてのろい。生まれてから死ぬまでの間に一メートルしか移動しないカタツムリもいる。しかし時折——どこかの島にたどり着けるくらい——遠方まで運ばれていくことがある。鳥の脚にくっついたり、鳥の腸管内に入ったり、漂流する丸太に乗ったりして長距離を移動するのである。カタツムリには、新種の出現にとって極めて有利な条件がそろっている。

それに対して、カエルは、島にたどり着きさえすれば、多数の種へと分岐する確率が高いが、なかなか島までたどり着けない。チャールズ・ダーウィンも気づいていたように、カエルは長距離分散が苦手なのである。固有種のカエルが生息している大洋島は、ほとんど存在しない。

長距離分散もするが、ふつうは短距離分散しかしないという特性が、二段階に分けて生ずることもある。つまり、まずいったんうまく分散した生物種が、島にたどり着いたのち、その分散能力を失う場合である。島内に留まるほうが、島を離れるよりも総じて有利であるなら（たいていそうなのだが）、分散能力を失ったほうが、生物種にとっては都合がいい。

ニュージーランドのコウモリで、まさにこのようなことが起きた。ある系統のコウモリは、ニュージーランドまでたどり着いたが、過酷な海に囲まれた温和な環境に収まると、その飛翔能力を失った。飛べなくなったその系統は、ニュージーランド内の生息地間で別々の種へと分岐していく可能性がぐっと高まり、実際に分岐していった。

多くの島々において、鳥類でもやはり同じようなことが起こった。島に生息する鳥類の系統では、無飛翔性が何度も出現し、飛翔力を失った鳥はたいていその後、多数の種へと分岐していった。現在、空を飛べない鳥はめったに見かけない。それは一つには、島に人間がやって来たとたん、飛べない鳥は、人間や人間と共に入って来たネズミなどの動物に食われてしまうリスクが格段に高まったからである。

農地で起こる進化

キゼルとバラクロウの研究成果と予測は、われわれの周囲の生物について、島嶼生物地理学の理論から何を読み取るべきか、改めて考える機会を与えてくれる。世界中で、パッチ状の森林、草原、湿原が縮小していくと、昔ながらの生物種は絶滅していくと予想される。実際、そのとおりのことが起きている。もちろん、そうしたパッチ状の棲み処の一部では、同種の他個体から隔離された個体群から、新種が出現してくることもあるだろう。しかし、そうした新種の出現は、既存種の絶滅よりもはるかに稀になるはずだ。なぜなら、絶滅の進行速度は、種分化の速度よりもはるかに速いからであり、また、パッチ状生息地のサイズが小さくなると、大きいときよりも種分化の起こる確率が低下するからである。

その一方で、現在拡大しつつある生息環境で生き延びられる種は、われわれにくっついて未来まで生き残るはずである。拡大の一途をたどる人為的環境に、まず入り込めるだけの分散能力をもっているが、その中で移動するのは苦手というタイプの生物では、すでに新種が出現していると予想される。キゼルとバラクロウの説明に基づくと、そのようなタイプの生物にはカタツムリが含まれる。そのほか、あるタイプの植物、特に分散があまり得意でない種子をもつ植物もこれに含まれる。たとえば、エンレイソウ、スミレ、サンギナリアなど、果実をアリに運んでもらう植物がそうだ。それから、さまざまな種類の昆虫もこれに含まれる。

もっと小さな生物については、その島嶼生物地理学に関する論文はまだ一つも書かれていない。一部の真菌種は、分散能力が極めて低いので、たとえ小さい島であっても、生息する島々の間で分岐が起こる可能性がある。これに対し、一部の細菌種は、風に乗って容易に分散するので、むしろ飛翔性哺乳類に似たところがあり、何か稀有なことが起きて隔離されない限り、分岐が起こる可能性は低い。ウイルスについては、最近新型コロナウイルスで見てきたとおり、一人の患者の体内でも新たな変異株が生まれる可能性がある。

キゼルとバラクロウの研究は、われわれの周囲のいたるところに、全く新たな世界が出現してくる可能性をほのめかすもので、そこに誕生する新種の正体も比較的容易に予測できる。しかし、そのような世界を予測するのと、それがすでに起きている（あるいは起きつつある）ことを証明するのは全く別のことだ。

人為的に作られた生息環境のうち、群を抜いて広いのは、われわれの農場である。トウモロコシが作付けされている地球上の面積の合計は、フランスの国土面積にほぼ等しい。トウモロコシを食

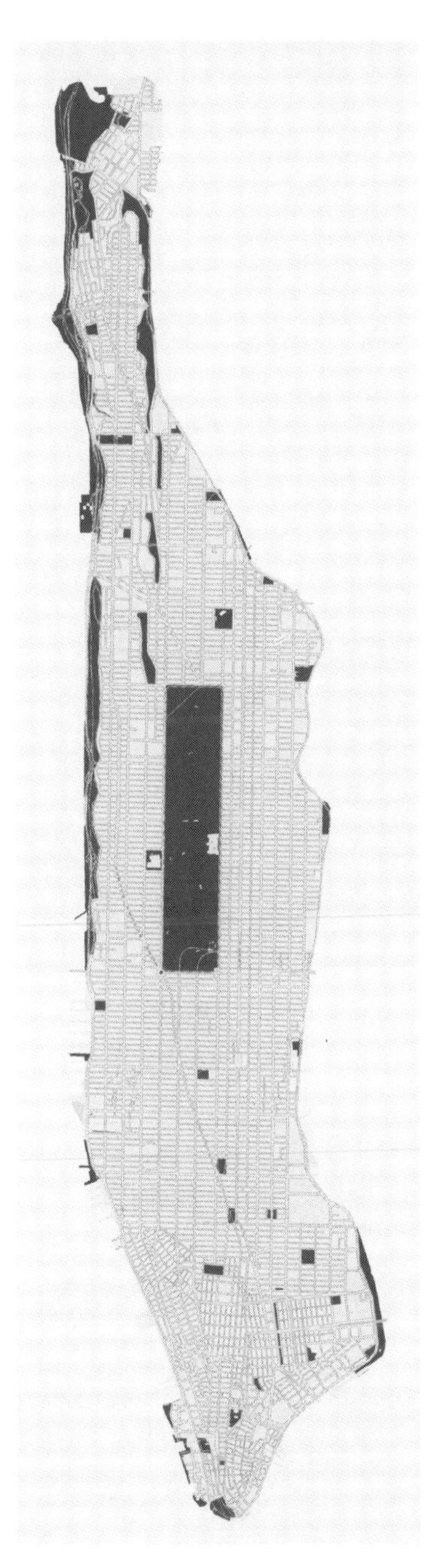

図 2.2　マンハッタン島という海原に浮かぶ、中央分離帯や公園といったパッチ状緑地の群島。草地や森林でしか生きられない種にとって、こうした緑地空間（グレーで表示）は島のようなものであり、多かれ少なかれ隔離された状態にある。しかし、緑地の乏しい都市部の道路とガラスとセメントの世界に生きる種にとって、マンハッタンは、美味しい廃棄物に溢れている、一つにつながった巨大な島なのである。図のデザインはローレン・ニコルズ。

べる生物種にとってトウモロコシ畑は、さまざまな大陸や気候にまたがる群島の中で、莫大な面積を占める島なのである。

農耕地の群島は、小麦、大麦、米、サトウキビ、綿花、タバコの群島など、まだほかにもある。このような農作物の島々には、固有の種が出現してくることが予測される。現に、すでにもう出現している。デイヴィッド・クォメンが著書『ドードーの歌』で述べているように、島々が「科学者たちに進化生物学の単語と文法を覚えさせるやさしい入門書」だとしたら、農地が作り出す島のような生息環境は、難しい上級編の『戦争と平和』なのである。[11]

トウモロコシ黒穂病を、チャールズ・ダーウィンやヤエル・キゼルのような視点で捉えた人物はまだいない。つまり、驚異の進化のプロセスを包括的に捉えるべき場として、農地に関心を向けた者はまだ誰もいないのだ。しかし正直言って、これは非常に残念なことだ。

農作物の害虫の新種出現についての知識は、その性質を解明して防除に役立てようとする研究から得られている。しかし、こうした研究は通常、下位分野ごとに別々に行なわれている。真菌を扱う科学者グループ、昆虫を扱うグループ、ウイルスを扱うグループといった具合だ。もし、こうした研究を共同で進めたならば、農作物には今や、他のどこにもいない何百種もの、いや、何千種もの害虫や寄生体が生息していることが明らかになるかもしれない。ガラパゴス諸島で進化したよりも多くの生物種が、農作物の中で新たな進化を遂げていることはほぼ確実なのだ。

本書全体を通して私は、「寄生体」という言葉を広い意味で用いており、別の生物の体表または体内で生命現象を営んでいる生物すべてを「寄生体」と呼んでいる。通常、この言葉を用いるときは、その体表や体内で暮らしている相手に対して、何らかのマイナスの影響を及ぼす生物種を指すことにする。こうした寄生体には、蠕虫(ぜんちゅう)や原生生物も含まれるし、病原細菌や病原ウイルスのように、通常は病原体と呼ばれるものも含まれる。

農作物の中で進化を遂げつつある寄生種のなかには、その作物が栽培化される以前から寄生していた起源の古いものもある。その後、作物が変化するのに伴って、寄生体のほうも徐々に変化していき、その結果、祖先種とも、現生する近縁種とも全く異なる新種となったものだ。

寄生体や害虫の種のなかには、ガラパゴス諸島に飛来したフィンチ類のように、他所からやって来て農作物に新たに棲みついたものもある。コロラドハムシ〔ジャガイモに寄生して葉を食い荒らす害虫〕の祖先はもともと、北アメリカで野生のナス科植物を宿主としていた(ちなみにジャガイモは南アメリカ原産)。一八〇〇年代になると、コロラドハムシはジャガイモに棲みつき、いったん定着するとたちまち、ジャガイモが栽培される土地の気候への耐性を獲得するとともに、ジャガイモに最もよく散布される殺虫剤への抵抗性を進化させていった。コロラドハムシは現在、北半球でジャガイモが栽培されている地域のほぼすべてで繁栄を謳歌している。[12] ジャガイモに甚大な被害を与える疫病菌〔フィトフトラ属の病原糸状菌〕はもともと、南アメリカの野生のナス科植物を宿主としていたのだが、栽培化されたジャガイモに飛び移ると、新たな形質を進化させ、アイルランドをはじめ世界中に広がっていった。[13]

麦のいもち病を引き起こす寄生菌は、ブラジルで栽培されているイネ科ウロクロア属の牧草に棲んでいた祖先から進化したものだ。今から六〇年ほど前に、アフリカからブラジルに導入されたときに、その寄生体もくっついて来たようだ。そうした個体の一部が、牧草から小麦に飛び移ったのだ。小麦へと寄主を転換した個体の子孫は、小麦を食いものにする能力を高めるべく進化を遂げていった。進化した子孫は、ブラジル全土の小麦畑に広がっていき、突風のごとく次々と小麦を襲っていった。

農業場面でのもう一つのタイプの新種出現は、育種家が新しい品種の農作物を作り出したときに起こる可能性がある。一九六〇年代に、穀物の育種家が、小麦とライ麦のハイブリッドであるライコムギという優良な品種を生み出した。するとたちまち、その品種は新たな病害、うどんこ病に冒されるようになった。うどんこ病は、寄生性の真菌、ブルメリア・グラミニス・トリティカーレ（*Blumeria graminis triticale*）によって引き起こされる。この寄生菌は、それまでになかった新たな系統だ。小麦に寄生する真菌と、ライ麦に寄生する真菌との雑種形成により出現したのである[14]。

農地に出現する新種は、害虫や寄生体ばかりとは限らない。新たな種類の雑草も出現している。種子が穀物の種子にそっくりなので、種子の収穫が手作業の場合には、うっかり採種して播いてしまうような雑草だ。ひとたび穀物庫に入った新種の雑草は、穀物の播種を利用して、その分布域を広げてきた。

イエスズメは、今からおよそ一万一〇〇〇年前、農耕が始まるのと同時に、近縁の野生種から、事実上、新種と呼べるものへと進化を遂げてきたようだ。それに伴い、近縁野生種と袂を分かっただけでなく、穀物由来のでんぷん質を多く含む餌を常食とする能力を発達させてきた。同様に、コクゾウムシは貯蔵穀類を利用するように進化した。その進化の過程で、翅を失った。さらに、その腸内に生息するようになった新たな細菌種と特殊な関係を結び、穀物にはない栄養素（特定のビタミン類）をその細菌から得るようになった。

農作物の間で進化してきた新たな害虫、寄生体、雑草、その他の生物は、必ずしも新種と呼ばれているわけではない。株、変種、系統などと言うこともある。たいてい、その呼び方の違いに明確な区別はなく、人間の食料を横取りしたり、それと競り合ったりする生物を監視している農学の下位分野の区別立てにすぎない。はっきり言えることは、ガラパゴス諸島に棲みついたフィンチ類に変種が現れ、やがて新種が出現したように、また、ニュージーランドに棲みついたコウモリ類に新種が出現したように、農地という巨大な島のいたるところで、害虫や寄生体の変種や新種が出現しつつあるということだ。

このような定着、適応、分岐、そして新種出現へと至るケースのいずれにおいても、その新種は、遺伝的に変化すると同時に、その変化による特有の適応的な形質を発現させた。ダーウィンは「フィンチの嘴」の変化について述べているが、コロラドハムシの吻（ふん）やうどんこ病菌の分泌タンパク質に生じた変化には、フィンチの嘴に勝るとも劣らぬほどの途方もない魔法が存在する。

以上に挙げた例からも明らかなように、農地に出現した新種は、たいてい人間に害を及ぼす。お呼びでないのにやって来て、人間の食料を奪ってしまうからだ。

都市の生物地理学

農地の島々に加えて、われわれは都市という巨大な島々も生み出してきた。都市の出現は、通常の地球の変化速度に比べてあまりにも急激で、その成長ぶりは火山活動にも匹敵するほどのものだった。つまり、セメントやガラスや煉瓦（レンガ）が、突然噴出してきて固まったようなものなのだ。ところが、進化生物学者たちは、この地殻変動の只中で起きているかもしれない進化をほとんど見過ごしていた。

そもそも生物学者は、大型哺乳類や鳥類に最大の関心を向ける傾向があることを思い出してほしい。コヨーテのような大型哺乳類は、移動能力が高いので、個々の都市に隔離されることはない。また、鳥類は飛翔能力があるので、都市間を移動することできる。しかし、都市に生息している生物種のほとんどは、もっと小型であって、分散能力はもっと低い。小型の種はたいてい、世代時間が短いので、進化速度は大型の種よりも速い。また、キゼルとバラクロウが注目したとおり、移動分散力の低い種ほど、地理的に隔離されて分岐していく可能性が高い。進化生物学者たちがようやく都市に注意を向けるようになるにつれて、進化速度が速く、移動分散が起こりにくい種の間で、分岐が起きてくる徴候が確認されるようになってきた。

ラットは、都市部において新種出現の確率が最も高い生物群というわけではない。コヨーテに比べれば世代時間は短く、移動能力は低いけれども、カタツムリほどではないからだ。ところが、私の友人で共同研究者でもあるジェイソン・ムンシ＝サウスが最近行なった研究で、一部の地域では、地理的に隔離された都市のドブネズミ集団がすでに互いに分岐しつつあり――おそらくその都市の気候や得られる餌、その他の特性に応じて――ますます違いが明確になっていることが明らかになった[15]。ニューヨーク市とニュージーランドの首都ウェリントンのように、遠く離れた都市のラット同士の間でこうした現象が見られるだけではなく、同じ地域にある別々の都市のラット同士の間でもそれが認められるのである。ムンシ＝サウスは最近、ニューヨーク市のドブネズミ集団は近縁度が高く、近隣諸都市のドブネズミと交雑した証拠がほとんどないことを明らかにした。

それだけでない。マンハッタン島の一方の端のラットは、もう一方の端のラットから分岐しつつあるようなのだ。ドブネズミが、マンハッタンのミッドタウン地区を通り抜けたり、そこで餌を食べ、交尾して、棲みついたりする可能性は低い。その理由として、ミッドタウンは、マンハッタンの他の地区よりも定住者の人口密度が低く、したがって、そうした住人が、うっかりにせよ、施してくれるネズミの餌も少ないということが挙げられよう。理由はどうであれ、ネズミの視点から見れば、ミッドタウン地区は、二つの快適な島の間に横たわる海原のようなものなのだ。

同様に、ニューオーリンズの、ある地区のドブネズミは、水路によって他の地区のドブネズミから隔離されており、そのせいで互いに分岐が起こりつつある。また、バンクーバーの各地区のドブネズミは、横断が難しい道路ができたせいで、バンクーバーの他の地区のドブネズミから隔離されるようになった。現在のような交尾や移動のパターンが今後も続いていくならば、やがて、それぞれの都市に、その土地の環境（言わばテロワール）に適応した、独自のドブネズミの種が出現してくるだろう(16)。

ヒトとともに世界中に広がっていったハツカネズミは、現在、いくつかの新種やさらに多くの変種に分岐している。このような新種や変種の違いは、これまでのところ些細なものでしかない。まだ根本的な違いはないが、この先どうなっていくかはわからない。イエバエについては、こうした都市間での多様化という現象はあまり研究されていないが、北アメリカの異なる地域のイエバエは、各々の地域の環境条件に適応しつつあるようだ。それ以外の多くの小型種でもやはり、実際には多様化が起きているのに、単に調べていないだけではないかと私は見ている。身のまわりで起きている変化に対して、目が節穴になっているのである。

都市とその周囲の生息環境の差が大きくなるほど、都市は、島のような働きをするようになる。新種が生まれやすいという点だけでなく、その新種に現れる特徴についても、島と都市には共通点がある。前述のとおり、島の生物種によく見られる特徴の一つは、飛翔力を失った鳥のように、分散能力が低下していることだ。離島では、鳥や種子があまりに遠くまで移動すると、好都合の生息地を越えて、海洋まで出て行きがちになってしまう。

都市という島に生息する種もやはり、移動能力を失うことが予想される。少なくとも、遠方よりも近場の環境条件のほうが、その種にとって有利な場合にはそうなる。都市部のフタマタタンポポ属の一種（*Crepis sancta*）集団の一部はすでに、農村部の近縁個体群に比べて、種子の分散能力への投資を減らす傾向を見せている。[17] もとの生息地の近くに留まるのである。パッチ状の生息地間を移動・分散する能力を失った生物種は、都市ごと、農地ごと、あるいは水処理施設ごとに、それぞれ別の種へと分岐する可能性がますます高まっていく。

将来、国境をどのように管理するかが、都市部で進化しつつある多くの種の運命を決定づけることになるだろう。生物種の世界中での移動が今よりも厳格にコントロールされるようになると、都市に生息する種はますます互いに分岐しやすくなると思われる。閉鎖的な国境管理が実施された場合には、こうしたことが起きる可能性がある。また、世界経済が崩壊した場合にも、人々の移動が減って、こうしたことが起きる可能性がある。今まさに、新型コロナウイルスのせいで、ある程度こうしたことが起こりつつある。

いずれの場合も、政治的な地域区分に合わせて、あるいは、管理を実施する地域ごとに、新種が出現してくるはずだ。したがって、ヨーロッパの農地や都市の生物種は、北アメリカの種とは違ってくるかもしれない。私の知る限りではまだ調査した者はいないが、招かれざる種が国内に入るのを厳しく制限しているニュージーランドのような国々では、こうした差異がすでに蓄積されている可能性が極めて高いと思われる。戦争や政治抗争によって封鎖された国境の両側でもやはり、こうした差異が現れてくる可能性が高い。北朝鮮では、朝鮮戦争終結以降、農地や都市に独特の種が出現していても不思議はない。

都市の内部でもやはり、特定の生息環境に特殊化することによって、新種が形成される可能性がある。これは実際、キゼルとバラクロウが検討したケースにぴったり当てはまるものだ。それは、ある系統の陸イグアナが、水面下での生活の利点を活かす能力を進化させたときに、ガラパゴス諸島で起きた現象とも似ている。そのイグアナは、短い脚、平たい尾、その他の適応形質を進化させた結果、海底まで潜っていき、他の動物がほとんど食べない海藻にまで到達できるようになった。この海イグアナは、背中に並ぶ棘状の鱗(うろこ)や、溶岩のような暗灰色の皮膚を進化させ、その姿ゆえに、ダーウィンに「暗闇の悪魔」と呼ばれるようになった。

同じように、現在、あちこちの都市において、さらに悪魔的な生物の分岐が起こりつつある。アフリカでは、マラリアを媒介するハマダラカ属の二種の都市部集団が、農村部集団から分岐しつつあるようだ。おそらくそれは、都市部のハマダラカは、人間が暮らす都市に多い汚染物質への耐性を進化させる必要があるからだろう。

ロンドンでは、イエカ属の一種であるアカイエカ（*Culex pipiens*）の集団が、一八六〇年代にロンドンの地下鉄内へと移動した。それ以降、これらの蚊は、地上に生息する近縁種から大きく分岐していったので、現在ではそれらを全く別種のチカイエカ（*Culex molestus*）と見なす人々もいる。地上に生息する種は、鳥類を吸血源とするように適応している。一方、地下に生息する種は、哺乳類（ヒトやネズミなど）を吸血源とするように適応している。地上に生息する種のメスは、産卵するためには血液を吸う必要があるが、吸血源の少ない地下に生息する種のメスは吸血なしでも産卵できる[18]。

世界中の屋内環境は、新種が出現してくる震源地となる可能性をますます高めている。共同研究者と私は、家屋内でおよそ二〇万種の生物を見つけた。これらの種のすべてが、屋内だけに棲んでいるわけではないが、そういう種も少なくない。動物だけを考えても、家にいるムカデ、数十種に及ぶクモ、チャバネゴキブリ、トコジラミなどが挙げられる。屋内を主な棲み処にしている動物種が現在、少なくとも一〇〇〇種はいるだろうと私は推測している。

こうした種の多くは、都市間でも、都市内でも分岐を起こしつつある。たとえば、家にいるムカデ類は、分岐しつつあると考えてほぼ間違いない。それらは現在、地球上のほとんどすべての場所で見つかっているが、それほど頻繁に移動するとは思えないからだ。あちこちの家屋で見かけるクモはどうだろう？　ゴーストアリ（*Tapinoma melanocephalum*）のような、屋内を主な棲み処にしている外来種のアリはどうだろう？　このような種の進化について調査した者はまだいない。

さらに、われわれの最も身近なところにも生物が存在する。ヒトの体表や体内に棲んでいる生物種、それから、ネコ、イヌ、ブタ、ウシ、ヤギ、ヒツジといった、ヒトが依存している動物の体表や体内に棲んでいる生物種である。

人体に棲んでいる種の多くは、ヒトの個体数の増加とともに進化したものだ。ヒトの個体数増加の大加速期（グレート・アクセラレーション）には、家畜の個体数増加も加速した。その過程で、ヒトや家畜に依存する、より多くの生物種が、ますます分化の度合いを高めていった。こうした種にとって、ヒトや家畜は将来への食事券だった。太古の人類が世界中に広がっていくにつれて、人体に棲んでいた種は、別々の亜種へと、場合によっては別々の種へと分岐していった。友人のミシェル・トラウトワイン（カリフォルニア科学アカデミーの学芸員）と私が共同で行なった研究により、人類が世界各地に移動していく過程で、ニキビダニが分岐していった事実が明らかになった[19]。ノミ、サナダムシ、さらにヒトの皮膚細菌や腸内細菌についてもやはり同じようなことが起きた。

もちろん、これまで述べてきたのは、身のまわりで現実に起きていることだが、必ずしも望まれるシナリオではない。さまざまな角度から島嶼生物地理学に照らして考えると、われわれ人類が地球というパン生地を捏（こ）ね回して、千切（ちぎ）り、作り変えてしまった結果、現在頼っている野生種や将来頼ることになりそうな種をうっかり絶滅させてしまうと同時に、厄介な問題になりそうな種の出現に加担することになった、という結論にたどりつくのである。また、絶滅のスピードは新種の出現スピードに比べて何倍も速いので、絶滅種数と出現種数が釣り合っていない。つまり、人類は自然界から次のような取引をもちかけられたのだ。人類が何千種もの鳥類、植物、哺乳類、チョウ、ハチを手放すならば、それと引き換えに一握りのガやネズミの新種を進呈しましょう、と。あまりにも損な取引だが、これまでのところ、われわれはそれを受け入れてきたのである。

しかし、良い知らせもある。それは、地球上に広く残っている自然のままの生態系を保護するのに遅すぎることはない、ということ。E・O・ウィルソンが提案したように、地球全体の半分の自然を守ることだって不可能ではない。そのような保全活動は、自然公園だけでなく、自宅の裏庭でもできる。芝生を植えれば、芝生を好む生物種の棲み処になる。外来種の芝生は取り除いて、在来種の芝生を植えよう。自宅の芝生を、森林や草原に棲んでいる在来種の存続を支える群島の一部にするのだ。

その一方で、悪い知らせもある。生物種がさらされている脅威は、生息地隔離による脅威だけではない。われわれ人類が、森林を伐採し湿原を破壊しながら、同時に、地球の温度を上げ始めたのである。[20]

第三章

うかつにも建造された方舟

生き物たちのための回廊

気候が変化すると、パッチ状の生息地内の生物種は、パッチの大小にかかわらず、比較的少数の選択肢の中から、その変化への対処を迫られる。行動を変えることによって、新たな気候に対処できる種もある。たとえば、昼行性の動物のなかには、夜間に行動するようになるものもいる。また、新たな気候条件への耐性を獲得できる種もある。

しかし、大多数の種は、移動することを余儀なくされる。強調するためにもう一度言うと、地球上の大多数の種は、気候が変化しても生き延びるためには、移動する以外に手がないのである。数千種の哺乳類。何千種もの鳥類。何十万種もの植物。何百万種もの昆虫類。数えきれないほど莫大な種数の微生物。彼らは、今いる島状の生息地を離れて、好ましい条件が新たに得られる別の島状生息地へと移動するはめになる。新たな故郷（ホーム）を見つけるために、移動を余儀なくされるのだ。これは、生物学者のバーンド・ハインリッチが最近、「ホーミング」と呼んだ行動である。

ホーミングは、今後数百年間、さらには数千年間に、生態学的観点からみて最も重要な現象の一つになるだろう。熱帯が温暖化すると、熱帯の種は、標高がより高くて気温の低い場所に移動せざるを得なくなり、同時に、それまでにも増して激しい競争に直面することになる。なぜなら、高所に行くほど、陸地面積が減少するからである。あるいは、北半球の種であればさらに北方へ、南半球の種であればさらに南方へと移動することも可能だ。たとえば、コスタリカの生物は、メキシコ各地に移動することになるだろう。一方、メキシコやフロリダの生物は、たとえばロサンゼルスやワシントンDCに移動することになる。空を飛べる生物にとっても、このホーミングは容易なことではない。

生き物たちは、新たな故郷（ホーム）をどこにするか見当をつけねばならず、さらに、そこまでたどり着かねばならない。あいにく長距離飛行能力をもたない場合には、地上を歩くか、何かに便乗するかして、パッチ状の生息地を転々としながら、必要とする条件を満たす場所に到達するまで少しずつ移動していかねばならない。ただしそれも、そのような場所がまだあればの話だ。多くの生物種にとっては、新たな故郷（ホーム）など存在しないだろう。あちこち彷徨（さまよ）っても、探し求める場所はどこにも見つからない、あるいは、見つかっても時すでに遅しかもしれない。たどり着いた場所の気候は申し分なくても、何か重要なものが欠けているという場合もあるだろう。自分だけたどり着いたものの、交配相手がいないという場合もあるかもしれない。

何年か前、ノースカロライナ州立大学の研究仲間数人と私は、生き物たちがこうやって移動していくルートを探してみようと考えた。移動可能なルートをたどることにしたのだ。私はこの取り組みを「シャーランタ・プロジェクト」と称するようになるが、その理由は後ほど明らかになる。

シャーランタ・プロジェクト・チームの考え方の根幹には、二つの概念があった。それはニッチとコリドー（生態的回廊）である。生態学的なニッチという概念は、一九〇〇年代初めに生態学者のジョセフ・グリンネルがつくり出したものだ。「ニッチ」とはそもそも、彫像などを納めるために、建物の壁面に設けられた窪み（壁龕）を指す言葉だ。グリンネルが提唱した生態学的ニッチとは、それぞれの生物種がぴったりと納まる、自然界の小空間のことだった。[1]生物種ごとにニッチが存在することは、生物界を支配する法則の一つである。

彫像用のニッチは、彫像を置けるだけの大きさがあり、だいたいそれに合った形をしていればいい。それに対して、生物種を納めるニッチは、餌、気候、ねぐらなど、その生物種のニーズをすべて満たしている必要がある。未来について考える際に、これらのニーズのうちで最も重要になるのは気候に関する事柄だ。どんな生物種にもみな、生存可能な一連の気候条件というものがある。その幅は種によって異なり、気候ニッチが狭い種もあれば、気候ニッチが広い種もある。たとえば、ピューマは、気候ニッチの幅が広いので、熱帯雨林でも、砂漠でも、冷温帯林でも生きられる。それに対して、ホッキョクグマやコウテイペンギンは、気候ニッチの幅が極めて狭い。

気候変動が起きることを前提に、生態学者たちは急いで、多数の種の気候ニッチの特徴を、それぞれの種ごとに明らかにしようとした。やっていくうちに、要領が飲み込めてきた。ある生物種が現在生息している場所の気候を調べると、その種の気候ニッチをかなり的確に予測できるのだ。さらに、ある生物種の気候ニッチがわかると、将来、気候が変化したときに、その種が生き延びられる場所を予測することが可能になる。ホーミングの際に、どこを目指すことになるかを予測できるのだ。

もう一つ、チームの考え方の根幹にあったのが、生態系保全策としてのコリドーという概念である。コリドーとは、生物種がある場所から別の場所へと移動するのに利用する、自然生息地の橋のようなものだ（移動には、ある都市公園から別の都市公園への移動もあれば、ある大陸から別の大陸への移動もある）。コリドーは、生物種が必要とする生息地を保護することによって形成される。種の移動を助けるために利用される場合、コリドーはツールである。しかし、コリドーは、どの種が将来繁栄するかを知る目安にもなる。生態系保全のツールとしてのコリドーの利用が初めて提案されたとき、さまざまな議論が巻き起こった。

友人のニック・ハダッドは、生態系保全にとってのコリドーの有用性を最初に唱えた人々の一人だ。ニックは保全生物学者としてこれまで、稀少なチョウ類の保全に力を入れてきた。大学院生の頃からすでに、コリドーは、それ自体生息地として役立つだけでなく、同時に、チョウなどの種がA地点からB地点に移動するのを助ける働きもすると唱えるようになった。

ニックが目を閉じると、チョウや哺乳類の群れが森林や草原のコリドー伝いに移動していく情景が浮かんできた。飛べない哺乳類や昆虫は地面を歩き、小型鳥類は空を飛んでいく。植物の種子は、哺乳類や鳥類の体表に体内におさまって運ばれていく。そして、おびただしい数の昆虫たちも移動していく。気候変動の影響を受けて起こるこうした生き物たちの行進は決まって、赤道の近くからより遠い場所へと、あるいは山麓周辺から山頂付近へと進んでいくだろう。少なくともニックにとっては、それが理の当然だった。

この考えは、当初、あれこれと批判を浴びた。どれも筋は通っているが、検証が難しい批判ばかりだった。「コリドーは極めて狭くなりがちで、縁ばかりで真ん中がなく、そのため近隣の生息地の生物でいっぱいになってしまうだろう」と言う者もいた。あるいは、「生物はコリドーなど使わないだろう」、「コリドーは、在来種よりもむしろ侵入種の移動に有利に働くはずだ」、「コリドーは動物の移動は促しても、植物の移動には役立たないだろう」と主張する者もいた。科学者たちがコリドーの可能性に難癖を付ける時間が長くなるほど、欠陥らしきものも増えていった。

要は、コリドーに本当に効果があるのかどうか、試してみる方法を見つけることだ。ニック・ハダッドにはアイデアがあった。

ニックは、現地での野外調査が大好きだ。それから、年季の入った自宅の排水管を交換したり、自分の研究に必要な仕掛けを作ったりする、組み立てや修繕の作業も大好きだ。ニックはしょっちゅうハンマーやレンチを持ち歩いている。そんな大工仕事好きのニックには、コリドーの作り方についてアイデアがあった。

彼はアメリカ国立科学財団に宛てて、サウスカロライナ州のとある場所——農務省森林局が定期的に伐採を行なっているサバンナリバー・サイト〔米国の核施設〕——での研究提案書を書いた。ニックは、そのサイトで森林局と協力し、樹木を伐採して生息環境を変えることによって、「島」状の草原環境がその後どうなっていくかを見届けようと考えたのだ。文字通りの大工仕事ではなかったが、それに近いものだった。

島のようなパッチ状の生息地と聞くと、たいてい、農地に囲まれた森林や、草原に囲まれた森林を想像するが、この場合はむしろ逆で、森林という海原に浮かぶ島状の草原環境が研究の対象となる。こうしたパッチは自然界のあちこちに見られる。たとえば、小規模な山火事跡地にできた草原や、周囲を森林に囲まれた草原。あるいは、池が干上がったところにできた草地や、木々が生えた丘の上にぽっかり開けた区画などだ。ニックは、島のようなパッチ状の草原のうちの半分を、樹木を伐採して作ったコリドーでつなごうと考えた。そうすれば、バーベル型の生息地が出来上がる。一方、パッチ状の草原の残りの半分は、切り離されたままにしておく。要するに、よく似た二通りの世界――コリドーでつながっている世界とつながっていない世界――を作り出そうとしたのである（ニックはまだ他にもいろいろと提案したが、それはメインテーマのサブプロットだった）。

ニックが申請書を書いた研究助成金のレビューアーからは、この提案は計画というより「夢」であって、特にこのような若手研究者には実現不可能であるとの評価を受けた。結局、この提案は不採択となる。しかしそれでも、ニックはこれとは別の方法で、プロジェクトの資金調達を実現させた。そして、それが決して実現不可能ではないことを証明することになる。それどころか、そのプロジェクトは、これまでに実施された最も重要なコリドーに関する実験として、今日に至るまでずっと続けられている。

ニックは、パッチ状の生息地とそれをつなぐコリドーを作った上で、生物種がそれを介して移動するか否か、いかにして移動するかを調べ始めた。当初、ニックは、妻のキャサリン・ハダッドと共に調査を続けた。森林局が作り出した生息地のパッチとコリドーで、ニックとキャサリンは捕虫網を手に、チョウ類に的を絞ってその生態を記録していった。

しばらくすると、ニックは調査チームを雇えるだけの助成金獲得に成功し、キャサリンはほっと胸をなでおろした。数十人の科学者が、ニックのコリドー調査に加わるようになり、その数はやがて一〇〇人を超えるまでになる。調査対象も、チョウ類に加え、鳥類、アリ類、植物、齧歯(げっし)類、その他さまざまな生物にまで広がっていった。こうした調査の結果は、嬉しいニュースをもたらした。いくつか但し書きは付くものの、コリドーが効果を発揮することが明らかになったのだ。ニックは、学生や共同研究者、そして時とともに絆を強めていった友人たちと共同で執筆した数十件の科学論文の中で、コリドーの機能について詳細な報告を行なった。

ニックがこうしたコリドーの調査を行なっている間に、別の科学者たちが、動物はコリドーをどのように移動するのかについてさらに大規模な調査を始めていた。そして、ジャガーのための広大なコリドーを残すか作るかすれば、ジャガーはそれを介して移動するという証拠を目の当たりにしていた（まさにそうやって、ジャガーはアメリカ合衆国南西部に戻ってきたのだ）。在来種の野生ネズミは、くねりながら自然公園や都市部を抜ける狭い緑のコリドーを伝ってしか、都市間を移動することはできない[2]。とうとう、最初はニックを批判していた多数の科学者さえ、コリドーの有効性を、特にチョウ類、哺乳類、小型鳥類のような比較的移動性の高い種にとっての有効性を、しぶしぶ認めるようになる。

このアプローチが支持を得たのは、一つには、ニックの実験や類似の実験が優れた成果を挙げたからだった。しかし、それが支持を得たのは、もう一つ、差し迫る生態系保全上の問題が変化していることの現れでもあった。ニックが研究を始めた頃、保全生物学者たちの最大の関心は、ある特定の地域内の生物種の保全に向けられており、その地域内のパッチ状生息地をいかにしてつなぐかが関心の的だった。ところが、この一〇年の間に、非常に多くの生物種が気候変動によって移動を余儀なくされるという認識の高まりから、保全生物学者の関心が、現在の生息地での個体数維持だけにとどまらず、生物種を現在の生息地から目指すべき場所へと移動させることにも向けられるようになってきたのである。

コリドーは今や、気候変動を踏まえて、生物種の移動路を確保するのに役立つ、最も重要なツールの一つと考えられている。そして、生態系保全策としてのコリドーが世界各地で形成されつつあり、大型プロジェクトとして進められているものも少なくない。たとえば、Y2Y（Yellow stone to Yukon）コリドー・プロジェクトは、イエローストーン国立公園からカナダのユーコン準州まで、野生生物の生息地をつないでその連続性を高めることを目指している。

ちなみに、コリドーは、大陸規模の長いものであれ、一部の地域をつなぐだけの短いものであれ、本来の目的以外の余禄ももたらしてくれる。コリドー沿いの農作物は、コリドーに沿って飛行する在来種のハチによる授粉が期待できるし、害虫の発生を、コリドーにいるその捕食者や寄生体のおかげで抑制しやすくなる。河川の両岸が樹木のコリドーになっていると水質が向上する。さらに、コリドーは、人々が多様性に富んだ自然生息地をめぐる道筋にもなる。たとえば、アパラチアン・トレイル〔アメリカ合衆国東部をアパラチア山脈に沿って南北に縦貫する長距離自然歩道〕沿いの森林は、野生生物のためのコリドーであると同時に、人々の自然探索ルートにもなっている。

コリドーだけが、野生生物を移動させる唯一の手段というわけではない。生物種によっては、従来の棲み処（ホーム）から新たな棲み処（ホーム）まで、たとえば個別にヘリコプターで運んだり追い立てたりすることもある。しかし、何百万もの種を移動させなくてはならないとなった場合、現実的なアプローチとして浮かび上がるのがコリドーなのだ。

コリドーは決まって方舟（はこぶね）に喩えられる。古代メソポタミアの神話に出てくる方舟、のちに聖書やコーランにも形を変えて登場する方舟である。こうした方舟の物語では、ある男性が、内側と外側にタールを塗った箱形の大舟を作って、すべての動物のつがいをそれに乗せ、自分と動物たちを洪水から救うようにと神のお告げを受ける。最初期の物語では、人間の行状の悪さに何度も悩まされてきた神が、怒りのあまり洪水を起こしたのだとされている。人間はあまりに騒々しく、あまりに数が多く、あまりに迷惑であるとして罰せられることになるのだ。大洪水が地上を襲い、人間も他の生き物も水に呑み込まれて息絶える。やがて、大洪水が収まると、再び地上に人々が住みつくようになり、多様な野生生物も戻ってくるが、それを担ったのが、方舟に乗せられて、ある時点から別の時点に、それ以前からそれ以後に、ある場所から別の場所へと運ばれた生物種の子孫たちなのだった[3]。

コリドーが方舟だとしたら、つまりこちら側からそちら側へ、それ以前からそれ以後へと（「それ」が何を意味するにせよ）生物を運ぶ舟だとしたら、ニックが果たす役割は言うまでもない。舟大工である。ニックはこの喩えが気に入っている。生物種の移動に、とりわけ昔から傾注してきたチョウ類の移動に自分が貢献できることを嬉しく思っている。同時に、この仕事は決して自分一人ではできないこと、大工が他に何十人、何百人と必要なことも知っている。どんな生物が舟に乗れるかと言うと、古代メソポタミアの方舟物語でも、その後の聖書の物語でも昆虫類は無視された。しかし、ニックならそんな間違いは犯さないだろう。

それはさておき、ニックが、一種の方舟の構築に勤しんでいる間に、人間全体の日常活動によって、もう一種の方舟の構築が急速に進行していたのだった。

回廊（コリドー）の法則×ヒト

現代人のライフスタイルは、生物種が気候変動を生き延びるために新たなニッチへと向かうのを困難にしている、とよく言われる。生息地の分断化によって、生物種が移動するコリドーを破壊している、と。しかし、この主張は完全に正しいとは言えない。実を言うと、われわれの日常活動は、コリドーを破壊する一方で、コリドーを作り出す働きもしている。うかつにも方舟のようなものを構築しているのだ。保全生物学者たちが、森林と森林、草原と草原、砂漠と砂漠をつなぐ努力をしている間に、それ以外のわれわれは、都市と都市をせっせとつないでいたのだ。私がその事実をはっきりと認識したのは、シャーランタ・プロジェクトの一環として、生物種がアメリカ合衆国南東部を移動するときに通る道筋を特定する調査に乗り出したときだった。

そもそも私がシャーランタ・プロジェクトに取り組むようになったのにも、ある程度、ニックの影響があったのだろう。当時、ニックの研究室は、うちの研究室から一部屋おいた隣にあった。彼が大きな声で笑ったり喋ったりすると、壁越しに聞こえてくる距離だった。そんなわけで、仕事に行った日は必ず「コリドー」という言葉を耳にした。ニックはコリドーの研究をしていた。彼の学生たちもコリドーの研究をしていた。私たちは廊下でコリドーについて語った。

シャーランタ・プロジェクトのきっかけが何であったにせよ、その目的は、都市が今後どのように成長していくかを考慮した上で、どこであれば、自然生息地のコリドーを確保できるかを検討することだった。プロジェクトリーダーのアダム・テランドの研究室は、当時、ニックや私の研究室と廊下一本でつながっていた。研究室がアダムの隣にあるカーティス・ベリヤが地図を作成した。ジェニファー・コンスタンザは、野生生物の生息地についての検討をサポートした。ジェイム・コラーゾ、アレクサ・マッケロー、そして私の三人は補佐役に回った。

都市化や気候変動その他、人間の行動が影響する変化の将来像を予測するお決まりの方法は、複数のシナリオについて検討することだ。人間の行動について、あれやこれやいろいろな場合を想定し、「もしそうだとしたら」と科学者は問う。一連のシナリオを想定した上で、それぞれの場合について、野生生物の状況、都市化、あるいは気候変動にどのような影響が及ぶかを予測するのである。

私たちの研究では、「もし人々が従来のやり方を今後も続けたら」という形でシナリオを設定した。これは「成り行き」シナリオであり、最も想像力に乏しい未来想定だが、同時に、最も可能性の高い未来想定であることは間違いない。もし、家を建てられる土地についての規則が変わらなかったら、もし、人々の居住環境の好みが従来と変わらなかったら（草地より森、谷間より丘の上）、もし、道路がこれまで通りのパターンで延長されていったら、どんなことが起こるかを予測するモデルを作成した。そのモデルから、ノースカロライナ州シャーロットとジョージア州アトランタは一三九％ほど規模が拡大して互いに融合するとともに、周辺諸都市ともつながり、その結果、ジョージア州からヴァージニア州まで伸びる一つの巨大都市（メガシティ）「シャーランタ」が形成されることが予測された(4)。

このような都市の成長は、生息地の連続性に、ひいては、野生生物のためのコリドーがどれくらい残るかに、さまざまな影響を及ぼすと予測される。あらゆるタイプの森林の連続性が低下し、草原についても同様のことが起こるだろう。森林にせよ草原にせよ、良質の長いコリドーの数は減っていくだろう。一方、湿地帯はそれほど大きな影響は受けそうにない。それは一つには、現在の政策では湿地帯に建物を建てることが難しく、その政策を予測モデルに組み込んだからである。

予測結果から全体像として浮かび上がったのは、もし、都市がこれまでと同じように今後も成長を続けたら、将来は、野生生物が森林や草原を通って移動することは相当困難になるだろうということだった。実際、二〇一四年にこのモデルを作成して以降、状況はますます厳しくなっている。良いニュースは、その間に、人々がこうした生息地をつなぐのに必要な土地の買収と保護に尽力し、野生生物が目指すべき場所へと向かう移動路を確保してきたことだ。しかし、カーティス・ベリヤの地図を見ているうちに、悪いニュースも明らかになった。

アダム、カーティス、ジェニファー、アレクサ、ジェイムと私は、カーティスの作成した地図を見ながら、自然生息地を確認した。それ以外のエリアが、私たちの注目する自然生息地を取り囲んで分断していた。そんなふうに捉えるのが、たぶん大多数の生態学者の見方であったろう。自然生

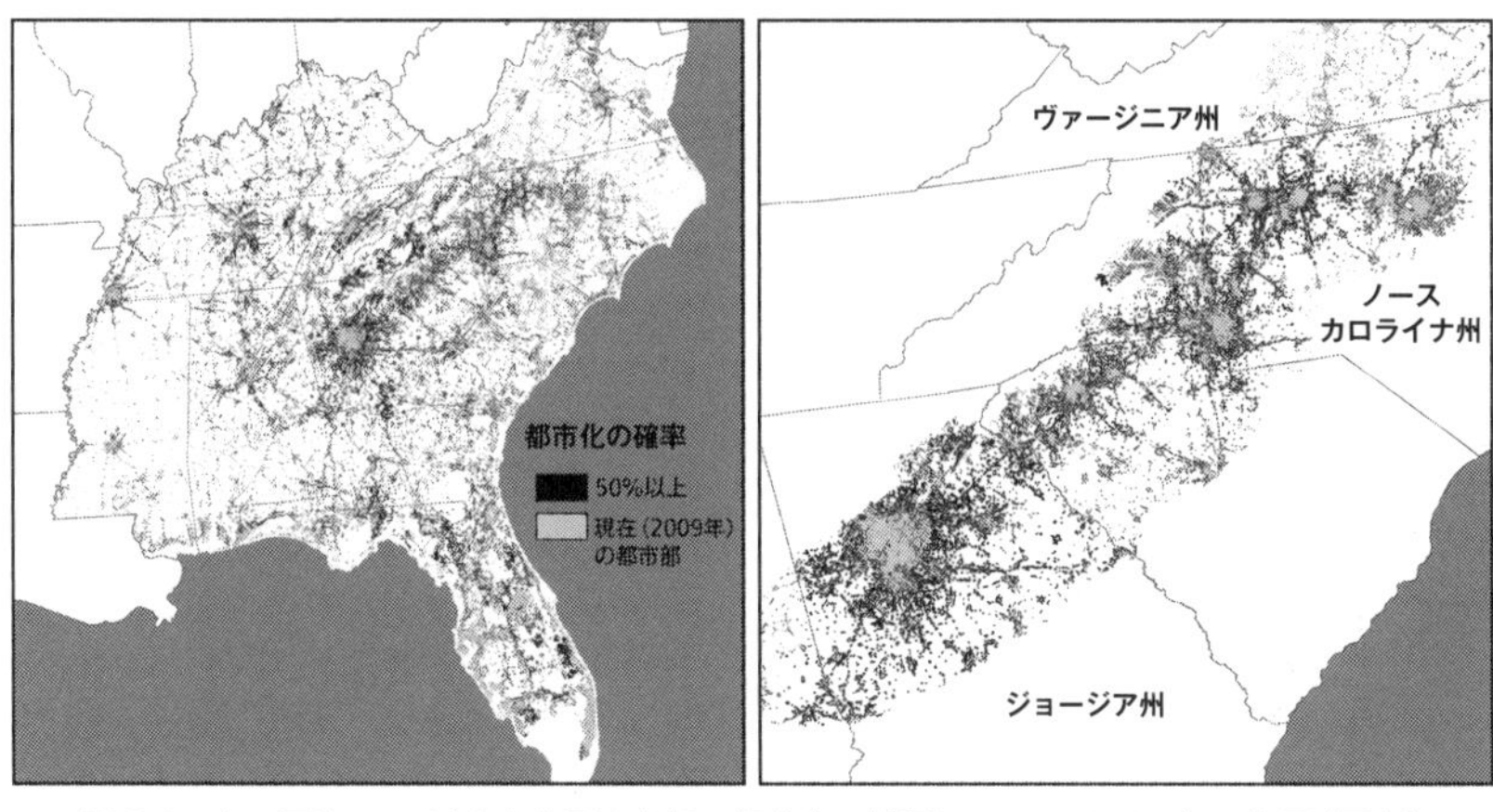

図3.1　左の図は、アメリカ合衆国南東部の都市化の状況について、2009年の範囲（灰色）と2060年の予測（黒）。右の図は、人為改変で生まれた巨大イモムシさながらに、南東部を這う未来都市シャーランタの部分を拡大したもの。地図はカーティス・ベリヤが作成。

息地に注目するのが、この分野の研究者たちの昔ながらのバイアスだからだ。私と同年代か、それより上の年代の生態学者は、手つかずの自然に関心を向けるように教育されてきた。

このような自然のままの地域に関心が集まるのは、科学史家のシャロン・キングズランドが論じているとおり、生態学という学問分野を拓いた人々が、意識的にそういう地域を選んだという側面もある。[5] 生態学の創始者たちは、都市や農地という日常の生態環境の煩雑さ、人間中心の世界の煩雑さを避けようとしたのだ。しかし実を言うと、それではものごとの全貌は捉えたことにはならない。

手つかずの自然に関心が集まるのは、どんな人が生態学者を志すのか、ということとも関係している。われわれ生態学者の多くは子どもの頃、E・O・ウィルソンと同様に、ヘビを捕まえたり沼地を歩き回ったりしながら大きくなった。われわれの多くは、人里離れた場所にいるときに最高の幸せを感じる。人間嫌いというわけではなく（多少そのきらいもあるが）、むしろ、巨樹巨木や、得体の知れない哺乳類、狭い獣道が好きでたまらないのだ。生態学者はリタイアしても、クルーズ旅行に行ったりはしない。丸木小屋に引っ越して、そこで研究を続けながら、たいてい趣味として何かを始める。たとえば、ロングホーン〔横に伸びた長大な角を持つ家畜牛〕を飼う、忘れ去られた場所の地図を描く、チェンソーアート〔チェンソーだけを使って丸太から彫刻を作り上げること〕に挑戦する、ザクロの稀少品種の世界最大のコレクションを目指す、など（リタイアした友人の例をいくつか挙げさせてもらった）。

こうした自然志向の傾向にはメリットもあるが、同時に不都合な面もある。その一つが、生態学者は時として、丸見えのものを見落としてしまう可能性があること。つまり、木を見て街を見ず、となりかねないことだ。第二章ですでに、島や島状の生息地についても、それが当てはまることを見てきた。

共同研究者たちと私が、ベリヤの作成した地図を見ているうちに気づいたのだが、生物種が気候変動にどう対応するかを考える場合にもやはりそれが当てはまる。それに気づけば、移動によって気候変動に対応できるのはどの生物種なのか、もうわかったも同然だ。人間の日々の行動が、一艘（いっそう）の方舟を、つまり、特定のグループの生物種をこちら側からそちら側へ、それ以前からそれ以後へと運んでいきそうな方舟を作り上げてきたのだ。その方舟とは、シャーランタである。

図3・1を見ると、この方舟の正体がわかる。右の図は、ひもの結び目のような既存の諸都市がつながって出来上がる巨大都市（メガシティ）、シャーランタを示している。そして、シャーランタの北端はほと

んど、既存の巨大都市（メガシティ）――ワシントンDCからニューヨークシティへ、さらに、まだ完全ではないがボストンへと伸びる都市空間――にもつながっている。これこそ、われわれが見逃していたものだ。

われわれはすでにもう、一つのコリドーを、しっかりとつながった巨大なコリドーを作り上げていたわけだが、それは、稀少なチョウ類やジャガーや植物が移動するためのコリドーではない。むしろそれは、都市特有の生物種、道路伝いに移動してビルの中で生きられる種、緑の空間ではなく灰色の空間に生息する種のためのコリドーなのである。だとしたら、移動して新たな故郷（ホーム）を見つけられるのは、都市部で繁栄する種、よく飛べる種、速く歩ける種、あるいは、アメリカグマの腸やシデムシの脚に便乗するのではなく、ヒトや家畜の体であれ、ヒトの乗り物や所有物であれ、ヒトに便乗する傾向をもつ種であろう。

人類最古の方舟物語では、方舟から鳥（たいていハト）が放たれるが、洪水後に現れた陸地を見つけてそこに留まったハトは戻ってこない。行方知らずのハトは、洪水後の時代を象徴するものだった。しかしハトはまた、未来についてのメッセージも伝えてくれる。それは、フォーダム大学の博士課程の学生、エリザベス・カーレンと、その指導教師、ジェイソン・ムンシ＝サウスが行なった研究から明らかになったことだ。

北アメリカでは、カワラバトが繁栄しているのは都市部であって、森林や草原ではそれほどでもない。北アメリカの東部では、カワラバトが生息する諸都市が、ワシントンDCとニューヨークを結ぶ都市のコリドーによって、ほとんどつながっている。ところが、ニューヨークとボストンの間では、そのコリドーに若干のとぎれがあるのだ。

最近、カーレンは、北アメリカの諸都市に生息するカワラバトの遺伝的性質を調査した。その結果、首都ワシントンDCからニューヨークシティまでのカワラバトは自由に交雑するので、首都のハトとブロードウェイのハトには差異がないという証拠を得た。この二都市間での移動分散は容易かつ迅速なのだ。ところが、ワシントンDCとニューヨークを結ぶコリドーに生息するハトは、ボストンのハトとは遺伝的にやや異なっている。ということは、今のところはまだ、十分なコリドーが作られていないのである[6]。

ボストンのハトの例からは、都市がいかにして生物の移動を許し、一方で新種の出現も許しているのかが見えてくる。島嶼生物地理学とコリドーの概念を組合わせると、密につながってメガシティ化している諸都市は、生物種の南から北への移動（北半球の場合）を許すことが予想される。一方で、あるメガシティの生物種は、別のメガシティのその種から分岐していくことも予想される。そんな中で、ある特定の生物種がどんな道をたどるのか、つまり分散するのか、分岐するのか、それとも絶滅するのかは、その個体数や、移動の容易さ、そしてそもそも特定の生息地にたどり着けたかどうかで決まってくるはずだ。

都市のコリドーは、都市の環境を好み、なおかつ分散能力の高い生物種の生存を保証するのにまさにうってつけだ。人間はうかつにも、こうした生物のための方舟を作ってしまったのである。方舟は他にもまだまだある。人間は、家屋や人体という生息地もつないできた。世界中のトコジラミが北または南に移動して、好みの気候の場所にたどり着けるコリドーを作ってしまったのだ。チャバネゴキブリは、気候ニッチの幅が狭いので、中国ではエアコンや暖房設備のある建物の内部にしか棲むことができない。ところが最近の研究によると、チャバネゴキブリはこの五〇年間に、エアコン付きの列車がもたらすコリドーを介して中国各地に分布を広げたという[7]。ハト、トコジラミ、ゴキブリ――人間はこうした種やその生息地をつなげてきただけではなく、将来にわたってその結びつきを保つための基礎作りまでしている。彼らの生存を保証するインフラに投資しているのである。

本書をいつ読んでいるかにもよるが、どれも馴染みのある話に感じられるのではないだろうか。とにかくわれわれは今まさに、地球上の各地が、道路だけでなく航空機や船舶によってもつながっているという事実を見せつけられている。世界中の沿岸都市は、途方もない数の船舶と航路でつながっている。世界中の諸都市は、それよりもさらに多くの航空便でつながっている。

人間は、輸送網を張り巡らせて世界の国々を結びつけてきた。そしてその過程で、また別の種類のコリドーを――つまり、人間の体表や体内を利用する、限られた生物種のためのコリドーを――作ってしまったのだ。新型コロナウイルスもこうしたコリドーを伝って広がったので、その感染経路は、人間の体がそこからここへ、ここからそこへと移動したルートに沿っている。

このように世界中がつながってしまうと、重大な結果を招くことになる。なぜなら、第四章で見ていくように、人類が地球上で成功を収めることができたのは、一つには、犠牲を払ってでもヒトに寄生したがる種から逃げて、災難を免れることができたからであって、世界中がつながると、その恩恵をみすみす手放すことになるからなのだ[8]。

第四章

人類最後のエスケープ

移動の大きなメリット

必要な環境条件を求めて移動していった動物たちは、それまで全く関わり合いのなかった生物種と遭遇することになる。一緒になったことのない生物種が互いに顔を合わせるのである。植物は新たな花粉媒介者に出会うが、新たな害虫にも出会う。それまで聞いたことのない別種のフクロウの声を聞くことになる。ネズミは、全く別の種類のネズミと出会うことになる。そのような出会いの一つ一つがきっかけとなって新たなストーリーが展開していく。数限りない新たなストーリーが誕生するだろう。そのなかには、展開が全く予測不能なものもある。われわれの周囲のいたるところで繰り広げられる台本なしのドラマである。しかしそのなかには、予測可能なものもある。こうした予測可能なストーリーのいくつかには、回避（エスケープ）の法則が関係している。

天敵である捕食者や寄生体を回避できた生物種は利益を享受する、というのがエスケープの法則である。天敵がいない地域に移動した種や、天敵に対する抵抗力を進化させた種、あるいは稀にだが、天敵を絶滅に追いやった種は、これまで長期にわたってエスケープの利益を享受してきた。この一〇〇年間には、人為的に別の地域に持ち込まれた生物種に特に、このようなエスケープの利益が顕著に見られた。天敵不在の地にやって来た外来種は、どんどんその数を増やしていくことが多い。たとえば、外来種の樹木の多くは、在来種の樹木よりも草食動物に食べられにくい[1]。天敵が食べずに残しておいてくれるので、青々と繁茂する。

ヒトもエスケープの法則の例に漏れない。人類は世界中を移動する旅のなかで、天敵から解放されることで利益を享受してきた。

捕食者からのエスケープもその一つだ。ヒトの祖先は遥か昔から、捕食者に苦しめられてきた。ヒト以外の野生霊長類が言葉のようなものを発するとき、彼らはだいたいこんなことを言っている。「わぉ、美味しい果物だ」(よく聞かれるチンパンジーの叫び)、あるいは、「しまった、ヒョウだ」、「まずい、ヘビだ」、「どうしよう、赤ん坊を食べにきた巨大ワシだ!」(ベルベットモンキーなどの種[2])。

初期のホミニン(ヒト族)もやはり、ヒョウ、ヘビ、ワシ、その他さまざまな襲撃者の餌食にされていた。保存状態の良好なホミニンの頭蓋骨化石の一つに、タウング・チャイルド〔南アフリカ共和国の町タウングで発見され、初めてアウストラロピテクス・アフリカヌスと名づけられた標本〕のものがある。その頭蓋骨の注目すべき点は、巨大なワシの巣の真下にあったらしいこと、そして、その眼窩(がんか)の片方に猛禽(もうきん)のかぎづめの跡があるということだ。また、何体かのホミニンの骨格化石が見つかった場所が、当初は住処だと考えられていたが、その後、ジャイアント・ハイエナの骨の山であることが明らかになった。

要するに、人類の祖先は、しょっちゅう他の動物の餌食にされていたのである。現代のわれわれの「闘争・逃走反応」は、こうしたドラマの文脈の中で進化してきたものだ。しかし、人類の祖先が狩猟を始めると、その捕食者たちを殺しにかかるようになった。

爬虫類学者のハリー・グリーンと共同研究者のトマス・ヘッドランドが行なった最近の研究によると、依然として巨大なヘビの餌食にされているヒト集団もあるが、それは極めて稀な例だという[3]。大体において、人類は捕食者からのエスケープを完了させており、それはドラマチックな過去の物語となっている。

一方、寄生体からのエスケープはそうとは言えない。寄生体からのエスケープ事例の一部は、ワクチン接種、手洗い、水処理システム、その他の公衆衛生対策のおかげだ。しかし、こうした比較的最近になってからのエスケープに加え、人類はもっと昔ながらのエスケープの利益を享受して（あるいはしそびれて）いる。それは、たまたま住んでいる地域がもたらしてくれる恩恵である。世界が温暖化し、人間が作り出す地域間・大陸間をつなぐルートを介して生物種が移動するようになると、一部の人々がこれまでエスケープから得ていた恩恵が明らかになる。しかしそれは、その恩恵が失われて初めてわかることなのだ。

世界全体に目を向けた場合、人類のエスケープの地理学は比較的単純だ。友人のマイケル・ガヴィンと私が、共同研究者のナイーマ・ハリス、ジョナサン・デイヴィスと共に数年前に明らかにしたとおり、ヒトの感染症やその原因となる寄生体が最も多様性に富んでいるのは、高温多湿の地域であり、これまでもずっとそうだった[4]。これは、感染症の病原体に限ったことではない。これまでに調査がなされたほぼすべての生物群で、多様性が最も高いのは熱帯、つまり気候条件が高温多湿の地域なのである。こうした気候条件は、美しい鳥、珍しいカエル、脚の長い昆虫といった種の多様性や持続性に有利に作用するだけでなく、ウイルスや、細菌、原生生物、さらには鉤頭虫類など、病原性をもつ命取りの寄生体の多様性や持続性にもやはり有利に作用する。高温であっても乾燥している気候は、ほとんどの寄生体には適していない。寒冷な気候もやはり適していない。熱帯地域で出現した寄生体は、乾燥した地域や寒冷な地域で生き延びることはできたとしても、猛威をふるうことはほとんどない。要するに、ある場所の温度や湿度が上がるほど、ヒトが遭遇する寄生体の種類は増え、したがって、寄生体からのエスケープの恩恵にはあずかりにくくなるのである。

しかし、ある特定の寄生種に注目すると、話はもう少しややこしくなる。マラリアは、さまざまな意味において、昔の寄生体の地理学の典型であり、その複雑さの典型でもある。今日、年間およそ一〇〇万人がマラリアで死亡しているが、世界中どこでもというわけではない。季節的に寒冷または乾燥気候になり、感染制御がしやすい地域ではそれを免れている。マラリアを引き起こすマラリア原虫は、熱帯の寄生体であって、一部の人々は熱帯の外に暮らすことによってエスケープの恩恵に浴しているのだ。この感染とエスケープの地理学は、太古からの複雑に絡み合ったルーツをもっている。

マラリアにみる二種類のニッチ

ゴリラ、チンパンジー、ボノボなど、アフリカに棲むヒト科動物の現生種には、それぞれ独自のマラリア原虫の種が寄生する。ヒト科動物が進化して互いに分岐していくにつれて、それに寄生するマラリア原虫も分岐していったのだ。最初期の人類の種（ホモ・ハビリスなど）を冒したマラリア原虫種のなかにはおそらく、現生種のチンパンジーやボノボに感染するマラリア原虫種に最も近縁な太古のマラリア原虫種が含まれていたことだろう（人類がチンパンジーやボノボと最も近縁なのと同様に）。これこそが、人類の元々のマラリアだった。

ところが、今から二〇〇万〜三〇〇万年ほど前、太古の人類の種では、赤血球表面の糖（あるタイプのマラリア原虫が結合する糖）を産生する遺伝子に変異が生じたらしい。この変異のおかげで、それから数百万年間、太古の人類は、この昔ながらのマラリアに罹（かか）らずに済んでいた。[5]

今から一万年ほど前、熱帯アフリカのどこかで、ゴリラのマラリア原虫の一系統がヒトに飛び移った。その際に、その系統は、ヒトの赤血球や、その重要な糖の遺伝子変異による欠落に対処する能力を進化させたのだ。[6] その系統はさらに分岐し、最終的に、熱帯熱マラリア原虫（*Plasmodium falciparum*）と呼ばれる新種になった。熱帯熱マラリア原虫は、アフリカ中に広がっていき、現在も拡散を続けている。農耕の開始に伴って、原虫の宿主となるヒト集団が定住生活を始め、溜め水も増えていったことがその拡散を促す要因となった。現在、世界のマラリアによる死亡の圧倒的多数は、熱帯熱マラリア原虫によるものだ。

人類の祖先に取り憑くマラリアが出現したのも、人類がそれを回避（エスケープ）するように進化したのも、すべて熱帯地域でのことだった。また、ゴリラのマラリア原虫がヒトに定着したのも、そこから熱帯熱マラリア原虫が進化したのも、熱帯地域でのことだった。高温多湿の気候条件下で暮らしている限り、ヒトは、マラリア原虫とその進化のドラマにさらされ、ヒトの体は、繰り返し演じられる悲劇の舞台となる可能性があった。熱帯熱マラリア原虫は過去一万年にわたり猛威をふるったので、一部のヒト集団は、原虫に感染しにくく、その影響を受けにくくするための適応戦略を生み出すに至った。

より乾燥した地域や冷涼な地域に移住したヒト集団は、マラリアの悲劇が延々と繰り返される舞台から退くことができた。マラリア原虫自体も、マラリア原虫を媒介する蚊種も、繁殖力が最も旺盛になるのは、気候条件が、蚊の産卵ができるほど湿潤で、冬の間も蚊が生存できるほど温暖な場合である。人類史上、あるいは先史時代に、マラリアが一部の寒冷な地域や乾燥地域に広がった時期もあるが、猛威をふるうほどではなかった。こうした地域では、感染はごくたまに所々で起こるだけだった（そしてずっと時代を下ると、制御も容易になった）。

概して、過去一万年にわたって、寒冷な地域や乾燥地域に移動した人々はマラリア感染を回避してきた。それが予測可能であるがゆえに、一部の国々では、国内の冷涼な地域がエリートの飛び領土になっている。マラリア原虫のニッチの外側に移り住むことによって、エリートはこの寄生体から逃れているのだ。同じ理由で、現在、世界のマラリア多発地域の外側にある国々に暮らす人々は、この寄生体からのエスケープの恩恵にあずかり続けている。

過去一万年間のほとんどの期間、こうしマラリアからのエスケープが、もちろん他の寄生体からのエスケープとも相俟（あいま）って、平均寿命を延ばし、乳児死亡率を下げてきた可能性が高い。もし、あ

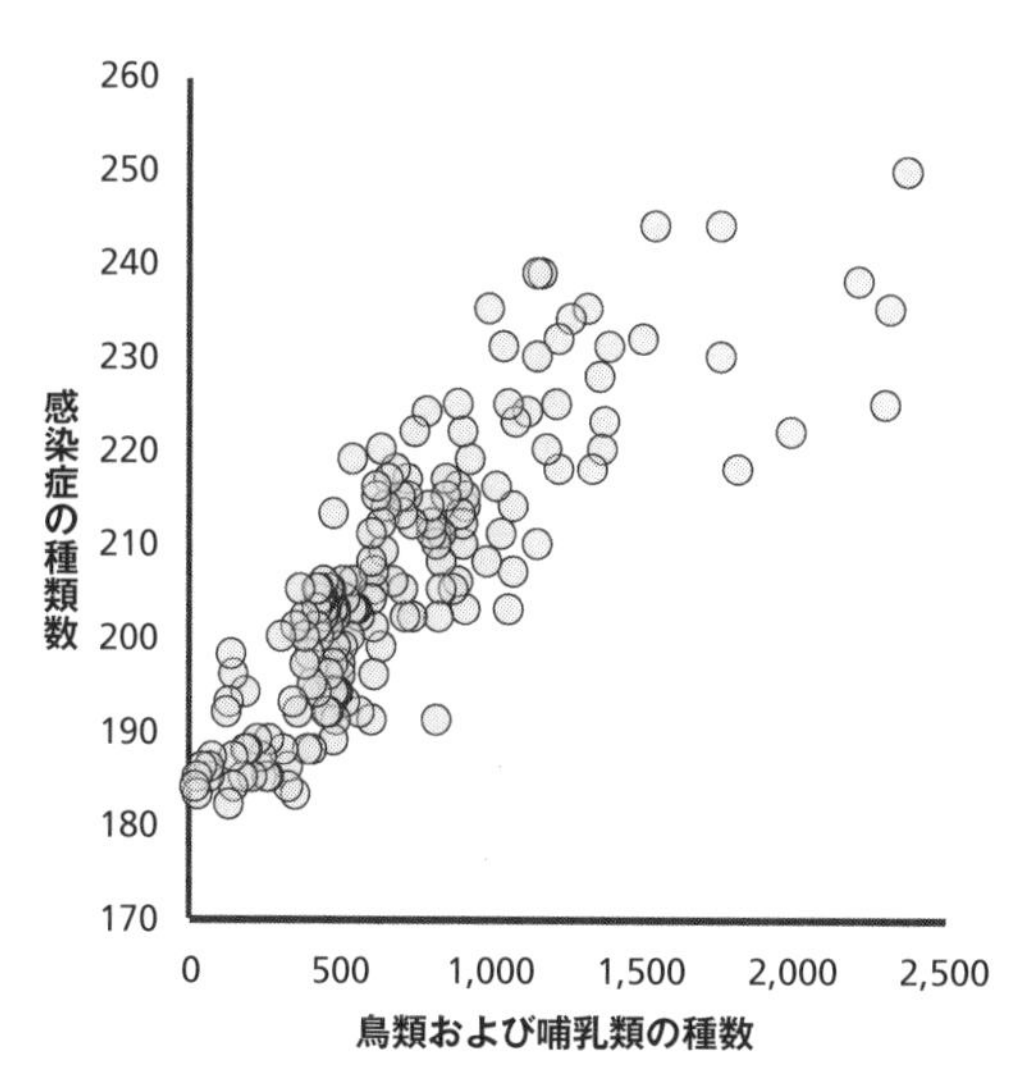

図4.1　形式地域（政治行政上の区域）内における、鳥類および哺乳類の多様性との関係でみた、寄生体（蠕虫、細菌、ウイルス、その他）を原因とする感染症の種類数。鳥類や哺乳類の種数が多い地域ほど、感染症の種類数も多い。なぜなら、より多くの種類の鳥類・哺乳類の進化を導くプロセスが、同時に、より多くの種類の寄生体、すなわち感染症の病原体の進化をも導くからである。

なたが現在、マラリア非流行地に住んでいるとしたら、マラリア不在の恩恵に浴している可能性が極めて高い。エスケープの法則がもたらす利益を享受しているのである。

主に熱帯ニッチをもつ寄生体は、熱帯熱マラリア原虫のほかに何百種もある。そのような種は、それぞれ生活史もニッチも異なるが、すべてに共通しているのは、宿主はそのニッチの外側の地帯に暮らせば、エスケープの利益を享受できるという点である。

寄生体のニッチの外側で生活すれば、その寄生体の影響から地理的に逃れることができるわけだが、こうしたことは二通りの経路で起こりうる。第二章では、ニッチを単一の概念として紹介した。しかし実際には、どの生物種も二通りのニッチをもっている。基本ニッチと実現ニッチである。

ある生物種の基本ニッチとは、その種が生息可能な環境条件のことで、たいてい、その条件を満たす領域をも表す。実現ニッチとは、そのような環境条件やそれを満たす領域の部分集合にあたるもので、その生物種が実際に占めているニッチである。

ある生物種の実現ニッチが、その基本ニッチよりも狭くなるのは、別の種に妨げられて、特定の領域に定着できないような場合である。しかし、基本ニッチと実現ニッチが一致しない状況として、決して珍しくないのが、特定の場所にどうしてもたどり着けない場合である。たとえば、南極大陸はホッキョクグマが繁殖できる条件を満たしていると考えてよいだろう。南極大陸はおそらくホッキョクグマの基本ニッチの一部に違いない。しかし、実際に北極地方から南極大陸まで移動するには、長距離を泳ぐほかないため、南極大陸はホッキョクグマの実現ニッチの一部にはなり得ない。

エスケープについて考える場合には、基本ニッチと実現ニッチの違いを押さえる必要がある。生物種は、ヒトも含め、敵の基本ニッチの外部に移動することによって、その敵から逃れることができる。今日、ヨーロッパ人は熱帯熱マラリア原虫を相手に、こうしたエスケープの利益を享受している。マラリア原虫は容易にヨーロッパにたどり着けるものの、原虫を媒介する蚊の生活史や、原虫それ自体の生活史ゆえに、たどり着いてもすぐに防除されてしまうからだ。

しかしヒトはまた、ある敵の基本ニッチの内部にありながら、まだその敵の実現ニッチにはなっていない地域に移動することによっても、その敵から逃れることができる。敵がまだたどり着いていない場所に出ていくことで、エスケープが可能になるのだ。そのようなエスケープは、人類の先史時代と歴史時代を通して重要な役割りを果たしてきたのだが、それは決まって束の間でしかない。敵から逃れていられるのは、その敵が基本ニッチのすべてにまでは広がっていない間だけなのだ。結局は敵につかまってしまう、というのが、われわれが直面する未来とも密接に関わってくる現実である。

アメリカ大陸に渡った人類とエスケープの法則

人類史上、最もよく研究されているエスケープの一つは、一部のヒト集団がアジア大陸からアメリカ大陸に向けて、二大陸をつなぐ陸の橋を渡って移動を始めたときに生じた病原体回避である。地球が著しく寒冷化した時期には、海水中の大量の水分が氷河として固定されたため、海面が低下して陸の橋が出現した。人々がこの陸の橋を渡って移動するようになると、その移動によって、ヒトに寄生する種が獲得できるニッチの地理的範囲に複雑な影響が及んだ。その一方で、こうした人々が新たな地域に定着したことによって、それらの地域が、多数のヒト寄生体のニッチとなる可能性が生まれた。

しかし、こうした人々が、まず、氷に覆われた寒冷な北アメリカ大陸北部を通ってから、この大陸に住みつくようになったということが、寄生体に特異な影響をもたらした。鉤虫のように、糞便中に排泄された卵が温暖な土壌中でなければ成長できない腸内寄生虫は、初めてアメリカ大陸に渡った人々が極北の地を進むときに、生存を阻止された可能性がある。また、熱帯性の気候や媒介動物に依存している寄生体は、ますます置き去りにされたことだろう。結核菌、赤痢菌、チフス菌といった、高密度のヒト集団を好むヒトの寄生体もやはり取り残された[7]。それはたまたまだったのかもしれないが、いずれにせよ、アメリカ大陸に移住したヒト集団はこのような寄生体をもっていなかった。だとすれば、初めてアメリカ大陸に渡った人々は、極北の地で暮らしている間だけでなく、そこから南へと移動する間も、ヒトの寄生体のほぼすべてを回避できていた可能性がある。大体において、そうだったようだ。

なぜ「大体」なのかと言うと、寄生体から完全に逃れるのは、思ったほど簡単ではないからだ。そして、ひとたび寄生体が入り込むと、たちまちヒト集団全体に広がってしまうことが多い。まさに最近、新型コロナウイルスで見てきたとおりだ。新型コロナウイルスが進化を遂げて、ヒトへの感染力を獲得してからも、それを中国国内にとどめておける可能性がないわけではなかった。中国の外の世界は、最悪の結果を回避できる可能性がないわけではなかった。しかし、残念ながら、新型コロナウイルスは中国から出ていき、たちまち世界中に定着してしまった。ブラジルの寄生虫学者、アダウト・アラウージョと、その親しい共同研究者で、ネブラスカ大学の寄生虫学者であるカール・ラインハルトの研究によると、今から何千年も前に、これと同じようなことがアメリカ大陸で起きたようだ。

アラウージョとラインハルトは、ヨーロッパ人が入植する以前のアメリカ大陸の、ミイラやその他の遺体から見つかる寄生体の研究に人生を捧げてきた。その結果、明らかになったのは、それらの遺体には、極北の陸の橋を徒歩で渡った人々との旅を生き延びられたはずのない、多数の寄生生物の種が含まれていたということだ。陸の橋の環境条件は、彼らの基本ニッチから外れていた。したがって、陸橋を渡ってきたのであれば、寒さにさらされて死んでしまったはずだ。これは、それ自体、驚くべき発見であるとともに、初めてアメリカ大陸にやって来た人々の一部が、陸橋を渡るのではなく、舟に乗ってやって来たことを示す証拠でもある（その舟――あるいはそれらの舟――が太平洋を横断してきたのか、それとも海岸伝いに北から南へと移動してきたのかはまだわかっていない）。

それにしても、何種かの寄生生物がそのような旅をしたということ以上に驚きなのは、それをやりとげた種の数である。ほんの数例を挙げただけでも、鉤虫、捻転胃虫、鞭虫、回虫などが含まれる。[8] 結核菌の一菌株が、この旅を（あるいはこれらの旅を）経てやって来た可能性もある。[9] アメリカ大陸にたどり着くや、これらの種はどれもみな、その基本ニッチの内部にあるアメリカ大陸のヒト集団のすべて、またはほぼすべてに定着していった。

初めてアメリカ大陸にやって来た人々は、アフリカ・ヨーロッパ・アジア地域に生息するヒトの敵を回避できていたが、こうした寄生体がアメリカ大陸全土に広がると、エスケープの恩恵は小さくなった（これは、やがて起こる事態の予兆だったことが後になってわかる）。しかし、あらゆる寄生生物が船旅をしたわけではないという点が重要だ。取り残された種も少なくなかった。たとえば、アマゾンの熱帯雨林で暮らしていた最初のアメリカ人には、黄熱病も住血吸虫症も熱帯熱マラリアもなかった。有利だった点はそれだけではない。

ヨーロッパ・アジア・アフリカ地域では、大加速（グレート・アクセラレーション）期の初めに、人類がさらにいっそう自然環境に手を加えていくにつれ、それまでにない生態学的状況がいろいろと生み出されていった。昔からずっと稀少だった生物種が、ごくありふれたものになった。ブタ、ヤギ、ウシ、ヒツジ、ニワトリなど、多くの家畜類がそうだ。それに加えて、人類は、少なくとも一部の地域では、よりいっそう人口密度の高い集落で暮らすようになった。疾病生態学者たちが心底同意する事柄の一つは、こうした状況が組み合わさると、新たな寄生生物の進化や、それが引き起こす疾病の出現に、またとない条件が整うということだ。

第二章で論じた考え方を思い出してもらうと、大きなヒト集団は、寄生体の視点からすれば、巨大な生息域の島のようなものだ。ヒトが家畜を飼うことによって、さまざまな寄生生物がそうした島に定着する機会がもたらされる。まさにこうしたことが実際に起きたのだ。ヨーロッパ・アジア・アフリカ地域の大きな集落では、新たな寄生体がヒトに依存して生き、ヒトからヒトへと広がる能力を進化させた。人口密度の特に高い集団では、全く新たなタイプの寄生体、つまり空気を介してヒトからヒトへと伝播する寄生体まで出現した。大加速とそれに伴う人口密度の上昇、そしてヒトが生態系に及ぼした影響を受けて、インフルエンザ、麻疹（はしか）、流行性耳下腺炎（おたふくかぜ）、ペスト、天然痘、その他諸々の疾病を引き起こす寄生体が進化していった[10]。

ヨーロッパ・アジア・アフリカ地域の集団と同様に、アメリカ大陸の集団もやはり、やや遅れてであるが、人口増加の加速化を経験することになる。そして、その人口増加は、進化してくる新たな寄生体の種数がはるかに少なかったことと関連していた（少なかった理由は完全には明らかになっていないが）。

結局のところ、アメリカ大陸のヒト集団は、一種や二種の寄生体を逃れただけでなく、昔ながらの種も新種も含め、数十種もしくは数百種の寄生体からのエスケープの利益を享受した。世界中の大小さまざまな島に移住した人々の集団も、程度の差こそあれ、やはり同じようなエスケープの利益を得たはずだ。人々は、舟を作り、帆を掛け、水をかいて、新旧両方の悪魔から逃れていったのである。

作物もエスケープした

こうした新天地では、ヒトの体が捕食者や寄生体から解放されたが、それと同じことが農作物でも起こったはずだ。

人類は、地球上の数か所でそれぞれ独立に作物の栽培化を行ない、自然界のより多くを、自らのために囲い込む方法を編み出していった。人類はその後、それらの作物を、その自生地の環境条件よりもやや乾燥した場所に移すということも始めた。移された地域は、その作物にとって最適な気候や土壌の場所ではなかった。むしろ、人間がその作物を必要としている場所だった。しかし、おそらくは偶然に、そうした場所は、害虫や寄生体のニッチから外れていて、その作物がある程度、エスケープの恩恵にあずかれる地域でもあった。その後、人類は船に乗って地域間を移動するようになった。

船によるヒトの移動が二つの結果をもたらした。ヒト集団が新天地に移動したことで、ヒトの体はさらに捕食者や寄生体から解放された。マダガスカルへ、ニュージーランドへと、ほぼすべての遠隔地に逃れて、エスケープの利益を享受した。

一方で、人類はその作物をも別の地域に移動させた。たとえば、南アメリア[sic]や中央アメリカ原産の作物を、カリブ海へと運んだ。アフリカ原産の作物を、南ヨーロッパへと運んだ。こうして作物もまた、捕食者や寄生体から解放された。ちなみに、作物が全く異なる生物地理区に移された場合に、このエスケープの効果は最大になった。

いったん時代をずっとさかのぼろう。何億年にもわたって、別々の陸塊が比較的隔離されていた結果、異なる地域の動物、植物、微生物はそれぞれ違ったものになっていった。二つの地域の隔離度が高いほど、生物種がその間を移動できる確率は低く、地理的に隔離されている生物種はしだいに分岐していった。時間が経てば経つほど、分岐の度合いは増していき、やがて、それぞれの地域に全く異なる生物種が生息・生育するようになった。ハチドリはアメリカ大陸でしか見つからない。トマト、ジャガイモ、トウガラシの原種もやはりそうだ。キノボリカンガルーは、オーストラリアやパプアニューギニアでしか見つからない。バナナの原種もやはりそうだ。類人猿はアフリカやアジアでしか見つからない。

このように分岐したところに、その後の移動が重ね合わされた。陸塊の衝突によって、ある陸塊の生物種が、別の陸塊の種と混じり合った場合もある。また、ある生物種が、ある陸塊から別の陸塊に分散していった場合もある。二匹のサルが大きな丸太に乗って海を漂っていく様子を想像してほしい。そのような旅を経て、霊長類がアメリカ大陸にたどり着いたのだと考えられている。

以上のような生物種の隔離、地殻変動、そして移動分散が合わさった結果、陸塊ごとにそれぞれ

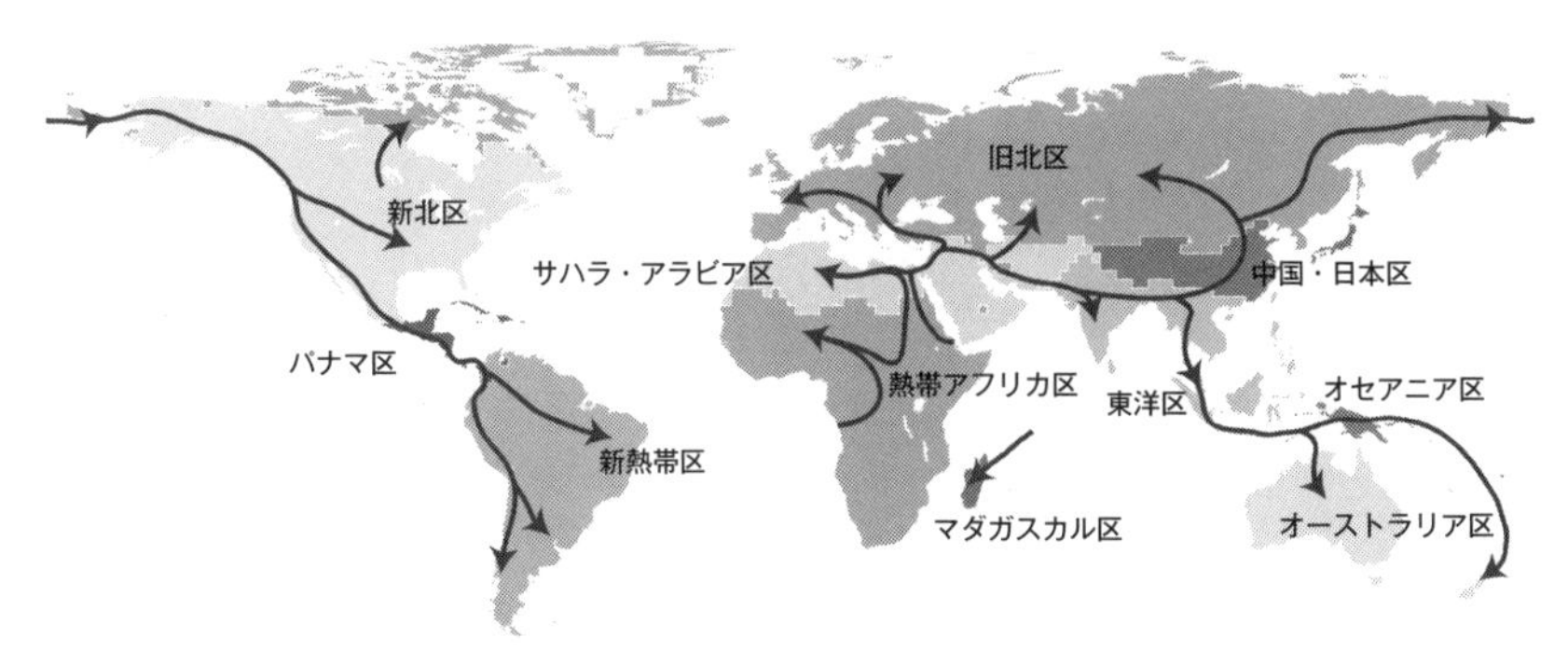

図 4.2　生息している両生類種、鳥類種、哺乳類種に基づいて区分した地球の生物地理区。白線と色調の違いで生物地理区の境界を示している。地図上に描かれた線は、ホモ・サピエンスが寄生体や捕食者から逃れて世界を移動したときにたどったと思われる道筋。この地図は、Holt, Ben G., et al., "An Update of Wallace's Zoogeographic Regions of the World," *Science* 339, no. 6115 (2013): 74–78 の地図をもとにローレン・ニコルズが作成。

異なる生物相をもつようになったので、生態学者は世界の陸塊をいくつかの生物地理区に区分することができる。たとえば、北アメリカ大陸の大部分は、新北区に区分されている。ヨーロッパとアジアの大部分を含む旧北区と、この新北区とでは、生息・生育している種がまるで異なる。

作物が、ある生物地理区から別の生物地理区に移動すると、たいていの場合、旧来の害虫や寄生体から解放されるだけでなく、旧来の害虫や寄生体の近縁種もいない地域に逃れることができた。こうした移動は作物に、それまでにない、より完璧なエスケープ効果をもたらした。ヨーロッパ人がアメリカ大陸に進出すると、作物の移動とエスケープがさらに加速していった。トウガラシは、ポルトガル人によってインドや韓国などの地域に運ばれ、その土地の文化や料理にすっかり定着したので、今日では在来植物のように思われている。トマトは結局、ヨーロッパにまで移動した。アンデス山地原産のジャガイモはアイルランドに移動した。

こうした移動に必ずついてまわる結果なのだが、人類は、移動することによって、エスケープの機会をつくっただけでなく、寄生体や害虫が拡散して、基本ニッチの範囲全体に定着する機会をもつくってしまった。寄生体や捕食者を逃れた結果としてのエスケープを、生態学では「天敵解放」と呼んでいる。逆に、天敵に再び見つかってしまう場面を表す適切な言葉はない。その恐怖たるや、なかなか言葉で表現できるものではないからだろう。

ヨーロッパ人がアメリカ大陸に進出したとき、彼らは古いタイプの寄生体をいくらか持ち込んだ。それは、アメリカ先住民がかつて、アメリカ大陸に移動することによって逃れた寄生体だった。ヨーロッパ人はさらに、新しいタイプの寄生体も持ち込んだ。それは、ヨーロッパ・アフリカ・アジア地域の大都市で進化した寄生体だった。ヨーロッパからやって来る船には、生き物にとりつくあらゆる病が満載されていた。これらの病が蔓延した結果、未曾有の大量死を招くことになる。何千万人にも及ぶアメリカ先住民が死亡し、大絶滅とまで呼ばれるようになった。アメリカ大陸の古代都市は崩壊した。先住民は移住を余儀なくされた。荒廃ぶりが凄まじかったため、入植者たちは、アメリカ大陸はそもそも人があまり住んでいない土地なのだと思うようになった。家屋の残骸や文明の廃墟を見て、病気と大量虐殺がもたらした結果だとは思わずに、失われた民族の痕跡だと考えるようになったのだ。(11)

その後、アメリカ大陸から運んできた作物に、その作物由来の寄生体が追いついてしまう。ジャガイモ胴枯れ病がアイルランドにたどり着いたため、ジャガイモは、それまで逃れてきた旧来の敵と再会することになった。胴枯れ病が引き起こした飢饉のせいで、百万人のアイルランド人が死亡し、さらに百万人が他国に移住した。

キャッサバの教訓

現在のところまだ、多くの国々では、人々の健康も作物の収穫も二種類のエスケープの恩恵に浴している。一つ目は、寄生体や害虫の実現ニッチが、その基本ニッチよりも狭いままでいるおかげで受けられる恩恵だ。二つ目は、ヒト集団や作物が、それにとりつく寄生体や害虫の基本ニッチから外れた環境条件下にいるおかげで受けられる恩恵だ。ところが今や、この二種類のエスケープがともに、地球規模の変化によって脅かされている。一つ目は、輸送ネットワークで世界中をつないでしまったせいで、二つ目は、気候変動のせいで脅かされているのである。

このように世界中をつないできたことで、エスケープにどのような影響が生じるのだろうか。最近、キャッサバコナカイガラムシがキャッサバに追いついた際に、それを予告するような出来事が起きた。

キャッサバは熱帯アメリカ原産の作物だが、それが熱帯アフリカや熱帯アジアに導入された。天敵から解放されたキャッサバは、アフリカやアジアの熱帯域で広く栽培され、その地域の主食となった。アフリカやアジア、そして南北アメリカの熱帯低地の多くの人々にとってキャッサバは、ジャガイモ飢饉直前のアイルランド人にとってのジャガイモに匹敵する[12]。

ところが、一九七〇年代に、キャッサバは脅威にさらされることになった。新たなコナカイガラムシ（アブラムシと同じカメムシ目の昆虫）が、アフリカのコンゴ盆地のキャッサバを襲ったのだ。そのコナカイガラムシは、キャッサバの新品種をアメリカからアフリカに導入しようとした善意の研究者らによって、うっかり持ち込まれたものだった。それが、キャッサバを食いつぶしていったのだ。広大なキャッサバ畑を端から端までめちゃめちゃにし、一年で枯らしてしまった。

もし、コンゴ盆地に広がっていくのと同じスピードで広がり続けたならば、数年以内にアフリカ全土に広がってしまう。それからさらに数年でアジア各地へと広がるだろう。それを止める手立ては全くなさそうに思われた。そのコナカイガラムシは自由自在に増殖していった。その個体群は、害虫や寄生体からの圧力を一切受けることなく増殖していった。それを餌食にすべく進化した生物種すべてを、もともとの生息域に残してきていたからだ。つまりエスケープの恩恵に浴していたのである。

コナカイガラムシの増殖を抑える方策の一つは、コナカイガラムシがもともといた地域を訪ねて、その増殖を食い止めている昆虫や寄生体を見つけ出し、コナカイガラムシが持ち込まれた場所にそれを放つことだった。それを生物的防除というが、この一か八かの賭けに打って出ることになった。つまり、コナカイガラムシの原産地で天敵を見つけ出して、コンゴ盆地に持ち帰り、その天敵の個体を大量に飼育して農地に解き放つという作戦だ。

コナカイガラムシの天敵を見つけるにはまず、コナカイガラムシがどこから来たのか知る必要があった。しかし、知っている者は誰もいなかった。コナカイガラムシがどこから来たのかわからない場合、コナカイガラムシの近縁種がどこから来たのかがわかれば、糸口が見出せるだろう。しかし、どんな近縁種がいるか、ましてやそれがどこに生息しているか、知っている者は誰もいなかった。近縁種がどこにいるのかわからない場合、キャッサバが最初に栽培化された地域を訪ねてみれば、何かわかるかもしれない（キャッサバの害虫や寄生体、さらにその天敵や寄生体がいたるところにいるかもしれない）。ところが、キャッサバの地理的起源について詳しく研究したことのある者は誰もいなかった。

そんなわけで、どうにも打つ手なしとなったとき、ハンス・ルドルフ・ヘレンという、若さゆえに破天荒な科学者が調査に乗り出した。ヘレンはカリフォルニアを出発し、そこから南へと移動していった。ある農地を調べ終えると、交戦地帯を通り抜けて、やっとの思いで次の農地にたどり着くといった旅だった。コロンビアでコナカイガラムシを発見したが、結局、キャッサバのコナカイガラムシではないことが判明する。[13] 友人の一人が、それに彼の名をとった名前を付けてくれると、彼はなおも探索の旅を続けた。

どうしても目的の虫が見つかなかった彼は、友人のトニー・ベロッティに自分の旅について語り、協力を仰いだ。折しも、ベロッティは妻と協議して離婚届に署名するために、これからパラグアイに向かおうとしているころだった。ベロッティは当然ながら、何か気晴らしを求めていた。そして気晴らしを求めて出かけた彼が、なんと、その本来の生息地であるパラグアイで、キャッサバコナカイガラムシを発見したのである。[14]

その後、ヘレンとベロッティらは、パラグアイで、キャッサバコナカイガラムシの体内に産卵する寄生バチを発見した。彼らは、寄生バチ十数匹をイギリスの検疫所に持ち込んだ（イギリスであれば、万が一ハチが逃げ出したとしても、あまり問題にならずにすむからだ）。そして、その寄生バチの生理生態を詳しく研究したのち、その子孫を西アフリカに持ち込み、そこで、数匹の寄生バチを解き放つと、見事、ハチとその子孫はアフリカ各地に広がっていってコナカイガラムシを退治し、何億ものアフリカ人の食糧となるキャッサバを救ったのだった。[15] その後、アジア地域でも同じストーリーが繰り返されることになる。

生物界のあまり知られていない側面を専門に研究している科学者の小グループが、何百万もの人々を飢餓から救ったのだ。干し草の山に埋もれている一本の針（この場合は、一匹のハチ）を何としても見つけ出そうと、未知の生物種の荒野を探し回ったのだから、この科学者たちはヒーローだ。

しかし、逆の意味でそれ以上に驚きなのは、科学者たちがキャッサバコナカイガラムシを発見し、その過程で、キャッサバを荒らすコナカイガラムシの近縁種が（そのコナカイガラムシを退治してくれる寄生バチの近縁種も）多数いるはずだとわかっても、誰もそのような別のコナカイガラムシの研究には向かわなかったということだ。寄生バチについてもそうだし、キャッサバの自生地で、キャッサバとともに生息している他の種についてもそうだ。いずれにせよ、あまり詳しい研究はなされなかった。そのような研究は、次の惨事に見舞われるまで先送りにされてしまうのだ。

悲劇の一歩手前まで追い込まれたり、実際に悲劇を体験したりすると、未知なる規模の大惨事が待ち受けていることに気づかされる。ところが、悲劇の瀬戸際でとどまっているときや、真の悲劇がひそやかに忍び寄っているときには、そんなことは忘れている。おろそかにされてしまうのだ。[16]

　前出のような科学者たちは忘れてはいない。何をすべきかを知らせる論文を書いている。何をすべきかを知らせる講演を行なっている。わかりやすく危険を知らせるために、専門用語は使わずに論説を書くこともある。それでもなお、誰も耳を傾けてくれないときは、仕事に戻って、自分一人でできることを続ける。農作物を襲う生物の種数は非常に多く、そのような種を研究する科学者は非常に少ないので、われわれは災害につぐ災害を経験する。間一髪のところで、科学者が事態を収めることもあれば、どうにもならない場合もある。一方、作物に寄生する種のうち、生息可能域すべてにはまだ入り込んでいないものが、何百万種もある。

　今日では、自動車用タイヤの側面（サイドウォール）や航空機用タイヤの全体が、パラゴムノキの幹に傷をつけて採取される乳液（ラテックス）から生産されている、パラゴムノキは、アマゾンの熱帯雨林に自生しているが、アマゾンの大規模農園で単一栽培することはできない。害虫や寄生体にすぐにやられてしまうからだ。そのため、全世界で使われている天然ゴムのほぼすべてが、熱帯アジアのプランテーションで栽培されている、そこでならば、害虫や寄生体から逃れた状態で栽培できるからである。しかし、パラゴムノキの害虫や寄生体が追いつくのはもはや時間の問題であり、追いついてしまえば、それから一〇年以内に、世界の天然ゴム生産が全滅するおそれがあると予想されている。[17]

　農作物の多くは現在、エスケープの恩恵を受けて繁栄している。ヒト集団の多くは現在、エスケープの恩恵を受けて繁栄している。こうしたエスケープの効果は、人類が歴史的にどこをどう移動してきたかという背景に加え、害虫や寄生体がどこにどう分布しているかという状況によってもたらされてきた。ところが、その地理的分布が変化しつつあるのだ。

蚊と都市

ヒト集団や農作物が浴しているエスケープの恩恵は、生物種が輸送ネットワークを介して世界中を移動することよって、さらには、そのような移動が気候変動と合わさることによって脅かされている。では、ネッタイシマカという蚊の場合について考えよう。

黄熱やデング熱の原因となるウイルスはいずれも、ネッタイシマカの華奢な体に乗って、ある人の血液から別の人の血液へと運ばれる。アメリカ大陸に初めて人々がたどり着いたとき、どちらのウイルスもネッタイシマカもそこにはいなかった。一万年以上の間、不在のままだった。アメリカ大陸の人々は、黄熱もデング熱も恐れることなく暮らしていた。

ところがついに、ネッタイシマカがたどり着いてしまう。奴隷船によってアメリカ大陸に持ち込まれ、その後、道路、河川、鉄道網により生まれたコリドーを介して広まっていったようだ。黄熱ウイルスも、蚊の場合と同じく、奴隷船で、奴隷となった人々の体に乗って運ばれて来たらしい。その後、デングウイルスもやはり、アジアから延々と旅をしてアメリカ大陸にやって来た。

黄熱ウイルス、デングウイルス、そしてそれらを媒介する蚊は、現在、アメリカ大陸の温暖な低緯度地帯や温暖な都市部全域に分布している。気候が温暖化するにつれて、また、都市が拡大して人や物の流れが活発になるにつれて、程度の差こそあれ、ウイルスも蚊も分布を拡大し続けるだろう。

ネッタイシマカはよく、「人に慣れた」蚊、あるいは「家畜化された」蚊と呼ばれる。なぜなら、人々の周りで繁殖する傾向が強いからだ。都市には、蚊が必要とする生息環境がある。廃タイヤや側溝などにできた小さな水たまりである。さらに、都市は通常、その周辺地域よりも気温が高い。

ネッタイシマカは熱帯に生息する蚊なので、温暖な場所では繁殖するが、冬に気温が下がると死んでしまう。ところが、ネッタイシマカには寒すぎるような地域であっても、都市の温暖な条件下では生き延びることができるのだ。ネッタイシマカの一集団は、たとえば、ワシントンDCに定着したようだ。その集団は、ナショナル・モール〔首都中心部に位置する国立公園〕の近辺に生息しており、冬場に公園が寒くなると、人間が首都に築いた多数の建物の地下に身を潜める。

ほとんどの生物種は、気候変動への対応に苦労するものだが、温暖な気候を好み、都市部に生息する種は、都会に温暖な場所があるおかげで、気候変動に先立って北へと移動することができる。

ネッタイシマカが都市のコリドー伝いに広がって、熱帯地方から北へと飛び火し、冬期も生き延びているという事実は、アメリカ合衆国の大部分に加え、世界のさまざまな地域に暮らす人々にも影響を及ぼす由々しき問題である。黄熱ウイルスやデングウイルスが生き延びるのに必要な環境条件は、媒介蚊が必要とする環境条件とは微妙に異なっている。しかし、ひとたび媒介蚊が定着すれば、両ウイルスとも、足場を固めるのがはるかに容易になる。

科学者たちがネッタイシマカの生理生態についての知見を総動員して将来の分布を予測した研究によると、数十年後には、アメリカ合衆国東部のほとんどが、媒介蚊とデング熱流行リスクへの対応を迫られそうだ。黄熱への対応も必要かどうかは、さまざま要因で決まってくる。たとえば、デングウイルスと黄熱ウイルスの（ヒトの免疫系を介した）複雑な相互作用、ネッタイシマカの分布や個体数、アメリカ合衆国に持ち込まれてネッタイシマカと競合関係にある別の蚊、ヒトスジシマカの分布と個体数、さらに、黄熱ウイルスの宿主となる他の哺乳類の分布、などである。しかし、確実にわかっているのは、アメリカ合衆国南部の大半が、こうしたヤブカ属の蚊に由来する新たな問題への対処を迫られるということだ。そうした問題は、デングウイルスと黄熱ウイルスの複雑な相互作用に絡んでくるだけでなく、チクングニア熱、ジカ熱、マヤロ熱を引き起こすウイルス〔やはりネッタイシマカなどを媒介蚊とするウイルス〕とも絡んでくる。

しかし、もっと広い視野から言えるのは、われわれ人間は世界各地をつなぎ、気候を変化させることによって、ありとあらゆる地域に、そこで生息可能な寄生体を移動させ、なおかつ、その寄生体が基本ニッチ内で移動できる範囲を変えているということだ。

気候変動と感染症

寄生体の今後の動向について予測する難しさは、鳥類、哺乳類、樹木の動向を予測する難しさとそれほど違わないように思われる。しかし実際には、寄生体について予測するほうが難しい。なぜなら、寄生体はたいてい、鳥類や哺乳類や樹木に比べて、複雑な生活環を持っているからである。それに加えて、寄生体は一般に、脊椎動物や植物に比べて、よくわかっていない事柄が多い（その理由の一つが人間中心視点だ）。それゆえ、寄生生物の種ごとに一つずつ検討していくと、生活環の複雑さと未知の事柄の多さにたちまち圧倒されてしまう。

寄生生物の種ごとの分布域を示すデータは、ごくわずかな例外を除くと、ひどく乏しい。研究仲間と私が最近明らかにしたことだが、鳥類種の地理的分布については、極めて稀少な鳴鳥でさえ、比較的ありふれたヒトの寄生体の地理的分布よりもずっとよくわかっている。[18] ヒトに寄生する生物の種数は、鳥類の種数よりもはるかに少ないのだが、それでもわからないことだらけなのだ。

こうした現実を前にして、科学者たちはこれまで、少数の極悪寄生体に的を絞って研究を行なう傾向があった。たとえば、どういう地域でマラリアが蔓延しやすいかは詳しくわかっているし、デング熱流行のおそれのある地域についても同じくらいよくわかっている。しかし、こうしたやり方ではほとんどの生物種が漏れてしまうし、今後移動してくる寄生体には、ヒトの寄生体だけでなく、作物や家畜の寄生体も含まれることを考えると、課題はますます手ごわくなり、状況を明確に把握できる見込みはますます遠のいていく。しかし幸いなことに、大雑把な予測方法が役に立ってくれそうなのだ。

気候科学者たちは、人間行動に関する各シナリオに基づいて、それぞれの地域の将来の気候を予測する精度をますます向上させている。そこで、まず、関心のある地域——たとえばニューヨークやマイアミなど——を俎上(そじょう)に載せる。すると、その地域の将来の気候を予測することができ、加えて、それと同じような気候の地域が現在どこにあるかもわかる。その同じような気候の地域で見つかる寄生種から、たとえばニューヨークやマイアミに将来生息しそうな寄生種の少なくとも部分集合を、ある程度まで推定できる。これを、寄生体の姉妹都市アプローチと呼ぼう。

寄生体の姉妹都市アプローチをとることによって、それぞれの気候シナリオを想定した場合に、将来、任意の都市で生き延びられる可能性の高い寄生体は何であるかを推定できる。

気候科学者たちは将来を予想するにあたり、都市モデルの作成者のように、一連の人間行動と、その行動に応じた気候を反映させた複数のシナリオを想定する。気候科学者たちは、人間行動を予測する特殊な専門知識は持ち合わせていないが、それぞれ異なる人間行動に（つまり異なるシナリオに）気候がどう反応するかを読み解く能力を磨いている。各シナリオで描かれるのは、一連の人間行動と意思決定、その行動や決定の結果としての温室効果ガスの排出、その温室効果ガスの結果としての気候変動である。これらのシナリオ自体には、われわれがどうすべきかは示されていない。集団として異なる行動をとった場合に、それぞれどんな結果が生ずるかが描かれているにすぎない。

各シナリオは、人間が温室効果ガスの排出をどれだけ減らせるか、その結果として気候変動の幅をどこまで小さくできるか、という点に違いがある。各シナリオは、地球上の人間の集団的行動をどれくらい楽観的に見るかという点に違いがあり、楽観度の高いシナリオでは、人間は速やかに行動を変えて温室効果ガスの排出量を減らすことができると考える。今となってはもはや実現不可能なシナリオもある。それを実現するために必要な変化を起こすことに、すでに失敗しているからである。

いまだ実現可能なシナリオのうちで、楽観度の最も高いものは、RCP（代表濃度経路シナリオ）2・6と呼ばれている。このシナリオに沿って進むためには、気候変動をもたらす温室効果ガスの地球全体の排出量を、二〇二〇年（本書の英語版が出版される前年）までに削減し始めていなければならない。その年に、温室効果ガスの排出量を七・六％削減した上、その後も二一〇〇年まで毎年、同じ割合で削減し続けて、二一〇〇年に、人間活動による温室効果ガスの排出量ゼロを達成し、その後もゼロを維持する必要がある。ゼロ、である。RCP2・6シナリオの実現可能性は極めて低い。

第二のシナリオ、RCP4・5は、それほど希望のもてる未来につながるものではないが、それでもやはり、根本的変革にただちに取りかかる必要がある。この第二のシナリオでは、地球上の人口の増加が見込まれてもなお、二〇五〇年までに温室効果ガスの排出量の増加をストップさせる。言い換えると、総排出量を一定に保たなくてはならないわけで、そのためには、一人一人の排出量を事実上かなり劇的に減らす必要がある。このシナリオを達成するためには、速やかな再生可能エネルギーへの転換、肉の消費からの脱却、さらには、夫婦がもうける子どもの数を世界的に減らす等々、さまざまな対策が求められる。もしあなたが、食事や、旅行、日常の移動手段、あるいは暖房や冷房に関して一〇年前とまるで違わない生活を送っているとしたら、どう見てもこのシナリオが求める軌道からは外れている。RCP4・5シナリオの実現には根本的変革が必要だが、それでもやはり、地球の平均気温は摂氏二度ほど上昇することが予測される。

第三のシナリオ。それは、これまで使ってきたように化石燃料を使い続けるというシナリオだ。このRCP8・5シナリオは、成り行きシナリオとも呼ばれている。RCP8・5だと、二一〇〇年までに、摂氏四度という非常に大きな気温上昇を招くことになる。

私の経験からすると、気候変動の研究をしている人々は、自らの日常生活では、この最後のシナリオを考えて準備を整えている。もちろん職場では、RCP2・6シナリオやその達成方法について記事や論文を執筆する。そして、家での余暇時間にも、コミュニティをRCP2・6の軌道に乗せようと奮闘する。しかし、一日を終えてソファーでくつろいでいるときの行動には、RCP8・5の道を歩むことになるのではという不安が映し出されている。たとえば、カナダやスウェーデンの不動産物件をネットで調べたり、不動産業者に「そこは一年を通して水が流れていますか」などと問い合わせたり。治安の良い国はどこか、今後もマラリアの発生がない国はどこかとパートナーと話し合ったり。内部情報を収集し、可処分所得と相談しながら、逃亡するための準備をあらかじめ整えているのである。

ここでもまた、方舟物語が思い出される。ノアは、大洪水が起きて陸地は水没するだろうというお告げを受けると、そのことをすぐに人々に伝えようとした。けれども耳を傾けた者はいなかった。

今述べた三通りのシナリオは、気候変動に関する政府間パネル（IPCC）が二〇一四年に提示した複数のシナリオのうちの三つだ。IPCCは、特定の予測をするのではなく、複数シナリオのポートフォリオを作成することにした。なぜなら、そうしたポートフォリオを提示することによって、われわれの選択肢がより明確になるからであり、また、特定の排出量が気候にどれだけ影響するかを予測するほうが、人類全体の選択や行動そのものを予測するよりも、はるかに容易だからだ（それ以降、人間の行動についてやや異なる想定をした新たな一連のシナリオが作成された。シナリオ名や細かな点は異なるが、先ほど挙げたシナリオと非常によく似た予測結果となっている）。

今後、何の対策も取らずに成り行きに任せるのか（RCP8・5）、それとも、生活様式を根本的に見直すのか（RCP4・5）は、気候科学者にはわからない。しかしその選択は、われわれがどれほど変わるかで決まり、気候がわれわれの生活をどれほど変えるかを決める。

こうしたシナリオを踏まえて、数年前、研究仲間のマット（マシュー）・フィッツパトリックが、RCP4・5シナリオとRCP8・5シナリオを想定した場合に、将来（二〇八〇年頃）、それぞれの都市の気候が、北アメリカのどの都市の気候に最も近くなるかを予測するツールを開発した。マットはそれを「寄生体の姉妹都市アプローチ」とは呼んではいないが、そう呼ばせてもらっても――たぶん――差し支えないだろう。

図4・3は、マットの研究結果を踏まえた、いくつかの都市の将来を描いている。マットが取り上げたのは、RCP4・5シナリオとRCP8・5シナリオだ。ある都市から出た線が伸びている先は、現在の気候が、二〇八〇年時点でのその都市の気候に最もよく似ている場所である。上の図は、RCP4・5シナリオの想定結果を、下の図は、RCP8・5シナリオの想定結果を示している。

地図上に描かれた線は、将来の寄生体を予測する上での直接的指標になる。フロリダ州のマイアミに注目してほしい。マイアミの気候は、RCP4・5シナリオでは、高温で雨季のあるメキシコの亜熱帯地域に似てくる。RCP8・5シナリオでは、メキシコの熱帯地域に近づく。少なくとも、マイアミの水中以外のエリアは、メキシコの熱帯地域に近づくのだ。

将来のマイアミと、現在のメキシコ各地の気候がぴったり一致することからわかるのは、将来マイアミは、メキシコの亜熱帯地域（RCP4・5の場合）または熱帯地域（RCP8・5の場合）に生息しているほとんどの生物種の基本ニッチの内部に入るということだ。これが、将来マイアミ

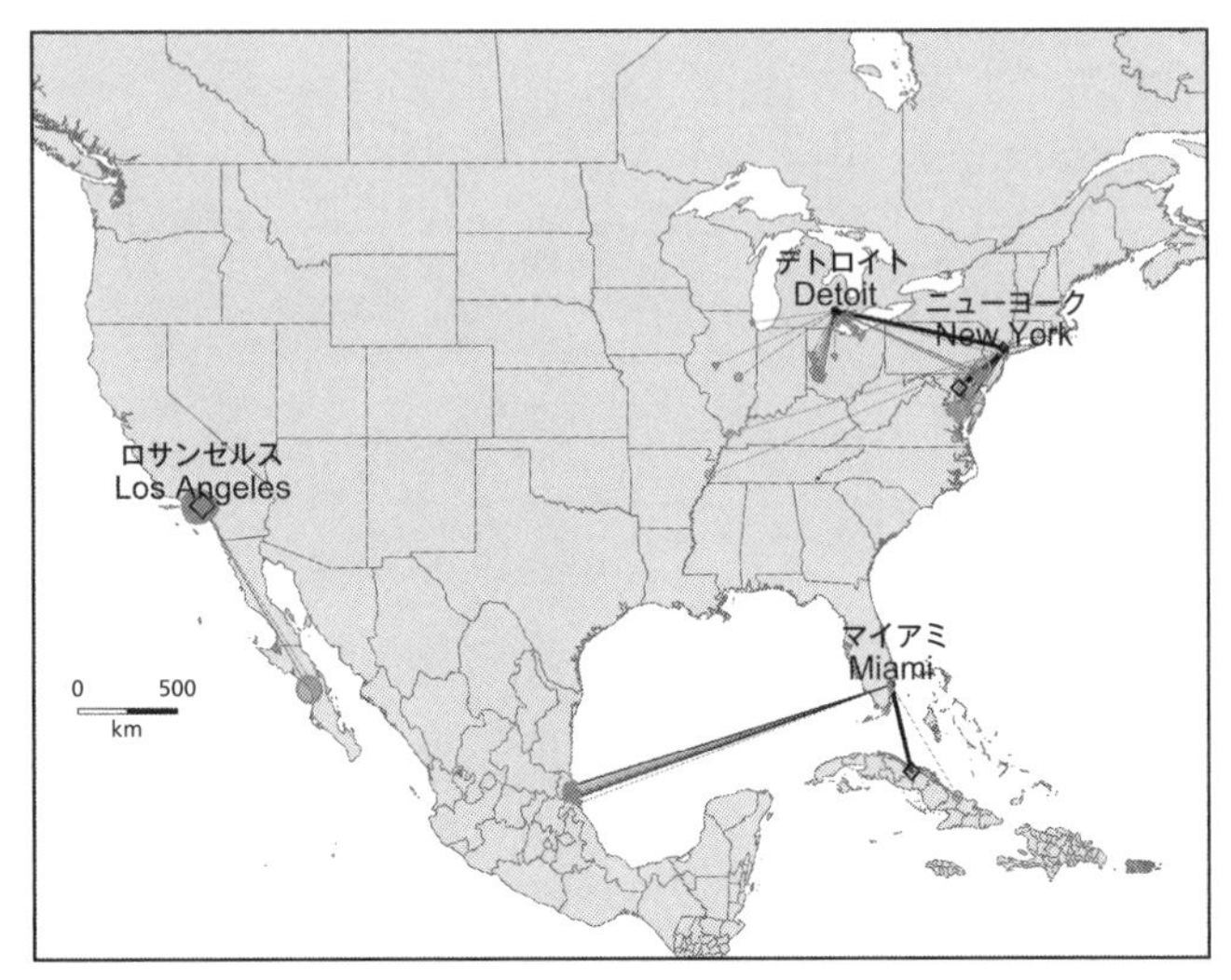

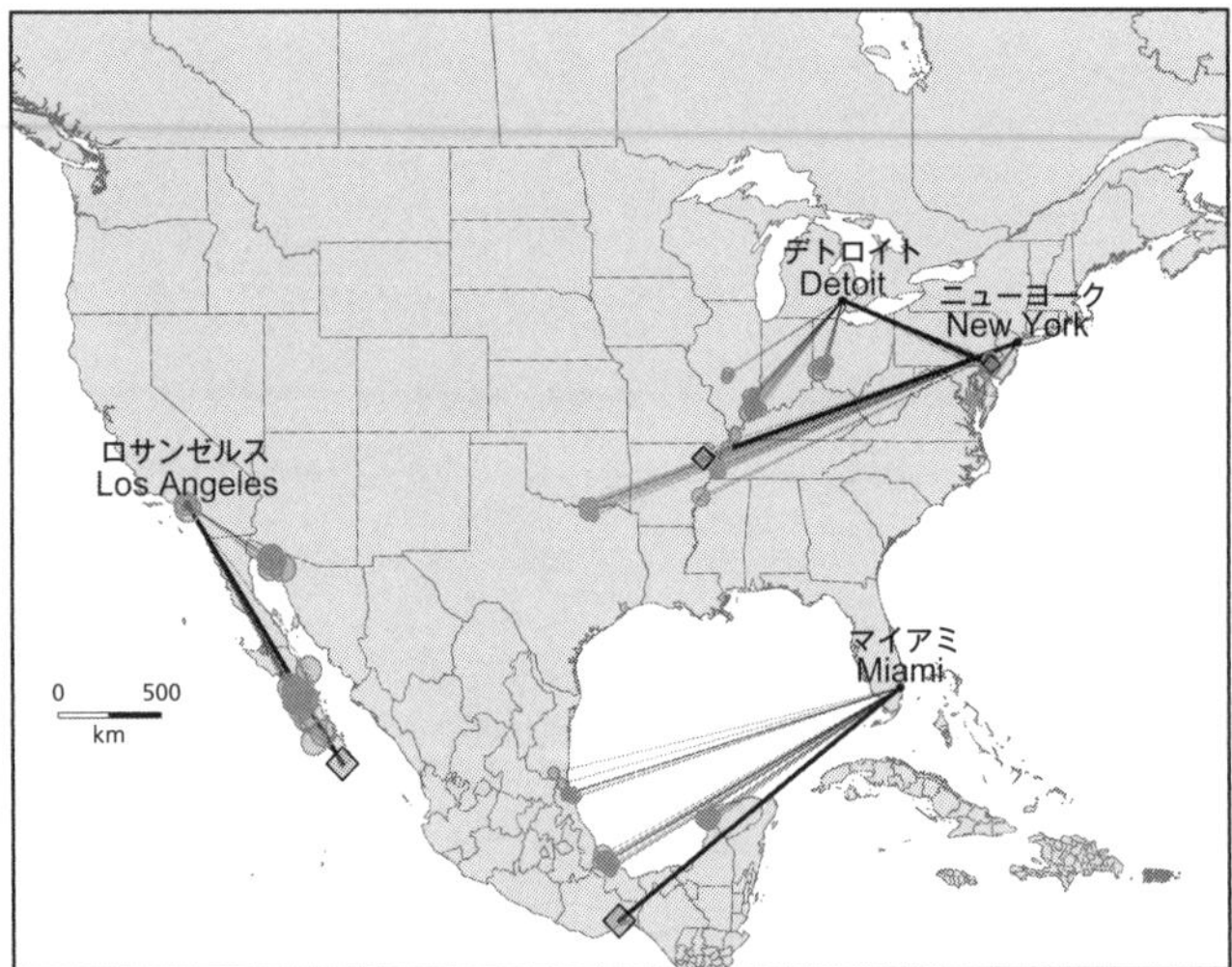

図 4.3　いくつかの都市の将来の気候に最も近い「姉妹都市」を、RCP4.5 シナリオ（上）と RCP8.5 シナリオ（下）を想定した場合について示したもの。異なる線は、それぞれ異なる気候モデルの結果。線の先端の形が小さいほど、類似度が高い。先端が太いほど、類似度は低い。この地図のオンライン版では、アメリカ合衆国の任意の都市を選ぶと、その将来の気候が地図上に示される。菱形と黒い線は、すべての気候モデルの結果の平均を示している。

にどんな野生生物が生息しうるかを決めことになる。サルやジャガーの将来を想像してみよう。現在、サルやジャガーが生息しているメキシコの区域の生物種は、将来、マイアミに移動することを余儀なくされる。メキシコとマイアミの間には、非常に暑くて乾燥した地域が延々と続いているが、それでも、はるばるそこまでニッチを求めてやって来ることになるだろう。

その道筋は厳しい。こうした生物種のことを考えたら、メキシコとアメリカ合衆国の間に壁など必要ない。むしろ、メキシコからフロリダへ、さらにそのもっと先まで伸びる森林のコリドーを確保する必要がある。生息地の方舟が必要なのだ。その多くは、それを求める生物種にとって完璧なものではなかろうが、何とか必要を満たすものであることを願いたい。

一方、寄生体のほうは、船舶、航空機、道路その他、輸送手段にはまったく事欠かない。そしてメキシコには多数の寄生体がいる。メキシコの熱帯の気候は、マラリア原虫やそれを媒介する蚊、デングウイルスや黄熱ウイルスやそれを媒介する蚊、シャーガス病を引き起こす原虫やそれを媒介する昆虫にとって好適なのだ。また、メキシコの熱帯地域には、家畜や農作物の寄生体で、フロリダではまだ繁殖していない種が多数生息している。こうした寄生種や、それが必要とする種（宿主となる哺乳類や媒介昆虫）のなかには、すでにうっかりフロリダに持ち込まれているものもある。彼らは、フロリダの最も温暖な地で、気候条件がもうちょっと温暖化するのを待っているのだ。

マットのウェブサイトにアクセスすれば、アメリカ合衆国のありとあらゆる都市について、こうした比較をすることができる。[19] マットは、アメリカ合衆国各地の将来の気候と、北アメリカ大陸内の他地域とのマッチングに焦点を当てた。しかし、気候が一致する場所は、世界中のいたるところに存在する。アフリカやアジア地域には、マイアミが将来、その基本ニッチの一部となる寄生体が生息している。そうした寄生体にとって、たどり着くまでの困難は大きいが、歴史の教訓から学ぶならば、決して克服できないものではない。

寄生生物に追いつかれる未来

エスケープの恩恵は、それを失うまで気づかないという点が厄介だ。地球上の大多数の人々は、自分自身も農作物も、熱帯の寄生体の大半から逃れられない場所で暮らしている。一方、マイアミで暮らしていると、極悪な敵の多くを回避できている。それがいざたどり着いたらどうなるか、遥か彼方の漠然とした脅威にしか感じられていない。気候が変化したら浸水する場所には家を建てないよう、人々を説得するのは難しい。まだ押し寄せておらず、自分の存命中に来るかどうかもわからない寄生体に備えるよう、人々を説得するのはもっと難しい。寄生体の大移動に先駆けて計画を立てるよう、人々を説得することは、細かな努力を淡々と重ねていかねばならないことを考えると、不可能に近い。しかしできないことではない。方法をいくつか挙げよう。

対処法の第一は、とにかく時間稼ぎをすることだ。どんな方法であれ、寄生体が怒濤（どとう）のように押し寄せるのを食い止めることができれば、多くの人々が救われる。寄生体の侵入を防ぐのは難しいとはいえ、いったん入り込んでしまった寄生体を駆除するのに比べれば、はるかに容易だ。

そのためには、極悪寄生体を媒介する昆虫を監視していく必要がある。媒介昆虫を監視するにあたっては、一般市民の協力を得る必要がある。そして、寄生体それ自体を監視するためには、しっかりした公衆衛生サーベイランスシステムを構築する必要がある。こうしたシステムがかなり整備されている地域もあるが、十分だと言える地域はまだない。たとえば、アメリカ合衆国のほとんどの地域では、新種の蚊が入り込んでからそれが見つかるまでに、たいてい一〇年ほどの時間の隔りがある。そのときには、どこでも見かけるようになっているので気づくのだが、そうなったときにはもはや手遅れなのだ。

時間稼ぎをしている間に、公衆衛生システムを整備して、新種の寄生体がいつ現れても対処できるようにしておかねばならない。

マイケル・ガヴィン、ナイーマ・ハリス、ジョナサン・デイヴィスと私は、寄生生物が原因で起こる疾患の多様性を世界中で比較して、二つの主要な結論に達した。その一つ目は、すでに述べたように、寄生体が最も多様なのは高温多湿の地域だということだ。気候条件が、疾患の多様性を見事に予測してくれるのだ。人類が疾病対策に投じてきた多額の費用を考えると、気候と疾患の昔ながらの関係を変えることができてもよさそうに思われるが、そうはなってはいない。何とも屈辱的なことではある。高温多湿の地域では、寄生体が原因で起こる疾患の種類がますます増えていくだろう。

しかしその一方で、もう一つの結論も導かれた。有病率――つまり疾病を有している人の割合――は気候だけでは説明できなかった。むしろ、気候条件と公衆衛生への支出の両方を組み込んだモデルだと、有病率をうまく説明できたのである。公衆衛生に支出したからと言って、寄生生物をすっかり駆逐することはできないが、それでも、少なく抑えておくことはできるということだ。農作物の寄生体や害虫についても同じようなことが言えそうだ。将来、熱帯の気候に近づくことが予想される国や州では、移入してくる寄生体や害虫の大群を防除するためのインフラに投資し始める必要がある。

もちろん、もう一度エスケープを試みるという選択肢もある。一部の人が唱えてきたように、月や火星にコロニーを建設するという手もあるだろう。しかし生態学者の私には、地球以外の惑星に全く新たな生態系を築いて、それを維持管理していくことなど到底無理なように思われる。なにしろ、すでにうまく機能している地球上の身のまわりの生態系の破壊を食い止めることさえ、なかなかできずにいるのだから。

しかし、とりあえず話を進めるために、月や火星にコロニーを建設できたとしよう。イーロン・マスクがそこに、なかなか見事な（ただし密閉された）ポーチ付きの夏の別荘を持っているとする。美味しい果物や野菜が溢れんばかりに栽培されている温室。地球上で慈しんでいるものが、いくらか単純化された形で再現されている環境。いかなる種類の寄生体もいない居住区。そんなふうになれば、再びエスケープの恩恵に浴することができる。いや、正確には、一握りの裕福な人々は、再びエスケープの恩恵に浴することができる。

しかし、過去の教訓から学ぶことがあるとすれば、それは、こうしたエスケープは一時的なものにすぎないということだ。たとえば、研究者たちは最近、国際宇宙ステーションで宇宙飛行士たちが管理している菜園に、植物の寄生体がはびこりつつあるのを発見した。植物の寄生体はすでに宇宙にもいるのである。[20]

第五章
ヒトのニッチ

イノベーションの影響

気候が変化すると、地球上の大多数の生物種は、生息や生育に適した気候条件の場所を目指して移動せざるを得なくなる。生き延びるために移動を余儀なくされる生物種には、稀少な鳥、カタツムリ、寄生生物などが含まれる。そこまではすでに述べた。まだ述べていないのは、その中にはヒトも含まれるということだ。

危険から逃れ、新天地を目指す過程で、人類が住みつくようになった場所の気候その他の環境条件は、ある意味で、驚くほど多様性に富んでいる。人類のニッチ幅はかなり広そうに思われる。農業が始まる以前から、人類は凍原（ツンドラ）にも、湿原にも、砂漠にも、多雨林にも何とか定住してきた。そして、各種イノベーションのおかげで、現代人は古代人よりもはるかに多様なバイオーム（生物群系）や環境条件のもとで生活できるようになった。個々の民族やその社会に注目するのであれば、こうしたイノベーションに焦点を当てることになる。それには、身体を暖かく保つための火や衣類、必要な水を引いてくる潅漑施設、冷暖房の技術の発明などが含まれる。それには、特定の環境条件に適応した独特の生活様式も含まれる。世界各地の牧畜民は、季節ごとに一定地域を家畜と共に移動することによって、極端な環境のもとで生活している。また、極北の民族は、季節移動、食料貯蔵、ユニークな建築技術に加え、身のまわりの動植物に関する比類なき知識を利用して厳しい環境を生き抜いている。そして、現代科学は、少なくとも一時的に、宇宙空間で暮らす方法を編み出した。われわれの頭上では今も、宇宙飛行士たちが朝食を摂ったり、眠ったり、読書したりしていることだろう。

　しかし、いったんズームアウトして人類を全体として捉え、単にヒトが生存可能な場所ではなく、大規模かつ高密度のヒト集団が維持できている場所について考えると、様相はまるで違ってくる。

　ズームアウトして捉えると、イノベーションの重要性は影が薄くなり、むしろ、ヒトの身体の生理的限界のほうがはっきりと見えてくる。

　たとえば、中国の南京大学の徐馳(シューチイー)と、オーフス大学、エクセター大学、およびヴァーヘニンゲン大学の共同研究者たちは最近、地球上各地のヒトの個体数密度のデータをもとに、古代人と現代人のニッチについて調査した。どのような環境条件がヒトの生存に有利かを調べようとする場合、まず個体数密度を検討するのは理にかなった方法だ[1]。

　徐らは、さまざまな気候特性をもつ地球上の陸地の相対的割合を図に表した。すると、地球上のどこかしらで見つかる気温と降水量の組み合わせは、低温乾燥から高温湿潤まで、極めて多岐にわたることが明らかになった。その一方で、地球上の気候分布には大きな偏りがあること、おそらく一般に考えられている以上に偏りがあることも明らかになった。地球上の陸域の多くは、極北のツンドラのように低温で乾燥しているか、サハラ砂漠のように高温で乾燥しているかのどちらかなのだ。

徐らは次に、これらの気候条件のうちで、高密度のヒト集団の存続を可能にしてきたのは、どのような気候条件かを調べた。このプロジェクトの共同研究者の中に生態学者がいたこともあって、徐らは、生態学者がヒト以外の動物種のニッチを検討するときと同じ手法を用いた。ミツバチ、ビーバー、コウモリなど、ヒト以外の動物を調査するときと同じ方法でヒトを調査したのだ。

徐らはまず、最近オンライン・データベースにまとめられたさまざまな種類の考古学的データに基づいて、かなり遠い過去（六〇〇〇年前）のヒトのニッチについて調査した。六〇〇〇年前には、世界人口に占める狩猟採集民の割合が、現在よりもはるかに高かった。このような古代人について検討すると、古代人は、（すべてではないにせよ）かなり幅広い気候条件の地域に、比較的高密度で分布していたことが明らかになった。図5・1の上段中央の図を見ると、そのことがわかる。ちなみに、最も明るい白の部分は、六〇〇〇年前に人口密度が最も高かった気候条件を示している。これを見てすぐに気づくのは、古代人は、極寒の地や高温多湿の場所にはごく低密度にしか分布しておらず、その一方で、地球上で最も暑く乾燥した場所の一部にはかなり高密度に分布していたということだ。とはいえ、最も高密度の分布を示すのは、適度な気温で、なおかつ比較的乾燥している気候だった。古代のヒト集団にとって、少なくとも人口密度から見た場合の「理想的」な年平均気温は、摂氏一三度くらいだったようで、これは、アメリカ合衆国のサンフランシスコやイタリア

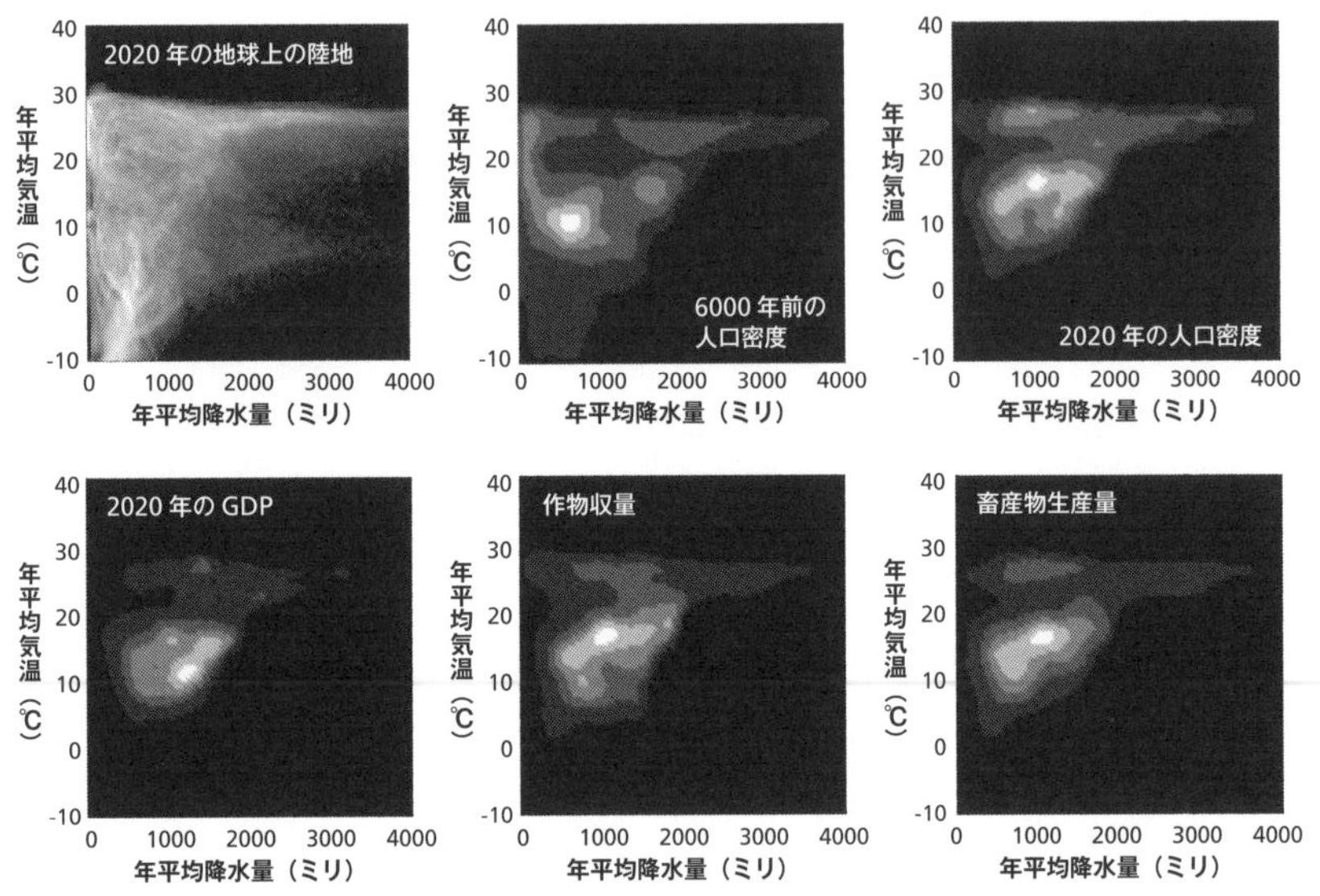

図5.1　それぞれ異なる気候特性をもつ陸地の面積（上段左）、6000年前にそれぞれ異なる気候の地域における人口密度（上段中央）、現在それぞれ異なる気候の地域における人口密度（上段右）、それぞれの気候における国内総生産（GDP）（下段左）、作物収量（下段中央）、および畜産物生産量（下段右）。上段左の図では、地球上の陸地の大きな割合を占める気候条件ほど、明るい白で表示されている。上段中央および上段右の図では、人口密度の高い気候条件ほど、明るい白で表示されている。最も明るい白は、人口密度が非常に高く、最大密度の90%に達している領域。次に明るい白は、人口密度が最大密度の80%に達している領域。以下同様。下段の図では、GDP、作物収量、および畜産物生産量が最大の90%に達している気候条件が、最も明るい白で表示されている。図は、徐驰とローレン・ニコルズが本書のために作成。

のフィレンツェの年平均気温にほぼ等しい。また、理想的な年間降水量は一〇〇〇ミリくらいで、これは、サンフランシスコよりもやや多く、フィレンツェと同程度だ。エアコンやセントラルヒーティングが登場する遥か以前の古代世界では、そのような快適な気候こそが、大規模なヒト集団の繁栄を可能にしたのだ。

遠い昔から現代へと目を転じると、次のような問いが生じる——われわれ人類は、驚異のイノベーション力に裏打ちされた技術を通して、どれだけニッチを拡大することができたのか？　その答えは意外だ。ほとんど広がっていないのである。

年月を経るにつれて、地球上でヒトの占めるニッチが、気候条件を問わず均等に広がっていくということはなかった。むしろ、集中度が高まっている。諸々のイノベーションにもかかわらず、つまり、蒸気機関、石炭火力、原子力、エアコンやセントラルヒーティング、海水脱塩プラントその他、あらゆる現代の輝かしい技術をもってしても、ヒトのニッチは広がっておらず、どちらかと言えば、縮小したのである。

今から六〇〇〇年前、非常に寒冷で乾燥した気候条件下で暮らしていた人々は大体が、極北の魚類、鳥類、哺乳類に頼って生きる狩猟採集民だった。このような狩猟採集民は、文化として受け継がれてきた諸々のイノベーションのおかげで、たとえ食料に季節的な偏りがあろうとも（食物を発酵させて保存性を高めることで）、極端に寒くても（保温性の高い服を纏うとともに独特の寒冷耐性を身につけることで）、途方もない距離を移動しなければならなくても（場所によっては犬ぞりを使うことで）、極北の地で繁栄することができたのだ。同様に、今から六〇〇〇年前、遊牧民は、暑くて乾燥した土地で暮らしていく方法を見つけた。家畜の群れを率いて（その肉を食べ、その乳を飲み、その皮を利用して）、季節ごとに移動しながら、暑さへの耐性を高める衣類や住居に頼って生活するようになった。同時に彼らは、他の人々が耐えられないような厳しい気候に馴化（じゅんか）していった。

こうした人々がかつて暮らしていた極端な気候の地域の多くは、現在、ほとんど無人状態か人口密度が極めて低い状態になっており、彼らはもはや、地球上に暮らす人々を代表してはいない。たとえば、今日、最も暑い地域に暮らす人々の数は、六〇〇〇年前よりも少なく[2]、そうした人々が世界人口に占める割合は、当時よりもはるかに小さくなっている。同様に、ツンドラ地域の一部は今日、六〇〇〇年前よりも人口がまばらだ。徐らは研究を通してこう結論づけた。一般には、現代のイノベーションがヒトのニッチを拡大したように思われているが、実際には、六〇〇〇年前に伝統的な暮らしを営んでいた人々が、すでにイノベーションによって居住可能にした領域を越えてまで、ヒトのニッチを拡大することはなかった、と。

だとすれば、困ったことになる。なぜなら、これから未来に向かって地球の気候はますます極端になっていくからだ。ほとんどの地域で気温が現在よりも上昇し、地域によって、ますます乾燥度が高まったり、降水量が増えたりする。よりいっそう極端な未来がわれわれを待ち受けていることを考えると、そもそもなぜ、極端な気候がヒト集団にとって厄介な問題になるのかを理解しておく必要がありそうだ。

今や、ほとんどの時間を温度管理された建物の中で過ごすようになっているのに、なぜ、気候がさらに極端になると、ヒトにマイナスの影響が及ぶのだろうか？　これは極めて重要な問いなのだが、生態学者からも人類学者からもそれほど注目されてこなかった。興味深いことに、最も研究が進んでいるのが経済学の分野だ。何年か前、ソロモン・シアンとその共同研究者および指導者を含めた、気候変動を扱う経済学者の小グループが、気候によって人間社会の二つの側面がどのような影響を受けるかを探る研究に着手した。二側面のうちの一つ目は、彼らの専門分野を考えれば当然ながら、各国の国内総生産（ＧＤＰ）だった。そして二つ目は、暴力だった。ではまず、暴力のほうから見ていこう。なぜなら、気候と暴力の関連性のほうが、気候とＧＤＰの関連性よりも直接的だからだ。

気候と暴力

シアンが大学院生だった頃、気候が経済に及ぼす影響というものは、彼の研究分野においてあまり重要視されていなかった。その理由の一つに、歴史的経緯があった。一九五〇年代から一九六〇年代にかけて、人類学界は、環境決定論と呼ばれる考え方に反旗を翻した。それから時を経ずして、経済学を含めた他の人文科学もこれに追随することになった。環境決定論とは、ヒト社会はアリ社会と同様に、自然環境の影響を強く受けるとする考え方である。

人文科学の学者たちが、人種差別や植民地主義を勢いづけることになる環境決定論に反発したのは、ある意味でもっともなことだった。しかし、シアンは、それでもやはりヒトは、生物界や物質界の影響を受けてそれに反応すると考えたのだ。彼自身の言によれば、研究者としてまだ駆け出しで、こうした歴史的経緯をよく知らなかったのだという。ただひたすら気候と経済と人間に興味があったがゆえに、コロンビア大学の大学院生のとき、これらに関する研究に乗り出した。

シアンの博士課程での研究は、サイクロンが経済に及ぼす影響に関する一連の論文として結実した。その後、ポスドク研究員としてプリンストン大学に移ると、気候変動と社会に関するさらに幅広い研究に着手した。そして、他に類を見ないほど広範囲を網羅したその研究を、まだプリンストンのポスドク研究員をしている間に『サイエンス』誌に発表した。[3] その論文は、共著者である経済学者のマーシャル・バークとエドワード・ミゲル（当時、二人ともカリフォルニア大学バークレー校に在籍）が述べているように、気候と人間社会について、知られている限り「初めて広範囲にわたって総合的に」調査したものだった。その知見はやがて統計的にまとめられ、その統計データが、人間社会を捉える際の拡大レンズとして機能することになる。従来の研究は、気温の変化と個々の社会の関係について考察はしても、そこに総合的な分析が加えられることはなかった。シアン、バーク、ミゲルは、こうした知見を組み合わせて全体像を捉えようとしたのである。

シアンらのアプローチは、徐馳（シューチイー）らのアプローチを補完するものでありながら、それとは全く別物だった。徐は、特定の時代の、さまざまな地点の気候と人口密度がどう関連しているかに注目したのに対し、シアンは、さまざまな時代の、特定の地点の気候と人間社会との関連性に注目した。シアン、バーク、ミゲルが明らかにしたのは、急激な気候変動に直面した場合、特に、大規模なヒト集団が形成されやすい気候が失われた場合には、人間社会は必ずと言っていいほど痛手を被るということだ。その痛手がとりわけ顕著なのは、気候変動によって、ヒトのニッチの限界を越えた極端な気候条件にさらされる地域のようで、その痛手には、時代や環境の違いを超えた共通の要素がある。暴力である。

一般に、ヒトのニッチ幅を越えて気候が変化するときには、特に気温が上昇する場合には（ごく稀に、低下する場合にも）、暴力行為が増加する傾向がある。気候が変化すると、人々が自分自身に危害を加える傾向が強まる。気温が上昇すると、自殺や自殺企図が増加する。気候が変化すると、人々が他者に危害を加える傾向も強まる。アメリカ合衆国では、気温の上昇とともに、ドメスティックバイオレンスもレイプも増加している。

個人の集団に対する暴力行為も、気温の上昇とともに増加する。たとえば、野球の試合で、投手が相手チームの選手に報復死球を投げる事件も、また、警察官が公衆に対して暴力を振るう事件も、気温の上昇とともに増加する。[4] さらに、ヒト集団の他集団に対する暴力行為もやはり増加する。シアンらが考察したさまざまな研究から明らかになったのは、インドにおける集団間抗争は気温の上昇とともに増加していること、また、東アフリカにおける集団間の政治紛争も、ブラジルにおける集団間暴力もやはり同様であることだ。このような事例は枚挙にいとまがない。そして何よりも重要なのは、古代マヤでも、アンコール王朝でも、中国の王朝でも、そして現代の都市や国家でも、気温が上昇すると、戦争や社会崩壊へとつながる暴力が増加したということだ。

シアンらの研究で確認された、気温や降水量の変化に伴う暴力の増加は、気候がヒトのニッチから外れたことによるものだった。気候条件がヒトの理想的ニッチから外れるほど、人々は苦難を経験するとともに、暴力的傾向を強めていくようだ。徐馳が作成したような、ヒトのニッチの限界が示された世界地図を思い描こう。その地図に気候変動を重ね合わせてみよう。シアンらの研究から、暴力が多発する可能性が高いのは、気候条件がすでにヒトのニッチの限界に近く、さらに悪化している地帯であることが示唆される。

そこで、私が徐にそのような地図を作成してはどうかともちかけたところ、さっそく応じてくれた。その地図を見ると、世界における暴力の、少なくとも集団間の暴力の多発地帯（ホットスポット）は、次のような二通りの気候条件の地域に偏在していることが明らかだった。一つは、気温が極端に高く、ますます高くなる傾向にある地域、そして、もう一つは、気温が高くて比較的乾燥しており、年によって農業生産に必要な降水量を下回る地域である。前者の気候条件の地域には、パキスタンの一部が含まれる。後者の気候条件の地域には、ミャンマー北部、インドとパキスタンの国境地帯、さらに、モザンビーク、ソマリア、エチオピア、スーダン、ニジェール、ナイジェリア、マリ、およびブルキナファソの一部が含まれ、どの地域でも暴力のうねりが発生している。

気候条件がヒトの理想的ニッチから外れるにつれ、特に気温が上昇するにつれて、シアンらの研究で確認されたような、そして今日世界中で起きているような暴力の促進要因となる事柄がいくつか生じてくる。気温が上昇すると、ヒトの脳内で肉体的苦痛が異様に強く感知され、その結果、意思決定能力、とりわけ衝動を抑える能力が損なわれるのではないかという仮説が立てられている。平均気温がそれほど高くなくても、最高気温が高ければ、気温上昇が意思決定能力に影響を及ぼす可能性がある。暑さという身体的ストレスが加わると、そうでない場合に比べて、合理的判断力が低下するのではないかという指摘もなされている。脳の原始的な部分の活動が高まって、恐怖や怒りや衝動を司る脳領域、つまりトカゲ脳が優位に立つようになるのだ。比較的涼しい地域でも、暑い日にはこうしたことが起きる可能性がある。暑い地域では、その可能性のある日がとても多い。

こんな実験がある。心理学者たちが赤信号になるまでクルマを走らせ、その後、信号が青に変わっても、そこでそのまま停止していた。後続車のドライバーが痺れを切らせてクラクションを鳴らすまで、どれだけ時間がかかるかを、それぞれ異なる環境条件下で調べようとしたのだ。気温が高いほど、クラクションが鳴らされる頻度が高かった。両者は比例関係にあり、車の窓が開いていてドライバーが外気温に直接さらされている場合には、その関係がいっそう顕著だった。気温が高いほど、クラクションを鳴らす頻度が高く、鳴らしている時間も長かった。この研究の論文著者たちは次のように述べている。「摂氏三七度を超えると、この実験の被験者の三四%が、青信号の時間全体の五〇%以上にわたって、クラクションを押していた。それに対し、摂氏三二度を下回る場合には、鳴らした被験者はいなかった」。これはアメリカ合衆国で行なわれた実験だが、銃撃された心理学者が一人もいなかったのは、まさに奇跡である。[5]

こんな研究もある。実験参加者のグループが一部屋に置き去りにされたのち、その部屋の温度が不快なレベルまで高められた。室温が上がるにつれて、涼しかったときよりも、参加者たちの口論の頻度が高くなっていった。この実験を何度繰り返しても、同様の結果になった。つまり、室温が上がるほど、口論が増え、攻撃性が高まっていったのだ。ある参加者が別の参加者をナイフで刺そうとしたケースもあった。別の研究から、少なくともある環境下では、気温が上昇するにつれて、認知的コントロール、つまり意識的な意思決定の能力が低下することも明らかになっている。[6]

財産に向けられた暴力とでも呼べるもの、つまり悪意からの財産の破壊についても同様の傾向が認められる。ストックホルム大学のイングヴィルド・アルマスは、ソロモン・シアンやエドワード・ミゲルを含めた大規模チームとともに次のような実験を行なった。アメリカのカリフォルニア州バークレーとケニアのナイロビの参加者たちに選好テストを行ない、さらに、人間行動の調査に用いられるオンラインのロールプレイングゲームにも参加してもらった。ロールプレイングゲームでは、個々の参加者に、公平に（または不公平に）振る舞う機会、協力し合う（または協力しない）機会、相手を信頼する（または信頼しない）機会が与えられた。さらに、「破壊の喜び」というゲームの改作版では、各プレーヤーに、相手プレーヤーの獲得物を破壊するという選択肢も与えられた。相手プレーヤーの獲得物を破壊しても、相手の損失になるだけで、行なった本人は何の得にもならない。こうした行為は、悪意が形になったものに他ならない。

アルマスらは、参加者一二人でプレーするセッションを一四四回行なった。どのセッションでも、参加者の半数には、比較的快適な室温、摂氏二二度でゲームをしてもらった。一方、残りの半数の参加者については、ゲーム室の温度を摂氏三〇度という、危険ではないが不快な温度にまで上げてプレーしてもらった。室温が上昇すると、公平な行動、協力行動、信頼に基づく行動をとろうとする傾向が低下するかどうか、また、悪意ある行動が増すかどうかを調べようとしたのである。

アルマスらの実験から、室温を上げた状態でプレーしているときの経済的意思決定と、快適な室温のときの意思決定とに、ほとんど違いは見られないことが明らかになった。室温はただそれだけでは、公平な行動、協力行動、信頼に基づく行動をとる傾向に影響を与えることはなかった。また、認知テストの評価にも影響しなかった。しかし、ナイロビでは（バークレーでは違ったが）、室温を上げた状態だと、他人の獲得物を悪意をもって破壊しようとする傾向が五〇％ほど高まった。つまり、室温が高くなると、財産に対する暴力が、少なくとも悪意ある仮想暴力が増すことがあるようだった。

この実験では、さらに重要なことも明らかになった。アルマスらがナイロビでこの実験を行なった時期はたまたま、多数派民族集団のキクユ族が選挙で勝利したことで、少数民族のルオ族が社会的に疎外されるようになって間もない時期だった。この社会的疎外がビデオゲームの結果に影響を及ぼしたのだ。疎外されている集団に属する人々は、ビデオゲーム中に他者の財産を破壊する傾向が高まった。ルオ族の人々を除いて検討すると、仮想財産を破壊する傾向に室温の影響は認められなくなった。要するに、室温が上がると、精神状態への影響や不快感が合わさって、財産に対する暴力が増加したが、ただしそれは、二つの集団間に権力格差や敵愾心が存在している場合に限られていた。(7)

気温が上昇すると暴力行為が増加してくる理由として、気温上昇の精神面への影響だけにとどまらない興味深い説明もある。それは、気温のロジスティクス面への影響を中心におく考え方だ。未来を先取りしているような社会でも、過酷な仕事の多くはやはり肉体労働によってなされている。体を使って果実を摘み、荷物を積み込み、豚や鶏を屠殺しているわけで、世界経済を動かしているのは依然として人間の肉体なのだ。世界全体の農業生産量の五〇％は小規模な土地所有者によるものなので、彼らはその作業のほとんどを屋外にて手作業で行なっている。全体として見た場合、労働力の供給源となる無数の手足を備えたこうした人体は、気温の影響をもろに受けることになる。経済学者は、一分間当たりの労働量を気温の関数として見ることによって、こうした影響を評価する。気温が、作業を行なうのに最も適した温度を超えると、一分間当たりの平均労働量が低下する。そして、提供される労働量が低下すると、その影響が社会全体に次々と及んでいく。世界経済も、地域社会も、それがうまく機能するかどうかは、人間の肉体と精神にかかっている。言い換えると、一人一人が、武器を取るのではなく、額の汗を拭って働き続けるかどうかにかかっているのだ。シアンらが論文中で述べているように、あるところまで来ると、「闘争に加わる価値」のほうが、「日常の経済活動に従事する価値」を上回ってしまう。

快適な温度のときには、何十億もの手足が、見えないところでせっせと日々の仕事をこなしている。ところが、気温が上昇するにつれて、その手足の動きは鈍っていき、限界まで来ると、もうそれ以上動かなくなってしまう。気温が人間の肉体労働に及ぼす影響は、貧しい国ほど大きく現れる傾向がある。なぜなら、貧しい国ほど、屋外で行なう仕事が多く、屋内の仕事でさえ、エアコンを利用せずに行なうことが多いからである。気温の上昇が、そのような労働をいっそう厳しいものにし、ある限界温度を超えると完全にストップしてしまうことは容易に想像できる。

気温は、もう一つ、「取り締まり」と呼ばれるものを通しても社会に影響を及ぼす可能性がある。この「取り締まり」に含まれるのは、制服を着た警察官の仕事と思われているものだけにとどまらない。社会のルールを守らせる役割を担う人々が、屋外で活動できるかどうかが問題になる。暑くなりすぎると、警察官は交通違反切符を切らなくなる。その結果、スピード違反が増加するのだと主張する者もいる。また、暑くなりすぎると、食品安全検査員が出てくる回数が少なくなる。気温が上昇して取り締まりが手薄になっているときに、財政基盤が弱まって政府資金が枯渇してくると、社会問題がどうしても山積みになりがちだ。取り締まりが緩むと、それまで食い止められていたあらゆる事柄が溢れ出してくるのである。

気温上昇やその他の気候変動がヒトのニッチを押し狭める要因として、最後に挙げられるのが、ヒトに対する直接の影響ではなく、ヒトが依存している生物種への影響である。第八章で取り上げるように、ヒトは何千もの生物種に依存しているが、その中でも、比較的少数の作物や家畜への依存度が特に高い。徐驰らの研究から明らかなように、ヒトのニッチは、ある程度、作物や家畜がよく育つ範囲に限られており、寒すぎたり、暑すぎたり、高温多湿すぎると、作物や家畜は育たない。もう一度、図5・1を見ると、現代のヒトのニッチと、現代の作物や家畜のニッチは、特に気温が高いところではとてもよく一致していることがわかる。年平均気温がおよそ摂氏二〇度を超えると、ほとんどの主要作物の収量が減少する。そして人口密度も低くなる。つまり、徐驰らが現代の人口分布パターンを検討するにあたって実際にマッピングしたのは、ヒトのニッチではなく、農耕民のニッチなのだ。現代の世界で高密度集団を維持できるのは、農業で生きる場合に限られるので、高密度居住のニッチと農耕民のニッチは、今日、本質的には同じなのだ。六〇〇〇年前にはそうではなかった。それは一つには、狩猟採集民や遊牧民の集団が低密度で暮らしながらも、相対的に地球上の人口の大きな割合を占めていたからである。

研究から明らかなように、気候変動によって作物や家畜に最も甚大な影響が生じるのはだいたい、気温の上昇と降水量の減少が同時に起こる地域だ（過剰な降雨で影響が生じることもあるが）。作物がやられてしまうと、食料不足が生じ、政情不安や暴力がさまざまな形で現れてくる。気候変動の影響を最も強く受けた地域内だけに、政情不安や暴力が集中する場合もあるし、気候変動に起因する不作が引き金となって、ヒトのニッチの周辺部で暴力的紛争が勃発し、それが国全体や周辺地域にまで波及する場合もある。

二〇一〇年、ロシアを襲った熱波により、ロシアの農業は大打撃を受け、それが世界的な食料価格の高騰を引き起こした。食料の価格が上がると、大量の移民が生じる可能性がある。農業の経済に支えられていた都市部に、移民が流入してくると、不作の影響が二倍に膨れ上がるおそれがある。食料難に苦しむ農村部の人々と、食料難に苦しむ都市部の人々が、都市部で出会うからである。こうした事態の連鎖は、即座に現れてくるものではないが、決してなおざりにはできない。気温上昇が農作物に打撃を与えると、農民の暮らしが立ち行かなくなって都市部に移住するはめになり、それが社会の不安定化を招くことになる。社会が不安定化すると、政権は転覆する。

ニッチと経済

もし、現代の（特に農耕に依存している）ヒトのニッチの範囲を定める気候条件について、徐(シュー)馳(チイー)らの考え方が正しいのであれば、また、そうしたニッチから外れた場合の影響について、ソロモン・シアン、マーシャル・バークおよびエドワード・ミゲルの考え方が正しいのであれば、年ごとの気温変化の影響は、世界の経済状況を評価するために毎年集計されている類(たぐい)のデータに現れてくることが予測される。たとえば、気温上昇の影響を各国のGDP（一年間に国内で生み出された物やサービスの付加価値の総額）に見て取ることができるはずだ。もし、徐やシアンが正しいのであれば、気温（またはその他の気候条件）がヒトのニッチの最適条件に近づくにつれて、その国のGDPは増加していくことが予想される。そして、気温がこの最適条件よりも高く（または低く）なるにつれて、暴力が増加するのと全く同じ理由で、GDPは減少していくはずだ。こうしたGDPの減少は、もしかしたら事前の警告サイン、やがて訪れる危険な事態の兆候かもしれない。

最近まで、それを調べてみた者は誰もいなかった。そこで、シアン、バーク、そしてミゲルは再び研究チームを結成して、必要なデータを収集した。そして、各国の年ごとの気温変化が、その国のGDPにどのように影響したかを調べた。その結果は、徐の出した結論とぴたり一致した。徐と同様に、シアンらは、摂氏一三度くらいが、経済的成果を挙げるのに最適な年平均気温であることを突きとめた。気温がヒトのニッチの最適条件を下回っている場合には、気温が上昇すると一貫してGDPが増加することも明らかになった。デンマークやスコットランドやカナダを考えると、平均よりも暖かい年は、屋外で作業できる時間が増すとともに、作物収量も増加する可能性がある。

逆に、年平均気温が、経済的成果を挙げるのに最適な気温と同じか、それを上回っている国では、気温が上昇すると一貫してGDPが減少する。アメリカ合衆国やインドや中国では、気温が上昇すると、どんな場合でもGDPは減少する。GDPが減少するのは、農作物が不作になり、暑すぎて屋外で作業できなくなり、また脳の活動に混乱が生じて、直接的または間接的に暴力が発生するからである。

こうした結果を見ると当然、ある問いが生じる。ヒトは、時間さえ与えられれば、新たな行動様式や、文化的習慣、あるいは技術を通じて、それに適応できるのではないだろうか？　気温上昇に伴うGDPの減少は、あくまでも慣れない環境のショックにすぎず、それに合わせて労働時間を変更したり、新技術を導入したりできれば、そうした国々の生産性は回復するのではないか？

シアンらは二通りの方法でこの点について検討した。まず、各国のGDPの反応を、一九六〇年から一九八九年までの間と、一九九〇年から二〇一〇年までの間とで比較した。彼らはこう考えたのだ。地球の気温は一九六〇年から上昇を続けているので（実際にはもっと前からだが）、初めの二九年間の温暖化によって新たな（より温暖な）気候条件に適応しており、したがって、その後の二〇年間には、経済に最適な気温を上回る温暖化のマイナス効果は、それほど顕著ではないはずである、と。しかし実際には、そのような適応を示す証拠は認められなかった。ヒトの最適温度を上回る温暖化は、一九九〇年から二〇一〇年までの間も、一九六〇年から一九八九年までと同じだけのマイナス効果をもたらしていた。しかし、だからと言って、ヒトが適応力を身につけるのは無理だというわけではない。温暖化に適応するための時間が二〇年あっても適応できなかった、ということにすぎない(8)。

適応についての問いに取り組むもう一つの方法は、各国の相対的な富裕度を比較してみることだ。物質的に裕福な国々は、その財力によって気候変動の影響を緩和することができるのではないかと考えられるからである。少なくとも、裕福な国々では屋内で行なわれる仕事が多いので、人体が気温の影響を直接受けるケースが相対的に少ないことは確かだ。また、裕福な国々はテクノロジーを駆使することもできるだろう。たとえば、極度の高温と降水量の減少による渇水の影響を、脱塩プラントを使って緩和することもできるだろう。しかし実際に調べてみると、富裕度とGDP減少率との間には何の相関関係も認められなかった。貧困な国々と同じく、裕福な国々も影響を被っていた。

以上の結果を総括すると、ストーリーは驚くほどシンプルだ。ヒトにとっての最適温度を超えた気温上昇は、暴力の増加やGDPの減少につながる。そして、徐の研究に再び戻ると、そのような気温上昇は、大規模な集団を維持できる可能性を低下させる。

ニッチから外れて暮らす未来

現在、高密度のヒト集団を維持できている気候条件の範囲がわかれば、将来、そのニッチがどこに移動するか、どうすれば、高密度で繁栄するのに必要な条件を備えた場所に収まれるかを検討することがきる。つまり、生態学者が鳥類や植物について行なったのと同じように、ヒトがいずれ移動することになる道筋をたどることができるのだ。徐馳(シューチィー)らが検討した結果、人類の繁栄や生存に適した場所は、今後だんだんと狭まっていき、北半球ではそれが北へと移動すること、南半球ではもう少し複雑に変化することが明らかになった。特に好適な場所は、北アメリカ大陸ではカナダへと、ヨーロッパやアジア大陸ではロシア北部へと移動する。

一方、アフリカ大陸北部のサハラ砂漠以南の地域、アマゾン盆地全域、そして熱帯アジアのおよそ半分は、RCP4・5(温室効果ガスの排出量を劇的に減らすシナリオ。第四章で紹介)のもとでも、二〇八〇年にはヒトのニッチの最適条件から大きくはずれ、RCP8・5（成り行きシナリオ）のもとでは、二〇八〇年にはそもそもヒトのニッチではなくなってしまう。困ったことに、ヒト集団が今後数十年間に最も急速に成長拡大すると予想されるのは、まさにこの地域なのだ。ということは、二〇八〇年には多くの人々が、ヒトのニッチから外れた地域で生活するはめになることが予想される。温室効果ガスの排出量を抑えるための世界的な取り組みについて、現在、多くの人々がRCP4・5を最良のシナリオと見なしているが、そのRCP4・5のもとでも、今から六〇年後には、一五億人がヒトのニッチの外で生活することになるのだ。成り行きシナリオであるRCP8・5の場合、今から六〇年後には、三五億人がヒトのニッチの外で生活することになる。

保全生物学者たちはこれまで、気候変動を踏まえて、新たな故郷（ホーム）を求めて移動を余儀なくされる生物種をいかにして助けるかをいろいろ模索してきた。コリドーを作るとともに、できるだけ多くの生息地を保全するという取り組みは、完璧ではないものの、かなり弾みがついており、今後、何千種もの、いや何十万種もの生物を助けることになるだろう。

われわれは、何億人もの、いや何十億人もの人々が新たな故郷（ホーム）を見つけるのを助ける方法を探さねばならない。それには、移動を余儀なくされる多数の人々だけでなく、地理学的な側面をもよく理解した、地球規模の大胆なプランが必要だ。

これまで、気候変動の原因となる温室効果ガスを発生させてきたのはほとんど、アメリカ合衆国やヨーロッパの人々や産業だった。にもかかわらず、温室効果ガスが気候変動やひいては人々に及ぼす影響を、不相応に大きく受けることになるのは、農耕ニッチの限界近くに暮らしている人々、つまり温室効果ガスの発生にほとんど関与してこなかった人々なのだ。人類が直面している危機を生み出した国々にこそ、何百万という世帯のホーミング(第三章参照)を援助し、その生存と成功のためのコリドーを築く責任がある。

ところで、もう一つ有望な場所が、農耕民のニッチからは程遠いように思える地域に存在する。もう一度、図5・1を眺めると、主要なヒトのニッチは非常に狭く、六〇〇〇年前に最もよく利用されていた気温や降水量の範囲とほとんど同じだが、現代のヒトのニッチにはもう一つ別の気候条件の場所が加わっていることに気づくだろう。それは極めて高温多湿の場所だ。徐驰らは論文の中で、この場所は熱帯インドのモンスーン地域とほぼ一致すると述べている。徐驰らは、この地域でのヒトのニッチ拡大の理由を説明しようとはしてはいないが、一つ考えられるのは、インド人は人体への高温の影響に対処する文化的手法を見出し、さらに生産物への高温の影響に対処する農業手法も見出してきたのではないかということだ。徐らは研究の中で、インドの気候条件は以前にも増して高温多湿になったが、それに伴って、インドの作物や家畜の気候的ニッチも同様に変化したことを明らかにしている。これは希望を与えてくれる研究結果だ。このような事例は、古代のヒトのニッチから外れた気候条件下で暮らす術(すべ)を見出した地域をすべて早急に探し出して、そのような地域から学んで応用する必要があることをほのめかしている。ヒトのニッチを広げることができれば、それだけ、未来に降りかかる災難は軽くなる。

将来、今日のインドのような気候になる地域にとって、インドは何らかの答えを与えてくれるかもしれないが、インド自体の気温が上昇し、人類がいまだかつて経験したことのない気候条件にさらされると予想されていることも忘れてはなるまい。それはインドだけにとどまらない。二〇八〇年には、地球上に生きる人々の多くが、現在のインドの最も暑い地域よりも、さらに高温の気候条件下で暮らすようになることが予想されている。成り行きシナリオのもとではいざ知らず、最も楽観的なシナリオのもとでもそうなのだ。[9]

第六章
カラスの知能

認知的緩衝の法則と気候

今後起きてくると予想される平均気温の変化は、それ自体で、人々や、文化、国家、そして何百万種もの野生生物に甚大な被害を与えるだけの力をもっている。人類の所業と無為がもたらす耐えがたい酷暑に世界中が苦しむことになるだろう。しかし悪いことに、今後起きてくるのは、このような平均気温の変化だけではない。それに加えて、降水量や気温のばらつき度合いが、年を追うごとに増していくことが予想されるのだ。[1]「ばらつき」と言うと、何か漠然としていて無害なように聞こえる。だが、決してそんなことはない。むしろ、これこそが、自然界の最大級の脅威、本質的な脅威なのである。ばらつき、つまり変動性は、恐れの対象とすべきものなのだ。変動性にどう対処していくのか、よくよく対策を練る必要がある。

ヒト以外の野生の動物種の多くは、平均的な気候条件の変化には対応することができる。コリドー伝いに、あるいは空を飛んで棲みやすい場所まで移動して、新たな故郷（ホーム）を見つければいい。また、科学者たちは、最近の平均的気候条件の変化に対して、生物種が迅速な進化で対応した例をいくつか記録している。たとえば、米国オハイオ州クリーヴランドの高温地域に生息するアリは、農村部に生息する仲間よりも高い高温耐性を進化させていることが明らかになった[2]。自然選択の作用によって、高温に対処できないアリの系統が不利になったのだ。生物種が新たな気候条件に対処するのに、自然選択が手を貸すことがある。これまで何十億年もの間、そのようにして種が一つずつ誕生したり、消滅したりしてきたのだ。

しかし、高温耐性のような属性を、環境に応じて迅速に変化させることがその生物種の役に立つのは、ある年に初めて遭遇した気候条件をもとに、翌年の条件を予測できる場合に限られる。たとえば、年を追うごとに気温が上昇していく場合には、適応的な進化が役に立つ。しかし、将来の気候条件が変動する場合には、つまり、暖かくなったり、ひどく寒くなったり、かと思うとまた暖かくなったりと気候が不安定な場合には、それほど役に立たない。

多くの地域にすでに現れているのは後者のパターンであって、長期的な温暖化傾向が続く中で、ときおり異常なまでの極端な気候に見舞われることがある。テキサス州の一部地域では、記録的な寒波に続いて、「未曾有の」猛暑に襲われ、干魃（かんばつ）や火災が相次いだ。オーストラリアでは、記録的な干魃に見舞われたあと、今度は豪雨によって都市部に浸水被害が発生した。将来は、このようなばらつきが当たり前になり、振れ幅もますます大きくなっていくだろう。

気候条件の変動に適応しようとする生物種にとっての問題は、ある年とその翌年とで、別々の両極端に追い込まれることなのである。

こんな例がある。ガラパゴス諸島のダプネ・マヨール島では、一九八二年、エルニーニョ現象に起因する長雨のせいで、ダーウィンフィンチ類の何種かが食べている、大きな種子をつける植物がほとんど見られなくなった。その年は、中型のガラパゴスフィンチ（*Geospiza fortis*）のうち、嘴の小さな個体のほうが、嘴の大きな個体よりも繁殖力が旺盛だった。[3] その結果、翌年の一九八三年には、嘴の小さなフィンチが多くなった。環境に適応して変化したのである。その後も、大きな種子をつける植物が減り続けたので、嘴の小さなフィンチが増え続けていった。

しかし、もし、一九八四年にエルニーニョ現象が終息した時点で、大きな種子をつける植物が増加に転じていたならば、まるで異なるストーリー展開になっていただろう。嘴の小さくなったフィンチは、新たな環境にそぐわない嘴を装備してしまったことになる。むしろ嘴の大きなフィンチのほうが有利になったはずだ。こうして自然選択の作用を受けて、長期にわたって右往左往させられていると、生物種はやがて、押したり引いたりの繰り返しに耐えられなくなっていく。不利な条件の翌年に、また「別の」条件への対応を迫られていくうちに、最終的に、環境に適応するのではなく、絶滅に至ってしまうのだ。

では、環境条件の変わりやすさを考えると、どんな適応の仕方が可能なのだろう？　そのような適応が可能なのは、どんな生物種なのだろう？　変わりやすさそれ自体がニッチの要素となっているのは、どんな生物種なのだろう？　そして重要なこととして、われわれ人類もそのような生物種になれるのだろうか？

動物についてのある法則が、こうした問いに対する答えを与えてくれる。それは、認知的緩衝の法則である。大きな脳をもつ動物はその知能を用いて、餌が不足する時期にも餌を見つけ、寒い時期にも暖を取り、暑い時期にも日差しを避けるように工夫することができる、というのがその基本的な考え方だ。大きな脳で、環境条件の衝撃を和らげるのである。

ちょっと聞くと、この法則は、われわれにとって嬉しい話のように思われる。ヒトは、体に比して極めて大きな脳をもっている。疲れてくると、その重さで傾いてしまうほど大きい。しかも、その大きな脳は、一つには、変わりやすい気候に対処しやすいよう進化したと考えられている。しかし、ヒトの大きな脳が将来役に立ってくれるかどうかは、それをどう用いるかにかかっている。つまり、われわれやその制度が、カラスに似ているか、それともハマヒメドリに似ているかで決まるのだ。

カラスとハマヒメドリについて説明するにはまず、鳥が日々の困難に立ち向かうためにその脳を利用する、二通りの方法を紹介する必要がある。

鳥類種のなかには、自らの行動を変更し、それによって新たな問題や環境条件に対する新たな解決策を生み出すのに欠かせない知能を備えている鳥がいる。このような創意に富む知能を、発明的知能と呼ぶことにしよう。発明的知能を備えた鳥は、新たな難局を切り抜ける方法を考案して、それを繰り返し用いるようになる。

発明的知能は、鳥が餌を蓄えた場所を記憶しておき、必要に応じてそれを利用するのを助ける。発明的知能は、鳥が餌をとるための新たな方法を考案するのも助ける。カレドニアガラスは、さまざまな種類の道具を用いて、普通ならば届くはずのない餌を獲得する。しかも、道具を自分でこしらえることまでやってのける。実験室において、ベティという名のカレドニアガラスは、まっすぐな針金では届かない餌を提示されると、その針金の先を曲げてフック状にした道具を使用した。野生状態では、それぞれ異なるカレドニアガラスの集団が、それぞれ異なる道具を使ってさまざまなことをやっている。[4] カラスは学習もし、発明もするのである。ジョン・マーズラフとトニー・エンジェルが、魅力溢れる著書『世界一賢い鳥、カラスの科学』[5]（河出書房新社）で述べているように、発明的知能をもつ鳥は、どんなに賢いイヌも、どんなに賢い幼児も思いつかないような方法を考え出す。そして、経験したことのない状況に全く新たな行動で対応する。進化生物学者のエルンスト・マイヤーが太古の人類について述べている言葉を借りると、そのような鳥は、非特殊化に特化している。つまり、時と場所に応じてやり方を変えるのを得意としているのである。[6]

しかし、鳥が日々の困難を切り抜ける手段は、発明的知能だけとは限らない。特殊化されたノウハウを身につけている鳥もいる。限られた一連の課題を非常に上手くこなすノウハウである。作家のアニー・ディラードが述べているように、そのような鳥は「必要な一つ事をがっちり摑んで手放さない」[7]。ハトは、ねぐらから数千キロ離れたところからでも家路を見つける。ハゲタカは、何キロも離れたところからでも動物の死骸を見つける。ウズラは、危険を察知すると、びっくりしたように一斉に飛び立つ。ウは、どのタイミングで、どうやって濃藍色の羽を乾かすべきかを知っている。以上に挙げたようなノウハウは、創意に富むものではない。脳は関与すらしていない場合が多い。むしろ、全身に張りめぐらされていて、不随意運動をつかさどる、脳の最も古い部分につながっている神経系が関与している。したがって、このタイプのノウハウは不随意的ノウハウ、あるい

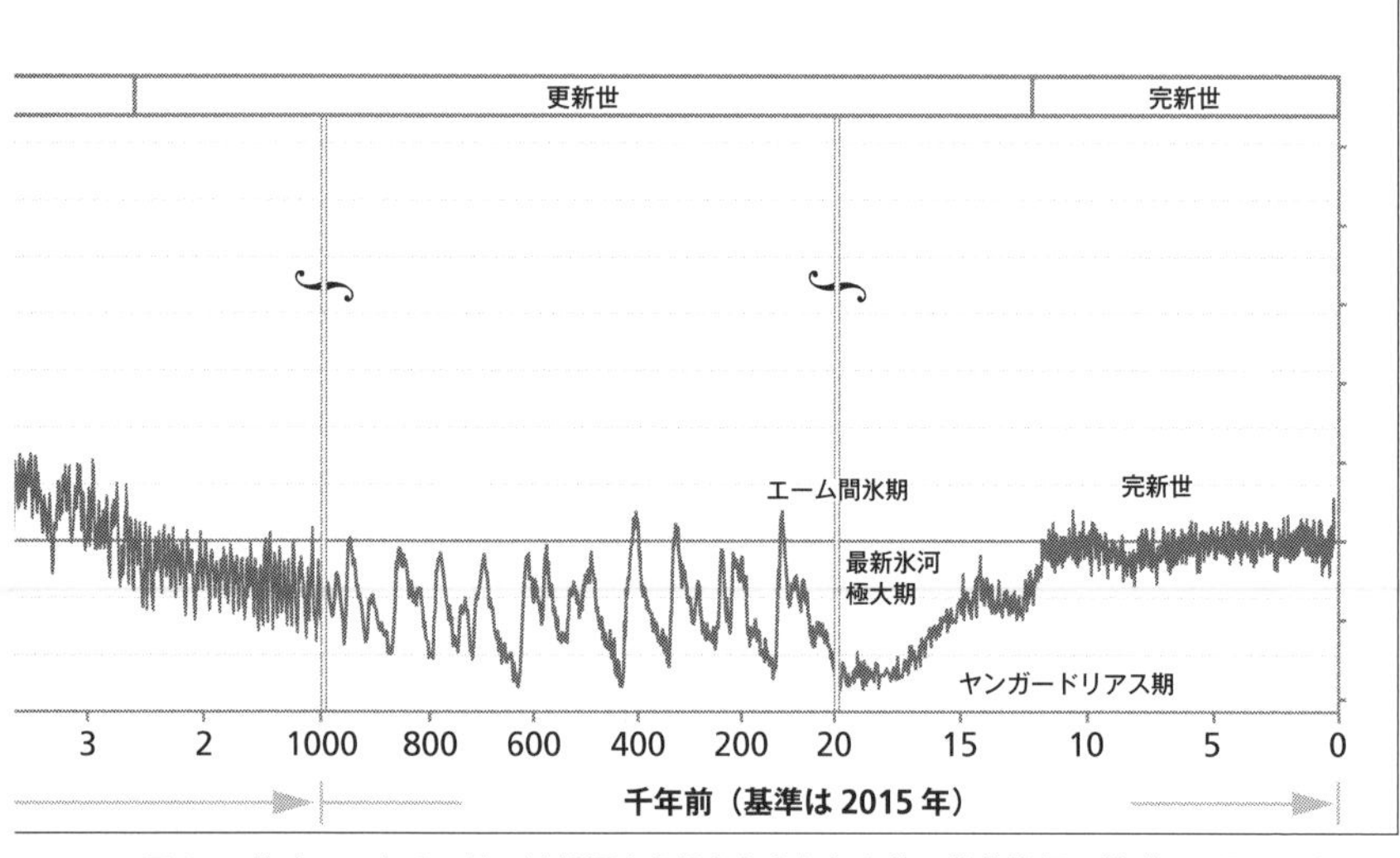

図6.1　氷床コアやその他の情報源から得られた気候条件の代替指標に基づいて再現した気候変動の歴史。地球はその歴史の中で、何度も気候変動を繰り返してきた。しかし、現在起きている変化は、三つの点でこれまでとは異なる。まず第一は、そのスピードだ。現在進行中の温暖化は、過去数百万年間に起きたどの温暖化よりも急速に進んでいる。第二は、その規模である。来世紀まで続くと予想されるような温暖化が起きたのは始新世のことで、今から4000万年以上前にまでさかのぼる。第三に、農耕が始まって以降、人類が経験してきた気候は、図の右端のほうに示されているように、並外れて安定していた。人類の文化や制度は、このような安定した環境下で築き上げられてきたのだ。しかし、未来の気候を特徴づけるのは、安定性ではなくて、むしろ季節ごと、数年ごと、あるいは数十年ごとの変動性である。この図は、Lisiecki, Lorraine E., and Maureen E. Raymo, “A Pliocene-Pleistocene Stack of 57 Globally Distributed Benthic d18O Records,” *Paleoceanography* 20 (January 2005): PA1003 のデータに基づいて、ロバート・ロードが作成した図をニール・マコイが改変したもの。

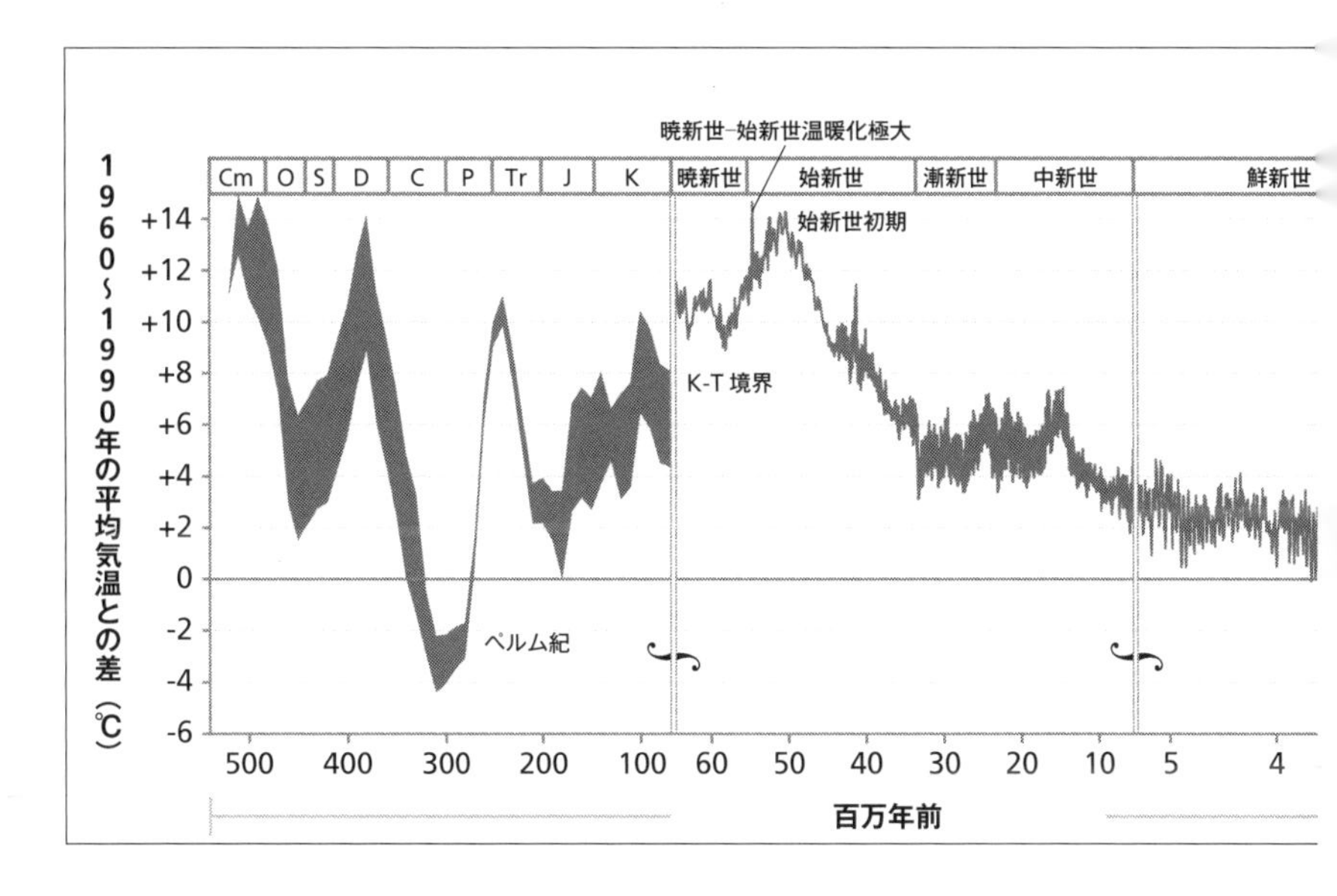
暁新世–始新世温暖化極大
Cm
O
S
D
C
P
Tr
J
K
暁新世
始新世
漸新世
中新世
鮮新世
始新世初期
K-T 境界
ペルム紀
1960~1990年の平均気温との差（℃）
+14
+12
+10
+8
+6
+4
+2
0
-2
-4
-6
500
400
300
200
100
60
50
40
30
20
10
5
4
百万年前

は自律的ノウハウと呼ぶことができよう。

すぐれた自律的ノウハウをもつ鳥類種の一つが、ハマヒメドリだった。ハマヒメドリは、フロリダ州のメリット島周辺の湿地や、その近くを流れるセントジョンズ川沿いに生息していた。何千年も前からずっと、湿地に生える草の茎を利用して巣をつくり、草の茎に生息する昆虫を餌にしていた。ハマヒメドリは、どこで生きていくかを見極めるためのノウハウはもっていたが、しかし、自らの生活様式に完璧に合うメリット島やその周辺、およびセントジョンズ川沿いだけを飛び回って、そこで餌を捕り、交尾し、命をつないでいくという行動傾向をもっていた。それ以外の場所で暮らしたことはなかった。一言で言うと、彼らは、ハマヒメドリらしく暮らすという、ただ一つの事柄をほぼ完璧にこなすのに不可欠なノウハウをもっていたのだ。この点では、何千種もの鳥類がハマヒメドリと同様だ。

変化しやすい未来の環境下では、発明的知能を備えた鳥類が繁栄することが予測される。特殊化された自律的ノウハウをもつ鳥類は、逆に、痛手を負うことが予測される。もっと具体的に言うと、失われていく生活様式を手放せずにいる結果に苦しむことになる。本章の内容をやや先走ってお話しすると、発明的知能をもつ人類の制度や社会が繁栄する一方で、特殊化されたノウハウをもつ制度や社会は苦しむことになると考えても飛躍しすぎとは言えまい。いずれ人類の話に戻ってくるが、今のところは鳥類に限った話を続けよう。

驚いたことに、少なくとも鳥類に関しては、発明的知能についての科学者たちの意見がほぼ一致している。体の大きさの割に脳が大きい鳥ほど、いろいろと創意工夫を凝らすのだ。スペイン、カタルーニャ州の生態研究・森林応用センターの研究員、ダニエル・ソルは、鳥類の思考に関する研究分野の第一線に立つ学者だ。これまで二〇年にわたって、鳥類の知能の研究に携わってきた。二〇〇五年、ソルは、脳の大きい鳥は概して、新たな摂餌行動をとる可能性が高いことを証明した。食べ慣れた餌を新たな方法で食べてみる場合もあれば、食べたことのない餌を初めて試してみる場合もある。[8] もちろん、例外もある。脳の大きな鳥のなかにも、それほど柔軟性のない鳥もいるし、逆に、脳の小さな鳥のなかにも、創意に富んだ方法を見つけ出す鳥がいる。しかし大まかに言うと、こうした傾向が見てとれるのだ。

　脳の大きな鳥には、カラスのほかに、ワタリガラスやカケスその他のカラス科の種や、オウム、サイチョウ、フクロウ、キツツキなどが含まれる。そして当然ながら、それぞれの鳥類グループの中にも、脳の大きい種と小さい種がいる。イエスズメは、他のスズメ科の鳥よりもはるかに脳が大きい。

　鳥類種のうちで、こうした極めて大きな脳をもつグループは、羽をつけた類人猿と呼ばれたりもする。これには、それなりの理由がある。ヒトの脳の重さは平均で、体重のおよそ一・九％を占めている。ワタリガラスの脳は、マーズラフとエンジェルの報告によると、体重の一・四％であり、ヒトよりやや小さいものの、ややでしかない。一方、カレドニアカラスの脳は、体重の二・七％を占めている。哺乳類の脳と鳥類の脳にはそもそも大きな違いがあるので、こうした比較はあまり真に受けないほうがいい。とはいえ、カラスは、「羽をつけた類人猿」さながらに、かなり頭がいい。逆に、類人猿を「羽のないカラス」と呼んでも、それほど的外れではなさそうだ。

自律的ノウハウをもつ鳥類のほうが、種類が多く多様性に富んでいる。これは、特殊化に向けた道筋がいろいろ多数あることを反映するものだ。しかし、特殊化の方向以外で、こうした鳥類に共通しているのは、どれもだいたい体の大きさの割に脳が小さいということだ。

発明的知能に富んでいるのはどの鳥かについて、右記のように仮の合意形成をしておこう。そうすれば、環境条件の変わりやすさ、特に年ごと・季節ごとの気候の変わりやすさに対処する上で、発明的知能が役立つかどうかを、多くの鳥類種について検討することが可能になる。また、気候が変わりやすい地域やバイオームでは、鳥類が発明的知能を進化させる傾向が強いかどうかを検証することも可能になる。さらに、環境が変わりやすくなったヒトのバイオームに、創意に富む鳥類が移動してくる傾向があるかどうかを検証することも可能になる。なかなか合意に至らないケースもあるようだが、大筋での合意は得られている。

予測不能な変化を生き抜く鳥を予測する

認知的緩衝の法則を明らかにする最近の研究のいくつかを率いたのが、私の友人で共同研究者でもあるカルロス・ボテロだ。私はカルロスから聞いて初めてこの法則について知った。

カルロスは、障害につまずきつつも、鳥たちを見上げながらコロンビアの地で育った。鳥たちに導かれるようにして、ニューヨークのコーネル大学へ、さらにミズーリ州セントルイスのワシントン大学へと進み、現在そこで助教をしている。カルロスは、鳥類の行動に興味をもち、まず初めに、オスのフナシマネツグミの歌う能力に注目した。そして、フナシマネツグミは、変わりやすい環境におかれるほど、創意に富む精妙な歌を生み出すことを発見した。フナシマネツグミの歌に関する研究を出発点として、カルロスは、鳥類の脳や鳥類の知能にまで関心の範囲を広げ、さらに、変化しやすい未来の環境下で繁栄する可能性が高いのはどの鳥類種か、という問いに取り組むようになっていった。

カルロスは友人や同僚と共に、鳥類が直面する何種類かの環境変動について研究してきた。その一つは、一年のうちでの気温と降水量の変化、つまり季節変化に関連するものだ。こうした変化は（毎年起こるので）予測可能だが、それでもやはりやっかいな課題である。カルロスらは、季節変化への対処を余儀なくされる地域の鳥類ほど、脳が大きいということを発見した。異なるグループの鳥類を比較すると——たとえば、ワタリガラス、アメリカガラス、カササギのようなカラス科の鳥と、フラミンゴ科の鳥を比較すると——こうした傾向が見てとれる。特定のグループの鳥類の中でも——たとえばフクロウ類の中でも——季節変化がある場合には、脳の大きな種のほうが有利になる。フクロウ科に属する種の中でも、季節変化のある環境に生息している種は、特に脳が大きい[9]。その大きい脳が、餌の乏しい環境の中で餌を見つけるのを助けるのだ。オウム科に属する種の間で比較しても、やはり同じ傾向が見られることを、別の研究者たちが明らかにしている[10]。

このような傾向は、同種個体間で比較した場合にも見てとれる。タルサ大学のジジ・ワグノンとチャールズ・ブラウンによる最近の研究で、強烈な寒波に見舞われた場合、脳の小さなサンショクツバメは、脳の大きなサンショクツバメよりも死亡しやすいことが明らかになった[11]。

季節変化のある環境に生息していても、渡りを行なうがゆえに、季節変化の影響を免れている鳥類は、脳が大きくないというだけではなく、むしろ、格段に脳が小さい。その分がすべて、羽になっているのである。[12]

脇道に逸れるがちょっと補足しておくと、カルロス・ボテロと共同研究者のトレバー・フリスト、ダニエル・ソルなど何人かの研究者たちは、季節変化にうまく対処しているのは、脳の大きな鳥だけに限らないことを明らかにした。脳の小さな鳥類種のうちで、直面する変動のタイプにうまく合った生活様式をもっている種もやはり、季節変化に対処できる。[13] たとえば、冬をどう乗り切るかが課題の場合、脳が極めて小さな鳥類種——クルミ大どころかピーナッツ大、またはピーナッツの半分ほどしかない鳥——であっても、たまたま体が非常に大きくて、餌を発酵させて貯めておく大きな腸を持っていれば問題ない。変動性がもたらす具体的な問題への対応に必要とされる特殊なノウハウをもっていればいい。したがって、たとえば夏は暖かく冬は寒い極北の地では、カラス類やフクロウ類が繁栄するが、カルロスが指摘するように、穀類や松葉や植物の根や茎を食べる、脳の小さなライチョウ類やキジ類もやはり繁栄する。

ここまで季節の移り変わりによる変動を見てきたが、こうした変動は、ある意味で、対処しやすいタイプの変動だと言える。初雪、春雨、そして夏の暑さと、季節が変わるたびに生態系が衝撃を受けるとしても、それは予想された衝撃だ。春、夏、秋、冬、春、夏、秋、冬と、同じように繰り返されていく。

一方、それとは異なるタイプの変動もある。季節の移り変わりによる変動ではなく、年ごとの差による変動である。こうしたタイプの変動はなかなか対処しにくい。一定のパターンが存在しないからだ。来年が雨の降らない一年になろうとは、鳥には予想できない。しかし、今後、増大していくと思われるのが、まさにこうした予測不能な変動性、年によって気温や降水量がどう変化するかわからない変動性なのである。季節変化のある地域と同様に、気候条件が年ごとに変化する地域でもやはり、発明的知能をもつ鳥類がたいていい有利になる。

発明的知能は、通常の餌が乏しくなっても何かしら餌を見つける知恵を与えることで鳥を助けている可能性が高い。鳥がさまざまな種類の餌を食べて生き延びるのを助けるのである。鳥の発明的知能がどれほど有用なものか、私が最近観察しているカラスたちの例で考えてみたい。

私は毎年、ある期間、コペンハーゲン大学で研究活動を行なっている。前回コペンハーゲンに滞在していたとき、バイクで通勤する途中に、よくズキンガラスの群れを見かけた。市街地を抜け、海岸に沿って北へと向かう道路わきの浜辺に、アメリカガラスの近縁種であるズキンガラスが集まっていたのだ。私は毎日、この同じ群れのそばを通りかかった。おかげで、カラスたちが何を食べているかをチェックすることができた。夏の間は、人間の食べ残しを食べていた。ライ麦パンのかけらやフライドポテト、そしてポテトチップス（デンマークの代表的ビール、カールスバーグのお供）などだ。ところが、八月になり気温が下がってくると、浜辺にやって来る人はまばらになり、漁れるゴミも少なくなった。するとカラスたちは、すぐそばの木になっているクルミを食べるようになった。クルミの実を何度も繰り返しコンクリート舗装の歩道に落としては外皮を割り、それをまた何度も歩道に落としては殻を割る姿を一日中見かけた。クルミがなくなってしまうと、今度はリンゴを落とすようになった。リンゴがなくなってしまうと、二枚貝のイガイを落とすようになった。つい最近、バイクで通りかかったときには、カタツムリを落としているのを見かけた。

手つかずの自然など見かけることのない都市周辺部に暮らしながら、カラスたちは生きていくためにあれこれと工夫していた。これぞまさに、ダニエル・ソルが大きな脳との関連性を明らかにしたタイプの工夫であった。その都市の月ごとの変動に対処し、さらに年ごとの変動にも対処することができるように、カラスたちはその大きな脳を使って新たな餌を見つけ、選び、利用しているようだった。カラスを気長に観察していれば、誰でも、その創意に富む餌の食べ方を目にすることができる。

それは、カラスだけにとどまらない。イギリスのある区域に生息するアオガラたちは、ポーチに放置されている牛乳瓶のアルミキャップを嘴でつついて穴を開け、その中のクリームを食べることを覚えたと報告されている。ジョナサン・ワイナーは『フィンチの嘴――ガラパゴスで起きている種の変貌』（ハヤカワ・ノンフィクション文庫）の中で、こうしたやり方は、一度発明されると、鳥から鳥へ、ポーチからポーチへと伝わり、その区域全体に広まっていくと述べている。[14] 他の鳥だったら苦労するはずの時期であっても、創意に富むアオガラたちは、命の糧となるクリームで生きていた。

しかし、季節ごとに異なる餌を食べ、新たな餌をとるために新たな手段を発明するというのは、発明的知能を備えた鳥類が変動性に対処する方法の一部でしかない。彼らは餌の貯蔵も行なうのだ。たとえば、ハイイロホシガラスは、ピニオンパイン〔マツ科の植物〕の実を土に埋めて貯蔵する。ハイイロホシガラスは、その大きな脳を使って、自分がそれぞれの実をどこに埋めたかを正確に記憶することができる。その脳のおかげで、いつ松の実を貯えるべきかがわかる。その脳のおかげで、どこに松の実を貯えるべきかかがわかる。その脳のおかげで、貯えておいた松の実をどこから掘り出せばいいかがわかる。ハイイロホシガラスは、埋めてから一〇か月が経過してもなお、何千にも及ぶ個々の実の位置を思い出すことができる。

埋めた場所を記憶しておくのに必要なのは、本当に発明的知能なのか、むしろ特殊なノウハウではないのか、と主張する方もおられよう。しかし、こうした知能の明らかに創意に富んだ部分は、いつ松の実を取り出すかを見極めるとともに、どの実を先に取り出して、どれを残しておくかを判断する能力にある。鳥は、単に餌を貯蔵するだけでなく、その周到な配分も行なう。たとえば、アメリカカケスは、マーズラフとエンジェルが指摘しているように、「腐りにくい種子よりも、腐りやすい蠕虫のほうを先に取り出す[15]」。つまり、一種の「賞味期限」ラベルのようなものをつけているのだ。発明的知能をもつ鳥の能力は、それだけにとどまらない。マーズラフとエンジェルは、ワタリガラスもアメリカカケスも、こそ泥をしそうな他の鳥が、餌を隠した場所を見ているのに気づいたら、いったん埋めた餌を別の場所に隠し直すと述べている。

知能の緩衝効果についてのこうした考え方が正しいとすれば、もっと別のことまで予測が可能だ。つまり、変化しやすい環境条件下で多様な解決策を見出す能力が、鳥の生存を助けるのだとしたら、脳の大きな鳥類種は、脳の小さな鳥類種に比べて、気候が変動しても年ごとの個体数の増減が少ないはずである。カルロス・ボテロは、トレバー・フリストとともに、その通りであることを明らかにした。脳の小さな鳥類種は、環境の良好な年には大量に増殖するが、環境の厳しい年には、個体数ががくんと減る。それに対し、脳の大きな鳥類種の集団は個体数が安定している——緩衝作用が働いているのである。[16]

脳の大きな鳥類種は、人間のせいで気候が変わりやすくなった場合でも繁栄する可能性が高いとも予測されよう。実際、その通りだ。[17] また、脳の大きな鳥類種は、人間の周囲で、つまり区域によっても時間帯によっても環境条件が異なる都市部で繁栄する可能性が高いとも予測されよう。進化生物学者のフェラン・サヨルは、指導教員のダニエル・ソル、および別の指導者アレックス・ピゴットとの共同研究でその通りであることを明らかにした。[18]

都市部で繁栄するグループはまだ他にもある。それは、頻回の繁殖という、独特の方向に特殊化を進めた、脳の小さな鳥類種である。繁殖回数の多い種はたいてい、多数のヒナを育て、そのうちの何羽かは適時に適所で生き延びてくれることに「望み」をかけて、都市部で暮らしている。

都市部に生息する脳の大きな鳥と言えば、まずカラス科の鳥が挙げられる。コペンハーゲンのズキンガラス。ガーナの首都、アクラのムナジロガラス。シンガポールのハシブトガラス。ノースカロライナ州ローリーのウオガラス。詩人のメアリー・オリバーが述べているように、「道路の端っこで生気のないものをつっつく」彼らは、都市の生物界の「深部筋（ディープマッスル）」なのだ。[19] ライアンダ・リン・ハウプトは、著書『*Crow Planet*（カラスの惑星）』の中で、カラスをはじめとするカラス科の鳥は、現在、地球史上のいかなる時代よりも個体数を増やしているとまで述べている。[20] ひょっとするとそうかもしれないし、そうでないかもしれない。だが、カラス科の鳥類種の一部が、人類と並んで繁栄を謳歌していることは間違いない。

しかし、脳を使って都市部で成功を収めているのは、カラス科の鳥だけではない。フクロウ類もそうだ。オウム類の一部もやはりそうだ。われわれの周囲で頭のいい鳥類が増えているという事実は、人間が世界を予測不能にしたことを物語っている。カラスをはじめとする知能の高い鳥類種の繁栄ぶりは、大多数の種にとって環境条件が耐えられないものになっていること、つまり予測不能になっていることの証左である。一八五五年一月一二日、ヘンリー・デイヴィッド・ソローは日記にこう記している。カラスのカーカーと鳴く声が「村人たちのつぶやき声や、子どもたちの遊ぶ声と混じり合う。一筋の小川が別の川にすっと流れ込むように、野生的なものと飼い馴らされたものとが一体化するように」[21]。ソローにとって、カラスは自己を主張するだけでなく、彼の代弁もしていた。しかし、カラスの存在やその数の多さは、彼の代弁、あるいは人間の代弁をしていたというよりも、人間について語っていたと言ったほうが正確かもしれない。

環境の変動性に苦しむ種

変動性が高まると苦しむのは、どんな鳥類種だろうか？　それは概して、新たな環境条件にはもはやそぐわなくなった、特殊化されたノウハウをもっている鳥類だ。こうした鳥は、それまでずっとやってきたことを続けることによって、苦難の時を生き延びようとする。どんな代償を払ってでも、旧来の方法にしがみつく。たとえば、ハマヒメドリの場合がそうだった。

すでに述べたとおり、ハマヒメドリは、ケープ・カナベラルという砂州の先端に位置するメリット島やその周辺に生息していた。ハマヒメドリは、メリット島周辺や、近くを流れるセントジョンズ川沿いの比較的干潟の多い湿地帯で、二〇万年にわたって進化を遂げ、特殊化の道をたどってきた。この湿地帯は大昔から変わることなく安定していた。ということはつまり、ここに生息する鳥たちは、新たな環境条件に対応するのに欠かせない知能など必要ではなかったのだ。

私がまだ触れていなかったことがある。実は、メリット島は、アメリカ航空宇宙局（NASA）がジョン・F・ケネディ宇宙センターを建設することに決めた場所でもあった。NASAは、ロケットの発射基地として――人類が地球を振り返って見ることになるロケットの発射基地として――メリット島を選んだのだ。たとえば、宇宙飛行士のマイケル・コリンズがアポロ一一号に搭乗して宇宙に飛び立ったのも、ケネディ宇宙センターからだった。後日、ドキュメンタリー制作に向けたインタビューの中で、コリンズは、その任務について思い返しつつ、次のように語っている。「地球を眺めながら何よりも強く感じたのは、ああ、向こうに見えているその小さなものはとても脆い、ということでした[22]」。

NASAがメリット島を宇宙計画の中心地、すなわち、地球と宇宙を結ぶ臍（へそ）の緒にしようと決める以前もそれ以後も、メリット島を利用する人々は、この島を管理（コントロール）して、その環境条件を人間にとってもっと都合のいい、安定したものにしようとした。管理（コントロール）に向けた最初の取り組みは、殺虫剤DDTの使用だった。島内の蚊を駆除しようとして、島内全域にDDTが散布されたのだ。その散布が二つの結果をもたらした。まず、ハマヒメドリの餌となる昆虫を大量に殺すことになった。それから、図らずして、しかし当然予想されることだが、DDT抵抗性を示す蚊（と、おそらく他の何種かの昆虫）の進化に有利に作用した。

昆虫の生物体量の減少が、ハマヒメドリの個体数の大幅な減少につながったようだ。殺虫剤散布が始まったのは一九四〇年代だった。一九五七年には、ハマヒメドリの個体数はすでに七〇%減少していた。ハマヒメドリは、別の餌を見つけるのに欠かせない発明的知能をもっていなかったのだ。

一方、蚊がDDT抵抗性をつけてくると、蚊を防除するために新たな措置がとられるようになった。こうした新たな措置はかなり大胆なものだった。というのも、島はもうすでに、宇宙センターで働く大勢の人々の居住地になっていたからである。湿地に堀割を巡らしたり、湿地を囲い込んだりした。すると、湿地は大洪水に見舞われたり、水が抜けて干上がったり、それが交互に繰り返されたりした。こうして、ハマヒメドリの生息に必要な条件を満たす環境はさらに減少していき、ますます小さな島状のパッチになっていった。ウォルト・ディズニー・ワールドとケネディ宇宙センターを結ぶ道路が建設されると、一番大きなパッチもさらに狭まっていった。道路が通じたことで、次々と住宅が建設され、水浸しになったり干上がったりする頻度がますます増していった。

一九七二年に行なわれた羽数調査では、オスのハマヒメドリが一一〇羽確認されたので、雌雄合わせると二〇〇羽ほどだった。一九七三年の調査では、オスが五四羽確認されたので、雌雄合わせると一〇〇羽ほど。一九七八年の調査では、オスが二三羽確認されたので、雌雄合わせる五〇羽ほど。その後、オスは四羽確認されたものの、メスはいなくなった。一九八七年に、ハマヒメドリの最後の一羽が鳥かごの中で息絶えた。それは、近縁の別の種と交配して、何とか違った形で残そうと、野生状態から切り離され連れて来られていた一羽だった。「皮肉にも」と、ある報告書が指摘したように、かごの中でなおも歌い続けているそのオスは、自らの生息圏（ワールド）を、ある意味で乗っ取った「ディズニー・ワールドに収容された」のである。[23]

ハマヒメドリは小さな鳥で、森羅万象の中ではちっぽけな存在にすぎなかった。しかし、この世から姿を消して以降、その愛らしさについてさまざまなことが語られてきた。小説、詩歌、そして多数の科学論文のテーマにもされてきた。作家のバリー・ロペスは次のように述べている。「多くの物事がみなそうであるように、失ってみて初めて、そのかけがえのなさに気づくと同時に、深い喪失感に襲われた[24]」。結局のところ、ハマヒメドリは、特殊化という自らの進化様式と、土地開発、科学技術（ロケット）、政治戦略（宇宙開発競争）、娯楽（ディズニー・ワールド）といった諸々の力の犠牲になったのだ。その特殊化された自律知能では、隕石の落下を予知できないのと同様に、こうした諸々の力を予測することはできなかったのだろう。

われわれ人類が行く先々で引き起こす、環境変動の影響に苦しむのはハマヒメドリだけではない。昆虫食の鳥類は世界的に減少傾向にある。それには昆虫の個体数減少が少なからず影響している。しかし、概して言うと、自らの生息圏で必要とされる一つの方法だけでうまく生きるという、特殊化された生活様式をもつ鳥類種の多くが個体数を減らしている[25]。大加速期（グレート・アクセラレーション）に、人類がその生息圏を変えてしまったせいで、現在、何百種もの鳥類が絶滅の危機に瀕しているのだ。

子どもが木の枝でせせらぎを遮れば、その子は一時的にせせらぎを制御（コントロール）したことになる。水の流れはストップする。すべてが制御（コントロール）され、せせらぎは干上がってくる。ところがやがて、その小さなダムを越えて、水がどっと流れ込んでくる。干上がっていた川筋に沿って、水が猛然と流れ下り、せせらぎだった場所は一瞬、川になる。

往々にしてわれわれは、物事を制御（コントロール）しようとして、変動性を呼び込んでしまう。世界を制御（コントロール）し、

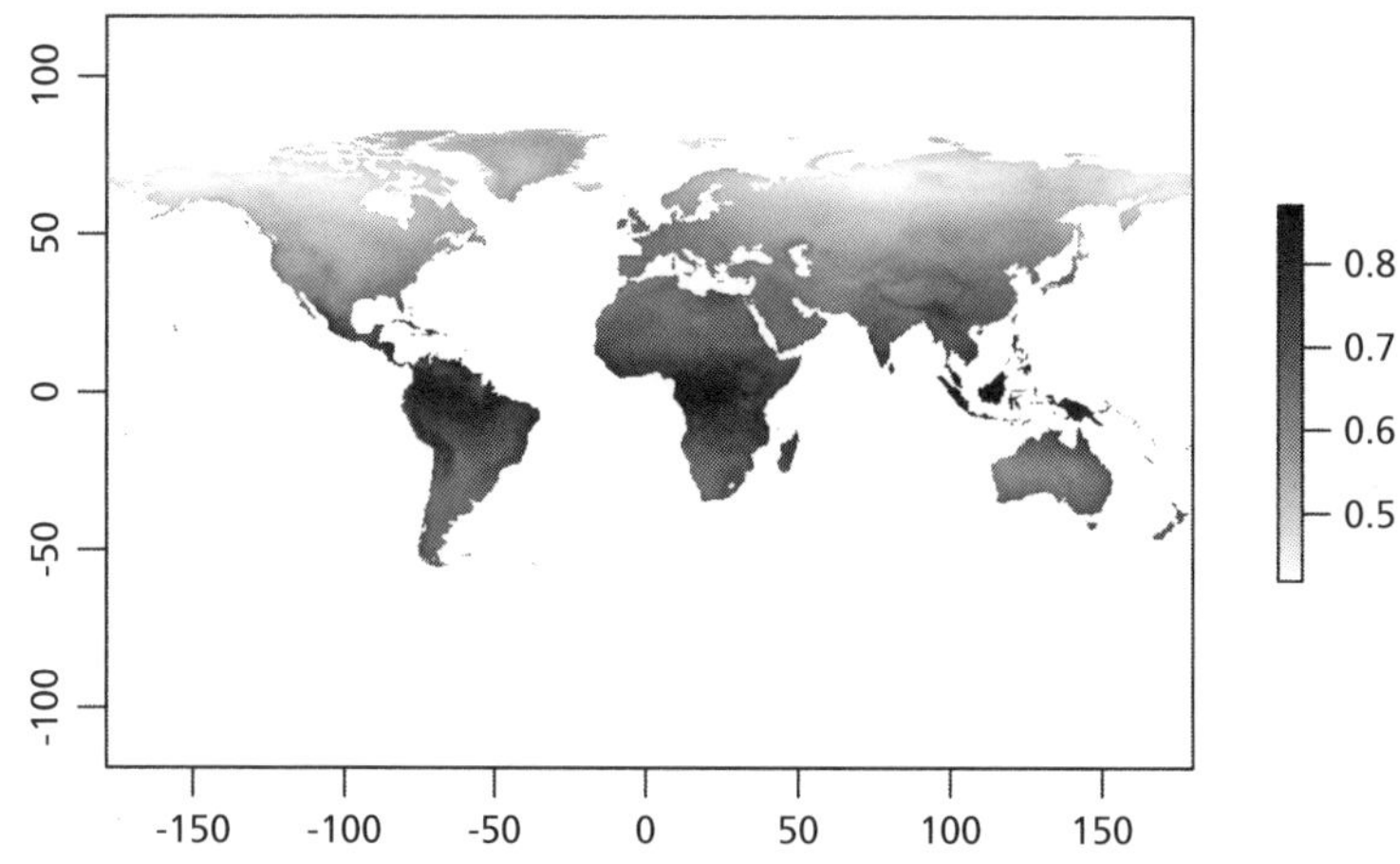

図 6.2　これまでの気温の（年ごとの）予測可能性。色の濃い地域は、気温の変動幅が極めて小さい（したがって予測可能）。ある年の気温に対応して進化していけば、その翌年に対処するのに必要な形質が獲得される。一方、色の薄い地域では、ある年の気温が必ずしも、その翌年の気温を予測するとは限らない。中央オーストラリア、北アフリカ、温帯アジア、北アメリカなど、色の薄い予測不能な地域では、優れた発明的知能をもつ鳥類が繁栄する可能性が格段に高くなる。図はカルロス・ボテロが作成。

変動を抑えようとして、短期的に見ると、他の生物種にとっての変動幅を大きくしてきた。長期的に見ると、ヒト自身にとっての変動幅も大きくしてきた。どんなクルマに乗るか、どこに旅行するか、何を食べるか、何人子どもをもうけるかといった小さな意思決定の積み重ねが、大量の温室効果ガスを大気中に放出し、気候をも変えるに至った。われわれは、カラス流で行くにせよ、ハマヒメドリ流で行くにせよ、この変動にどう対処していくのか、自らに問いかける必要がある。

　この問題について考えるにあたり、まず知っておくべきこととして、人類のような哺乳類は認知的緩衝の法則に支配されることが最近の研究で明らかになっている。たとえば、ある研究では、進化を遂げてきた環境とは異なる、全く新たな環境条件の区域に移入されたあと、生き延びる確率が高いのはどの哺乳類かを検討した。その結果、脳の大きな動物のほうが生存確率がはるかに高いことが明らかになった[26]。だとすれば当然、人類が自らと共に世界中に広めてきた哺乳類も、防除しようとしてうっかり広めてしまった哺乳類も、発明的知能をもっている。

霊長類の範囲内で知能の役割に焦点が当てられてきたのは、何と言っても、人類について説明しようとするためだ。「私は何者なのか?」と問い、サルやチンパンジーにその答えを求める。霊長類について考えていくと、鳥類について、あるいは哺乳類全般について考える場合よりも話はやや複雑になるが、それほど複雑ではないので、最後までお付き合い願いたい。

まず第一に問題を複雑にしているのは、人類のようなヒト科ホモ属を別にすると、霊長目の種は、予測可能な気候帯からあまり出たことがないということだ(したがって、霊長目の種の多くは、気候変動の影響を受けてひどく苦しむ可能性が高い)。言うまでもなく、人類は最も大きな脳をもつ霊長類であり、しかも最も予測不能な気候条件の中で生きている。

しかし、われわれ自身について検討しようとすると、話が難しくなってくる。自らがたどってきた道筋をあまりにも近くから見つめるあまり、その姿をはっきり捉えることができないのだ。大きなヒトの脳の進化に影響を及ぼした主な要因について研究することは、鏡に映った自分の後頭部を見ようとするのにどこか似ている。できないことはないが、しかし、見えているものが完全に正しいとは言えない。ヒト以外の霊長類に焦点を当てるほうが無理がない。

ヒト以外のアフリカの霊長類では、脳の大きな鳥類系統の場合と同様に、脳が相対的に大きくなると、エネルギーコストが非常に高くついてしまう可能性がある。となると、気候条件の変動性や予測不能性と、脳の大きさや発明的知能との関係について、相反する二通りの説明が成り立つ。まず一つ目は、気候が予測不能になると、鳥類の場合と同様に、霊長類の脳も大きくなるはずである、というものだ。大きな脳とその認知能力によって、困難な状況下での衝撃が緩和されるという考え方である。もう一つは、気候が予測不能になると餌が乏しくなるのであれば、脳に投資するだけの餌は残らなくなり、霊長類の脳はむしろ、体の大きさに比して小さくなるはずだ、という考え方である。霊長類はむしろ、脳を小さくし、繁殖力を高める方向に進化していくだろう。

　以上二通りの説を考え合わせる方法の一つは、脳の大きさだけでなく、脳の働きによって可能になる事柄自体も——気候や生息場所が変わっても一日に同じだけのカロリーや栄養を摂取できるかどうかをも——考慮に入れることだ。餌が乏しい時期にも、十分な餌にありつけるかどうかを考慮に入れるのだ。つまり、発明的知能をもつ霊長類は、コペンハーゲンで私がバイクで通りかかったときにズキンガラスがやっていたようなことができるかどうか。フライドポテトがあるときはフライドポテトを食べ、ナッツがあるときはナッツを食べる、といったことができるかどうか。

　最近、この点について調査が行なわれた結果、鳥類の場合とはやや異なるものの、やはり類似する傾向が認められた。霊長類の脳の大きさは実際、気候が変わりやすい場合には安定している場合よりも、概して小さくなり、したがって必要とするカロリーが少なくなる傾向がある。こうした所見は、大きな脳はエネルギーコストが高いので、厳しい環境条件下では維持するだけの価値がなくなる、という考え方と一致している。しかしながら、気候が変動しても同じだけのカロリーを摂取することのできる霊長類は、大きな脳をもっている。[27]

言い換えると、変わりやすい環境下での霊長類の生存戦略は二者択一であって、低コストの小さな脳をもち、通常体もやはり小さくしておくか、あるいは、大きな脳をもち、それを使って十分なカロリーを得る新たな方法を見つけるかのいずれかなのである。後者の方法をとる霊長類には、オナガザル、ヒヒ、チンパンジーなどが含まれる。

データが最も豊富なチンパンジーを例にとると、チンパンジーは、多雨林に棲んでいても、サバンナに棲んでいても、同じようなものを食べることができる。それは、実のなる木がどこにあり、それがいつ実るかを記憶しているからだけではなく、脳を使って道具を作れるからでもある。道具がなければ手に入らない藻、蜂蜜、昆虫、肉といったものを食べることができるのだ。実際、私の共同研究者で、マックス・プランク進化人類学研究所の研究員であるエイミー・カランが最近行なった研究で、チンパンジーは環境条件が予測不能な場所において、道具を最もよく使う傾向があることが明らかになっている。[28] たとえば、セネガルのフォンゴリと呼ばれる場所に棲むチンパンジーは、好みの餌になる動物がいなくても、肉にありつく方法を見つけ出していた。槍を作って、ガラゴ〔夜行性の小型霊長類〕が眠っている穴に突き刺すのである。

チンパンジーで見られたような創意工夫や道具の使用を足場にして、ヒトの脳は、予測不能な場面や状況のもとで、ますます大きく進化していった。その大きな脳を用いて、ヒトはさまざまな場面や状況から受ける衝撃を和らげてきた。だからと言って、こうした気候条件によって、ヒトの脳の起源が語り尽くせるわけではない（そうでないことはほぼ確実だ）。だがどうやら、ヒトの進化史は、他の多くの生物種の進化の過程をなぞっているようだ。人類は進化の常道をたどってきたのである。

ヒト集団の知能

今後、変化していく世界において、繁栄するのはどの生物種かを考える場合、認知的緩衝の法則が極めて大きな意味をもってくる。

一貫して温暖化が進んでいく場合には、そのような気候条件に耐えられる種、それに合う気候ニッチをもっている種が有利になる傾向がある。同様に、温暖で湿潤な気候になっていく場合には、温暖で湿潤な気候に合うニッチをもっている種が有利になる。温暖で乾燥した気候になっていく場合には、温暖で乾燥した気候に合うニッチをもっている種が有利になる。非常に寒冷な気候になっていく場合には、非常に寒冷な気候に合うニッチをもっている種が有利になる。ただしそれは、近い将来に、非常に寒冷な気候が存在する場合だが（その見込みはほとんどない）。

しかし、気候条件が不規則に変動するようになった場合には、それらとは全く異なる種、つまり、変わりやすい気候条件がニッチの範囲に含まれるような種が有利になる可能性がある。とするならば、世界はこれまで以上に、カラスやネズミにとって格好の棲み処になり、逆に、ハマヒメドリや何千種もの同じような生物とっては、ますます棲みにくくなるのかもしれない。

この法則はまた、生物種だけではなしに、人類の社会とも大きく関わってくる。マーズラフとエンジェルが述べているように、「昔のスカンディナヴィア人の書物は、ワタリガラスを知恵者として讃えて」[29]おり、また、初めて北アメリカの太平洋岸北西部にやって来た人々は、ワタリガラスを「行動力の源泉」と見ていた。極北の先住民族も、同じような思いを述べている。このような賢い鳥が見せる知恵や行動はおそらく、今日のわれわれにとってもヒントになるはずだ。しかし、ヒントを得たとして、どのように行動するのか？　いかにしてカラスのように生きるのか？

かつて、人類がみな狩猟採集民として小集団で暮らしていた時代には、カラスに利益をもたらすような知能が、ヒトにとっても役立った。環境条件が変わりやすくて予測不能な北アメリカやオーストラリア大陸の極北地方や砂漠地帯では、特にそうだった。そのような時代にそのような地域では、ヒトは持ち前の、カラスのような創意工夫の才を発揮して、新たな環境条件に対処した。実際、発明的知能がカラスを利するような地域の多くでは、それがヒトをも利することになり――その結果、ヒトとカラスが同じような暮らし方をするようになった。現在のアメリカ合衆国南西部では、先住民が、ハイイロホシガラスが集めていたのと同じ、ピニオンパインの実を集めていた。先住民もその実を貯えた。そして、カラスと同じことをするだけでなく、窮乏期に備えて、競うようにしてその実を貯えた。

しかし、人類の大多数はもはや、昔ながらの暮らし方はしていない。生活の拠り所となるものを生み出す手段の管理は、もはや自分の手を離れてしまっている。自分が食べるものを、自分で育てるわけではない。自分が住む家を、自分で建てるわけではない。自分が依存している交通システムも、水処理システムも、教育システムも、個々人がそれぞれに構築するわけではない。

われわれの大多数は、自分の命がかかっていても、こうしたことを自分で成し遂げる力をもっていない。それは単に能力が欠如しているからではなく、都市で生活しているからでもある。都市で暮らす者は、こうした業務を遂行するシステムに依存している。そのシステムを運用するのは人間だが、その内部には、個々人の脳に宿る知能とはまた別の、ある種の知能を生み出すルールが存在する。将来の環境変動に対処する集団的能力について考えようとするのであれば、個々人の脳についてではなく、むしろ、公共機関や民間組織に備わっている脳のような働きについて考える必要がある。

そのような機関や組織にもやはり、動物の場合と同様に、それぞれ異なるタイプの知能が備わっているように思われる。

一つのことを完璧にこなす、とは言わないまでも、しっかりやり遂げることに専念している機関や組織が少なくない。おそらく大多数がそうだろう。そのような機関や組織は、特殊化された自律的ノウハウをもっている。大学組織は、こうしたタイプへと向かう体質があるし、政府機関もやはりそうだ。そのような機関や組織が効果的であるとしても、それは、過去数十年間の、場合によってはもっと昔からの平均的状況に照らして効果的であるにすぎない。つまり、ノースカロライナ州立大学の同僚で、組織のリスク対応の専門家、ブランダ・ノウエルが言うように、「われわれは、支配的な運営環境に適応すべく、無数の方法で時とともに構造的・文化的に進化してきた巨大な公的官僚制組織をもっている」のである。

そのような組織は、ハマヒメドリが塩水で育つ水草の世界だけで生きていたように、「支配的な環境要因」に特殊化している。こうした組織でよく耳にするのが、安定性と特殊化に依存する特有の言葉、過去を強調する特有の言葉である。人々は言う。「これまでずっとこうやってきた」。つまり「このやり方でいつもうまくいった」というわけだ。

もちろん、過去に功を奏した方法が、現在の問題の解決に役立つという場合もある。しかし、そのような方法が通用するのは、状況が十分似通っていて、そのやり方が意味を成す場合に限られる。ノウエルが述べているように、変化していく世界では、「過去にこうしたらこうなったからといって、現在の状況ではなかなかそうはならない」場合が多い[30]。過去の因果推論のルールを、新たなルールに置き換える必要があるのだが、あいにく、特殊化された自律的ノウハウを持っている組織は、新たなルールに置き換えるのが非常に遅い。

もっと柔軟で、融通のきく機関や組織があってもいいはずだ。創意工夫に富む改革を通じて、変化する状況に対応できる機関や組織があってもいい。しかし正直なところ、発明的知能をもつ機関や組織の模範例を示すのはなかなか難しい。それは当然と言えるかもしれない。現在の組織や制度のともかくも大部分は、比較的安定したこの数十年間に出来上がったものだからだ。第二次世界大戦終結後の世界経済システムは安定が維持されていた。

しかしそれ以上に重要なこととして、われわれは気候の安定が保たれている状況に慣れてしまっている。ホモ・エレクトスが出現し、さらにその後、大きな脳をもつホモ・サピエンスが出現して以降、地球の気候は、過去数億年間のどの時期よりも安定していて予測可能だった。とりわけ、この一万年間（図6・1の完新世）はずっとそうだった。そして、まさにこの期間こそが、農業や都市、そして現代文化の特質のほとんどが現れた時期、大加速期だったのだ。人類は幸運な安定性に守られてきたのだが、それを有り難く思わねばならないことに気づいていなかった。もっとはっきり言うと、ヒトという種は、変動性と予測不能性の時代に大きな脳を進化させたが、それに対し、人類社会の諸制度は、特殊化されたノウハウを進化させた。そのノウハウは、これまで長らく続いてきた状況には申し分なく適合していたが、もはやそうではなくなろうとしている。

大きな脳をもつ鳥は、安定した気候の中でも進化していく場合があるだろうから、多くの組織も同様に、安定した時代であっても、いずれ訪れる変化に備えて進化していくのでは、と期待する向きもあるかもしれない。しかしそういうことはめったにない。その理由の一つとして、組織内の発明的知能の求めに応じて柔軟性を高め、認識を改めていくには、霊長類の大きな脳がコスト高なのと同様に、コストがかかってしまうことが挙げられる。従来通りに仕事をこなすだけではなく、その都度、新たな決断を下すとなると、余計な負担がかかってくる。「この問題の解決方法はもうわかっているので、話題にする必要はない」とリーダーは言う。時間の損失や給料の負担、いったん立ち止まって考え直すコストがネックになる。

理屈の上では、システム自体やそのルールが、変化に対応するように設計されていれば、そのコストは軽減されるはずだ。しかしその場合でもやはり、ブランダ・ノウエルが強調するように、状況の変化に絶えず目を光らせておくのにはコストがかかる。さらに、ノウエルが力説するように、将来、警戒が必要になってくる事柄は、過去に警戒が必要とされた事柄とは、また別の種類のものかもしれない。

カラスは常に気づいている。いつ餌が不足してくるか、いつ厳しい寒さがやってくるか、カラスはわかっている。こうした変化を察知するや否や、カラスは創意工夫の才を発揮する。大きな組織は、その性質からして、こうした変化になかなか気づかない。だからこそ、変化を常に監視して、警戒を怠らずにいる必要がある。それまでめったに起こらなかったようなことにも十分注意を払う必要がある。

しかし、そのような出来事や変化は、めったに起こらないからこそ、何年間も警戒を続けようとすると、その負担がのしかかってくる。毎年のように、こうした出来事への備えが経費として計上され、四半期報告書では、その負担の重さがいっそう明白になる。石油会社が石油流出事故を起こすまで、その安全対策は大きな負担になるばかりで、見返りは一切ない。原子力発電所がメルトダウンを起こすまで、その可能性を示す徴候に対応できるよう、従業員を訓練する費用は無駄に投じられることになる。あるいは、ノウエルが取り上げている例として、過去に前例がないほど大規模な火災に遭遇するまで、消防士がそのような火災に常に備えておくというのは、あまりにばかばかしく思えてしまう。

しかし未来に目を向けると、今後変動性が増大することはもうよくわかっている。変動性が増すと、稀な出来事や変化が、従来よりもありふれたことになるので、それらを無視することの危険性は、これまで以上に高まることになる。

新型コロナウイルス感染症のパンデミックを契機に、どのような制度が、こうした疾患がもたらすリスクへの対応に優れていたかを検討するとよいだろう。新型コロナウイルス感染症パンデミックのような事態が、もっと頻繁に起こるようになることが予測されるからである。自然生態系が破壊されてしまった上に、大規模な農業（または密集した檻での家畜飼育）が行なわれ、さらにヒト集団がグローバルに結び付くようになると、必ずや新たな寄生体が出現するであろうことは、疾病の研究を行なっている生態学者たちには、もう何十年も前からわかっていた。そして、その危険性を繰り返し唱えてきた。そのような寄生体の出現頻度が最も高い地域はどこかということまで指摘してきた。ホームランを場外のどこに打ち込むかを言い当てるベーブルースのように、生態学者たちは、自然界が寄生体をヒト社会のどこに打ち込んでくるかを指摘していた。

しかし、ここで強調したいのは、パンデミックのリスクが今後増していくことではない。洪水、干魃、熱波、パンデミックなど、さまざまな問題のリスクが増大することによって、むしろ、創意に富む知能を備えておくのにかかる追加コストは減少するということだ。

変動性の時代を生き延びねばならないとしたら、創意に富んだ社会を築いていくことが求められる。一人一人が創意に富む社会の兆しや、その達成に必要な変化に注意を払うだけでなく、その欠如を示すような発言にも意識を向けなくてはならない。「これまでずっとこうやってきたのだから」「こういう場合にはたいていこうしてきたのだから……」といった言葉を、誰かが、あるいは、自分たちが口にしていないかどうか。

しかし、大切なのはそれだけではない。

カラスが創意工夫の才を発揮して、新たな環境条件に対処するとき、彼らは餌を探し当てる新たな方法を見つけ、それまで食べたことのない餌を食べる。要するに、カラスは、餌を多様化しその幅を広げることによって、ふだん餌にしている生物種が少なくなっても、何か別の種で補えるようにしているのである。

われわれ人間もやはり、降りかかるリスクを軽減するためには、農地であれ、自らの体であれ、自然界の多様性を巧みに利用する必要があるだろう。それほど創意に富む知能をもっていなくても、それならばできる。

托卵鳥（別種の鳥の巣で卵の世話をしてもらう鳥）は、発明の才はなくても多様性の恩恵にあずかれることを、カルロス・ボテロが明らかにした。気候が変動する中でも健闘している一部の托卵鳥は、卵を託する鳥類種を増やすことによって、一方の個体数が減少しても、もう一方の種で補えるようにしているのだ。[31] 比喩的な意味でも、また文字通りの意味でも、托卵相手を「両賭け」しているのである。

われわれ人間もやはり、依存する生物種を分散することによって、危険を回避することができるし、是非ともそうすべきだろう。どんな場面でもこの方法が通用するわけではないが、第七章で見ていくように、農業の場面ではこれが役に立つ可能性がある。

著名な牧師、ヘンリー・ウォード・ビーチャーはかつて、「人間が翼をつけ、黒い羽毛を纏ったとしても、カラスほど賢くなれる者はほとんどいない」[32] と語った。そうなのかもしれない。しかし、それでもやはりひょっとしたら、カラスを手本にすることで、降りかかるリスクを、少なくともある程度は軽減できるかもしれない。[33]

第七章
リスク分散のための多様化

未来の農業のヒントは自然界に

前世紀最大の農業分野の成果は何かというと、持続可能性でも、農産物の味でも、栄養価でもない。それは生産量が増えたことである。農学者たちは、人間の消費のために、単位面積当たり生み出されるカロリー量を増やすことを目指した。その試みは見事に成功した。一エーカー当たりのトウモロコシ、コムギ、ダイズからこれほどたくさんのトウモロコシ穀粒、コムギ穀粒、ダイズ種子が収穫されるようになろうとは、四〇年前には、ましてや一〇〇年前には想像もできなかったであろう。このような収量増加のおかげで、世界で最も重要な作物の多くが安価で入手しやすくなり、この数十年間は食糧難に苦しむことも減ってきた。

このような成功は、対象を制御・管理(コントロール)することによって達成された。交雑育種や遺伝子組換えによって、作物の遺伝子に変化を起こし、特に水や肥料を与えた場合に、成長速度が速まるような特性を加えた。アニー・ディラードが書いているように、「細胞のうぶな核」にまで踏み込んで、殺虫性タンパク質を作る新たな遺伝子を挿入した[1]。作物に除草剤抵抗性をもたせる新たな遺伝子まで挿入した（その上で農地に除草剤を散布すると、抵抗性をもたない雑草だけが枯れてくれた）。

こうした操作の明確な特徴は、農作物を工業化システムの一部分のようにしたということだ。組立ラインで製造される部品のように、制御・管理（コントロール）されており、その点では成功している。このシステムの良し悪しをいろいろと論じることはできるが、今日、世界中で食料難に陥っている人々の割合が、一〇〇年前に比べてはるかに低くなっていることを踏まえると、一概に悪いとは言い切れない。

しかし、未来に目を転じると、このシステムが大きな課題に直面しているのが見えてくる。これまでわれわれは、変動性が最小限にとどまっている場合にうまく機能する食料供給システムを構築してきた。しかしその一方で、第六章で述べたとおり、変動性や予測不能性がはるかに高まる方向へと、地球の気候を変化させてきた。ここに矛盾がある。

農業に対する工業的・技術的アプローチは、未来の課題の一部――たとえば、単位面積当たりの収量を増やす、干魃に強い作物を作るなど――の解決には役立つ。しかし、変動性に対処するのには向いていない。特に、その制御・管理（コントロール）の範囲を越えるような変動性には、こうしたアプローチでは対処できない。環境条件はこの先、特に気候に関しては、さらに目まぐるしく変化するようになるだろう。今年の気候条件にぴったり適合した作物が、翌年の気候条件にもぴったり適合する可能性は低い。

そのような状況下で求められるのは、生態学者が「生態系の安定性」と呼ぶものだ。安定した自然生態系とは、気候条件が変化した場合でも、一次生産力（一定期間内の一定区域内における植物バイオマスの生産量）が、年ごとにあまり変化しない生態系のことである。そして、安定した農業生産システムとは、気候の変動幅が大きくなっても、年ごとの収量変動が小さく抑えられるシステムのことだ。

そのような安定性を実現する方法の一つは、テクノロジーを利用して環境変動の衝撃を緩和すること、つまり環境条件をなるべく一定に保つことである。たとえば、雨が降らないときは灌水量を増やし、雨が多いときは灌水量を減らせばいい。ドローン、気象観測、人工知能を併せて用いれば、さらに的確なコントロールができる。資金が潤沢にあれば、それが可能だ。しかし、安定性を実現する方法はそれだけではない。

環境変動に対処するためのもう一つの方法は、自然界にそのヒントがある。もしカラスが農業を営んだとしたら、どうするかを考えればいい。その方法とは、むしろ植える作物の種類を多様化して、気候変動に対処していくというやり方だ。ある作物の収量変動を別の作物で穴埋めできるように、農業多様性を高めるのである。この手法の有用性が初めて明らかにされたのは、ミネソタ州のある牧草地だった。デイヴィッド・ティルマンという生態学者が、生態系全般についての理解を深めるために、そこにミニチュアの世界を作り出したのだ。

多様性の効果を実験する

デイヴィッド・ティルマンは、大学院生のとき、自分が特殊なタイプの生態学者であることに気づく。予測を立てる手段として数学理論を駆使し、その予測を検証するために実験を行なうのである。初めのうち、実験は比較的小規模なものだった。

ティルマンが初めに行なった実験の一つは、別種の藻類がどうやって共存しているのかを解明するための実験だった。一つの池には、光合成を行なう藻類が三〇種くらい生育しているが、それらはみな、基本的に同じ栄養分と日光を必要としている。そのうちの一つの種が、栄養の獲得競争に勝利して、それ以外の種を絶滅に追いやってしまわないのはなぜなのか？　生態学の父祖の一人、ジョージ・イヴリン・ハッチンソンは、この謎を「プランクトンのパラドックス」と呼んだ。[2]

その謎の解明に取り組んでいたティルマンは、見事にその目的を果たした。入念に計画された一連の実験において、ニッチがそれぞれ異なっていれば、藻類の共存は可能であることを明らかにしたのだ。それには、最も限られた資源であるリンとケイ素が関連していた。三種の藻すべてがリン、ケイ素、日光を必要としていても、そのうちの一種がリンをやや多めに、一種がケイ素をやや多めに、一種が日光をやや多めに必要とする場合には共存が可能だった。[3]この実験から得た知見をもとに、ティルマンはさらに藻類で実験を――藻類が共存するその他のメカニズムを検証する実験を――重ねていった。この研究により、ティルマンはまだ二六歳の若さで、ミネソタ大学の助教として任用された。

ティルマンはミネソタで藻類の研究を続けつつ、陸上生物の研究にもちょっと手を出すようになった。たとえば、ミネアポリスから五〇キロメートルほど離れた、シーダークリーク自然史エリアと呼ばれる場所（現在のシーダークリーク生態系科学保護区）で、サクラの木の根元に巣を作るアリや、ホリネズミの巣穴の周りに生える植物の調査などを行なった。シーダークリークにいる間にティルマンは、もっと別の種類の実験、後々まで残るような実験、自分のライフワークになるような実験に取り組もうと決意を固めた。

ティルマンは、藻類で検証した仮説のいくつかを、今度は陸上植物で再検討しようと考えた。一九八二年、ティルマンは、三か所の耕作放棄地（過去に作物が育てられていた土地）をそれぞれ五四の区画に分け、一か所の草原地帯も五四の区画に分けた。そして、各区画内に、どんな植物がどれだけ生えているかを調査した。たまたま多様性に富んでいる区画もあれば、多様性に乏しい区画もあった。

次に、ティルマンは、それぞれの区画を七通りの栄養条件にランダムに振り分けた。肥料濃度を変えることによって、栄養条件を設定した。両極端の一方の区画には、肥料を一切投与しなかった。両極端のもう一方の区画には、最も集約的で工業化された農業で施用されるのと同じだけの肥料を投与した。

このプロジェクトを遂行するには、実験フィールドを選定して、それを区画割りし、区画ごとに決められた量の施肥を行ない、その後何年にもわたって移り変わりを調査する必要があった。きつい作業だった。野良仕事のように疲れ果てたが、その労働はすべて知的成果となって結実した。耕作放棄地での労働は、美味しい果実ではなく、優れた知見をもたらしてくれる。

このきつい仕事に取り組み始めてから数年で、ティルマンは数々の発見をした。植物が共存できるかどうかが、投与したさまざまな肥料の濃度によってどう左右されるかについて、数十件の論文を執筆した。植物群落が、その肥料濃度に応じて、時間とともにどのように変化していくかについても多数の論文を執筆した。その中には、称賛を得た論文もあった。全く顧みられない論文もあった。しかし、それだけではなかった。年月が経つにつれて、ティルマンは、自分の実験がもっと長期的な現象に及ぼす影響を調査できるようになった。具体的に言うと、多様性－安定性仮説と呼ばれるものを検証する機会を得たのである。

　多くの種類の植物種を擁する森林、草原、その他の生態系ほど、山火事、洪水、干魃、疫病のような、特に大規模な攪乱（かくらん）を受けたときの安定性が高い、という仮説がずっと以前から立てられていた。多様性－安定性仮説が正しいとすれば、多様性の高い生態系ほど、そのような災害の影響を受けにくいと予測される。

　ティルマンが調査している区画は、その区画内に生えている植物種の数（つまり多様性）がそれぞれ異なっていた。それは、設定された栄養条件が違っていたからであり、また、ティルマンが実験を開始する以前の土地履歴がたまたま違っていたからだった。植物種数の豊富な（つまり多様性の高い）区画もあれば、乏しい区画もあった。最も多様性の高い区画は、自然草原の植生に似ていた。背の高い植物もあれば、低い植物もあった。茎の下から糸状の根が多数出ている植物もあれば、長い根が一本まっすぐ下に伸びている植物もあった。色もとりどりで、緑色や褐色、そして、かつてそこで働いていた私の友人、ニック・ハダッドがEメールで述べていたように「目にも鮮やかな花々」の色が、モザイク状に組み合わさっていた。一方、施肥は十分ながら、最も多様性に乏しい区画の植物は、集約農業の作物のようだった。生えているのはたいてい、シバムギかナガハグサだった。そこに生えている植物は、高さも一様、葉の形も一様、ニーズも一様、緑色も一様だった。ティルマンは、このような区画間の違いを利用してすでに、施肥やその他の要因が、区画に生える植物の種数や種類にどんな影響を及ぼすかを調べることができていた。さらに何か月、何年と時間が経過すれば、多様性‐安定性仮説をも――つまり、多様性の高い区画は多様性の低い区画に比べて、時を経ても変化が少ないかどうかも――検証することができるはずだ。少なくとも、山火事、疫病、洪水、干魃といった何らかの災害が起きれば、こうした仮説の検証ができる。しかしそれにはとにかく待つ必要があった。

もちろんティルマンは、何らかの災害を実験的に作り出すこともできた。自分の区画にわざわざ寄生体を放ったり、放火したりすることもできた。しかし、このようなヨハネの黙示録の四騎士〔四騎士はそれぞれ、侵略戦争、内乱、飢饉、死と荒廃を象徴している〕を実験的に作り出す必要はなかった。黙示録の騎士、つまり大災害は干魃の形でやってきた。実験開始から五年後の一九八七年十月初め、過去五〇年間で最悪の干魃がミネソタ州を襲ったのである。干魃は長引いて、二年間続いた。極度の干魃だった。まさにそれは、ティルマンが必要としていたものだった。

といっても、干魃の影響をすぐに調査できたわけではない。しばらく時間をおいて、干魃が各々の区画にどんな影響を及ぼしたかを確認する必要があっただけでなく、その後何年間も追跡調査して、各々の区画が干魃からどのように回復するかを見ていく必要もあった。

生態系が時を経ても安定しているかどうかは、その抵抗性いかんによって決まる。抵抗力のある生態系は、災害を受けても変化しない。抵抗するからである。生態系が時を経ても安定しているかどうかは、その回復性いかんによっても決まる。回復力のある生態系は、災害を受けても元の状態に戻ろうとする。ティルマンは、一九八九年の時点ですでに、各区画の抵抗性については検討が可能だったが、抵抗性と回復性、その結果としての安定性を検討するためには、さらに時間をかけて見守る必要があった。

そしてついに、実験開始から一〇年後、干魃が始まってから六年後の一九九二年、すでに十分な時間が経過したと判断された。ティルマンは、ミネソタ大学の客員教授としてモントリオール大学から招聘(しょうへい)されていたジョン・ダウニングと共に、各区画の抵抗性、回復性、安定性の調査を開始した。ティルマンとダウニングは、一年間に各区画で生み出される植物バイオマスの総量、つまり生物体量に注目することにした。時間の経過とともに各区画のバイオマスがどのように変化していったかを比較することによって、各区画の、干魃に対する抵抗性、干魃後の回復性、さらには、抵抗性と回復性の結果としての安定性を評価することができた。

ティルマンとダウニングの研究から明らかになったのは、生物種数の多い区画ほど、干魃後のバイオマス量の減少が小さいということだった(4)。生物種数の少ない区画では、干魃期間中にバイオマス量が劇的に減少した。バイオマス量のおよそ八〇%が失われた。こうした区画は、干魃に対する抵抗力が低かった。一方、多様性に富む区画でもバイオマス量は減少したが、減少量ははるかに少なく、五〇%ほどにとどまった。つまりこうした区画は、抵抗力が比較的高かったのだ。さらに、その後何年にもわたって調べると、多様性に富む区画は、多様性の乏しい区画に比べて、バイオマス量が元の状態にまで戻りやすかった。回復力が高かったのである。多様性に富む区画は、抵抗性と回復性を備えているがゆえに、干魃の前と後で比較しても、高い安定性が保たれていた。

このような生物多様性が生態系の安定性に及ぼす効果は、以前から仮説としては唱えられていたものの、自然状態での実験で実証されたことはなかった。しかし、これで、説得力に富む証拠が示されたことになる。多様性に富んでいる草原ほど安定性が高い。多様性－安定性仮説がますます法則性を帯びきた。しかし、ティルマンはもっと確かな証拠を求めていた。そこで、一九九五年、新たに考案したさらに大規模な実験に着手した。

ビッグ・バイオダイバーシティ実験、またはビッグバイオと呼ばれる新たな実験も、多様性に焦点を当てるものだった。干魃や寄生体や害虫に襲われた場合に、多様性に富んでいる土地のほうが、そうでない土地よりも安定性が高いかどうかを、もっと直接的に評価することがその実験の狙いだった。

この新たな実験に用いられた区画は、施肥プロジェクトで使われた区画よりもさらに広かった。しかし、異なるのは広さだけではなかった。各区画に生えている植物はすべて、既存の植物を地ならし機と鋤（すき）を用いて取り除いた後、手作業で種を播いて育てたものだった。こうして作られた区画は、ほとんど休みなく世話をする必要があった。評価測定をしなくてはいけないし、夏の間は特に、除草が欠かせなかった。除草はとりわけ骨の折れる作業で、ニック・ハダッドの記憶では、毎年夏には九〇人ほどの大学生が除草作業に雇われていた。優秀な一〇〇人近い学生たちが、ヤギのように腰を屈めて区画内をあちこち移動し、播種していないのに生えてしまった植物を一本一本抜いていった。

図 7.1　上の写真は、デイヴィッド・ティルマンのビッグバイオ実験の区画の一部。区画によって、色調、裸地の面積、植物の背丈がそれぞれ異なる点に注意。下の写真は、その区画で一本一本雑草を抜いている学生たち。ジェイコブ・ミラーの好意により写真を掲載。

この実験が始まり、ティルマンがその結果の検討に取りかかると、ある区画に含まれる植物の種数との相関で、その区画について非常に多くの事柄が予測できることが明らかになった。だいたいどの年にも、より多くの植物種を擁する区画ほど、より多くのバイオマスを生み出した。そのような区画は、草食性昆虫であれ、それを餌にする肉食性昆虫であれ、より多くの昆虫種を擁していた。そのような区画はまた、害虫や寄生体の侵入を受けにくかった。

ティルマンは、何十人もの学生や共同研究者とともに、数十年かけて次々と論文を執筆していった。初めのうちは、一九八二年の実験に基づく論文、その後は、ビッグバイオ実験に基づく論文だったが、タイトルはほとんどすべて『植物多様性が……に及ぼす影響』で、「……」に入る言葉が変わるだけだった。

しかし、こうした大規模実験についてもやはり、以前に小規模区画で行なった実験と同様に、多様性に富んでいる区画ほど安定性が高いかどうかを検証するためには、しばらく時間をおく必要があった。豊作の年も、凶作の年も含めた全体的変化を見ていくには、何年分ものデータが必要だったので、彼はまたしてもじっと待つはめになった。

イネ科草本、広葉草本、樹木、または藻類の多様性に富んでいる区画ほど、安定性が高いのには、二つの理由が挙げられる。まず一つ目は、ポートフォリオ効果（または分散投資効果）と呼ばれるようになった現象である。「ポートフォリオ効果」とは、もともとは株式投資家が使っていた言葉だ。ニッチが異なるさまざまな業種や企業の株式に投資すれば、リスクを低減することができる。同じ経済的ショックを受けても、業種によって異なる反応を示すからだ。株価が上がる銘柄もあれば、下がる銘柄もある。したがって、多様なポートフォリオを組んで株式投資すれば、リスクを低減できるので、長期的に見ると総じてより大きな収益を上げることができる。

生態系のポートフォリオ効果も、これに似ている。ある区画内の生物種数が多ければそれだけ、将来、どんな新たな環境にさらされても、少なくともそのうちの一種は、その環境にうまく対応できる確率が高くなる。また、ある特定の生物種が、特に高い生産性を発揮する確率も高くなる（生態学者はこの現象をサンプリング効果と呼んでいる）。

多様な生物種が、それぞれ全く異なるニッチを占めている場合に、ポートフォリオ効果が特に顕著になることが予想される。二通りのシナリオを想定しよう。まず一つ目は、二種類の植物の乾燥耐性や洪水耐性がわずかに異なる場合。二つ目は、一方の植物は乾燥耐性が極めて高く、もう一方は洪水耐性が極めて高い場合だ。ポートフォリオ効果が最大になるのは、二つ目のシナリオの場合である。

多様性に富んでいる区画ほど安定性が高くなるもう一つの理由は、競争と関連している。どんな環境であれ、それまでにない環境で生きられる生物種は、単に生き延びるだけでなく、他の生物種が利用していた資源を奪い取ってしまう。こうした現象は、その年にも翌年にも起こると考えられる。環境条件が変わった一年目には、その環境条件にぴったり合う形質を備えた生物種の生存率が高くなる。二年目に入ると、その生物種は生き残って繁殖し、さらに、他の種がそれまで生息していた土地を引き継ぐようになる。

ニッチは異なるが、ある程度、競合関係にある生物種を擁することは、株式投資の例になぞらえるならば、ソーラーパネル製造会社と石炭採掘会社の両方に株式投資するようなものだ。それぞれの株式は、経済や社会の変化に異なる反応を示し、一方はだめでも、もう一方にはチャンスが訪れる。競争の効果は、はっきりと現れるまでに時間がかかるので、生態系の抵抗力よりも、回復力のほうに影響してくる可能性が高い。

ビッグバイオ実験の開始から一〇年が経過した二〇〇五年、ティルマンはついに、それぞれの区画の多様性が、その安定性に及ぼす影響を比較した。前回の実験と同様に、生物種数の多い区画ほど、気候やその他の要因が不安定であっても、年ごとの変動が小さいことが明らかになった[5]。生物種数の多い区画では、一つの生物種がある事象の被害を受けても、別の種はそれを免れた。幅広い生物種のポートフォリオが組まれているおかげで、損失が緩和されたのだ。たとえば、雨の降らない年には、乾燥耐性をもたない種は枯れたが、乾燥に強い種は生き延びた。寄生体がはびこると、寄生体に感染しやすい種は枯れたが、感染しにくい種は生き延びた。

それに対し、一種または数種のみの区画では、こうした互いのリスクを打ち消しあう効果は全く認められなかった。多様性に乏しい区画のなかにも、特定の問題に対しては、他区画よりもうまく対応した区画があったが（たとえば、干魃のときに、乾燥耐性をもつ種ばかりの場合）、全体としての成績ははるかに劣っていた。

そして、厳しい環境条件が十分に長く続くと、いよいよ競争が物を言い始めた。たとえば、乾燥耐性のない種が生えていた場所は、乾燥に強い種に取って代わられていった。

多様性―安定性仮説で見た世界の農業

生態学者が実験を行なうのは、絡み合っている自然界の因果の糸を解きほぐすためだ。耕作放棄地や池（池では大きすぎるときは、藻類やオタマジャクシでいっぱいの子供用プール）で、いくつかの因子だけを操作し、それ以外の因子をすべて一定に保って実験を行なう。実験生態系はどれも、自然の生態系全体の縮図と言えよう。生態学者は、自ら作り出した、自然界の縮図たるマイクロコズムと向き合う。環境条件を操作し、その系を構成するピースの配置を変えてみる。それから一歩さがって、どんな結果がもたらされるかを観察する。万事うまくいった場合には、その結果から得た知見を利用して、実世界、つまり自然界全体を新たな観点から見直すのだ。

そんなわけで、ティルマンは、イネ科草本や広葉草本が茂る区画内で、その微小生態系（マイクロコズム）の仕組みを解明することを楽しみつつも、自分は生物界全般に通じる考え方を導き出しているのだと考えていた。彼が行なっていたのは、多様性に富む草木の区画のほうが、安定性も高いのかどうかを調べる実験だった。しかし、そのような研究の結果を利用して、多様性に富む生息環境全般あるいは国々は、安定性も高いのかどうかを予測していた。後者の問い（自然界全般についての問い）は知的探求の動機づけにはなるとしても、結局、答えを出すことができるのは、前者の問い（実験生態系についての問い）だけだ。前者は、それ自体が一つの独自な世界であることが多いため、結局、後者について論じられることはなく、ましてや十分に理解されることもない。とはいえ、ティルマンの実験に用いられた、生物種数の異なる区画の一つ一つは、ある意味で、もっと大きな生態系のマイクロコズム、もっと広い草原、森林、あるいは国々のマイクロコズムであったという点は注目に値する。

ティルマンの研究結果は、規模を拡大して考えると、多様性に富んでいる森林は害虫の大量発生による大惨事にはなりにくい、という予測につながる。そのような森林は、安定性が高く、平均的な生産量も高いはずである。少なくとも日本の温帯林については、この考え方が当てはまるようだ[6]。多様性に富む森林のある国ほど、水質の浄化、植物の授粉、大気中の二酸化炭素の隔離等々、その森林からより安定した生態系サービスを受けられるはずだ。多様性に富む草原のある国ほど、草原生態系による大気中二酸化炭素の隔離機能（ひいては気候変動の緩和機能）が急に低下することは稀で、その結果、概してより多くの炭素を隔離することができるはずだ[7]。しかし意外なことに、これまでのところ、こうした予測はほとんど検証されておらず、検証されていたとしても、たいてい特定の生息環境の区画内に限られており、州、地方、あるいは国のレベルでなされたことはない。

その結果は、われわれ自身の直近の未来にとって、たぶん最も重要な予測にもつながる。ティルマンの研究結果は、栽培している作物の種数の多い国ほど、全国的な収穫不良が起きにくく、したがって不作が社会に及ぼす影響を受けにくい、つまり抵抗力がある、という予測にもつながるのだ。こうした抵抗力が、おそらくは回復力と合わさって、より安定した食料供給にもつながっていくはずだ。

ティルマンの区画から得られた知見に照らせば、世界の農業について考え直すことができそうだが、そうした方向にはなかなか踏み出せていない。作物の多様性が国全体の農作物収穫量に及ぼす影響について調査すれば、有用なデータが得られたはずだが、二〇一九年現在、調査した者は誰もいない。

そのような研究を実施できた可能性があるのは、気候経済学者たちだ。気候経済学者たちはこれまで、気候変動が社会に及ぼす影響について、膨大なデータベースを構築してきた。しかし、そのようなデータベースを利用した研究は、第五章で紹介した気候経済学者、ソロモン・シアンの研究のように、その焦点が狭い範囲に――個々の都市、町、あるいは建物といった現代社会の特定の構成要素か、さもなければ古代社会に――絞られている傾向がある。古代社会について研究することによって、作物の多様性と安定性、あるいは作物の多様性と社会崩壊の関係を検証できる可能性がないとは言えない。しかし、作物の多様性に関するデータはめったに手に入らないし、入手できたとしても、その信憑性が論争の的になりがちだ（私は以前に、「マヤ族は、実際、どれほどトウモロコシに依存していたのか？」という問題について、延々と続く講演を聴いたことがある）。

さらに、シアンなどの気候経済学者が注目した社会にとって、気候変動がもたらす影響は、その社会の細かな事情とは何の関係もなかったようだ。気候が変化すると、そのたびに、人類社会はその変化の影響を被った。シアンは、電話で話したとき、私にこう語った。「世界の頂点に立つ社会であっても、気候が変化すると農業が崩壊し、社会が崩壊へと向かいます。カンボジアのアンコールワットも、中央アメリカのマヤ文明も、みなそうでした」

気候経済学者による古代社会の研究の成果には期待できない。現代の、高密度ヒト集団のニッチの周辺部に位置する農業依存社会の研究の成果にも、やはり期待できない。一見すると、そのような研究からは、作物多様性の重要性を浮かび上がらせるような結果は、ほとんど得られない。しかし、古代の作物多様性がもたらした効果は、非常に長い年月が経った後では確認しにくいだけなのかもしれない。古代社会のなかには、多様な作物を栽培することよって収量を上げ、恩恵を得ていたところもあったはずだが、そのような相対的成果は、時の経過の中でかき消されていったのだろう。

ティルマンの耕作放棄地での実験結果は明確なので、過去のことはさておき、今日の実世界で、その知見に基づく政策を進めていくことはできよう。農作物の回復力を保証する多様性に富んだ作物栽培を優遇する制度を発展させ、それによって、農業の崩壊によって起こる飢餓や暴力や社会不安のリスクを低減するように、地域や州や国には働きかけることはできよう。とはいえ、ミネソタ州の小規模な区画での実験結果を世界に敷衍(ふえん)するのは、相当な論理の飛躍だ。ある耕作放棄地では効果を発揮したことが、地域全体で、ましてやもっと広範な領域で、同じように効果を発揮するとは限らない。

しかし幸いなことにティルマンは、少し力を借りて、自分の考えをより大きな規模で検証する方法を見出した。当時、カリフォルニア大学サンタバーバラ校のポスドク研究員だったデルフィン・ルナールが、多様性－安定性仮説を地球規模で検証するために、ティルマンとチームを組んだのだ。ルナールは農作物に焦点を絞り、世界各地のあらゆる作物に関するデータを集めた。

研究を始めるにあたって、ルナールはまず、各国で栽培されている農作物の種類、各作物の農作物全体に占める割合、そして重要な、その収量に関するデータを探し出した。ある作物の収量の算定方法は、ティルマンが耕作放棄地の植物のバイオマス量を測定したときとほぼ同じだが、種子や果実もしくは軸など、作物の可食部だけに注目した点がやや異なっていた。国としての単位面積当たりの収穫量は、ある国の全作物の総収量（キログラム）を、その国の耕地面積（ヘクタール）で割ったものである。ルナールは次に、その収量データを、もっと直感的な指標であるカロリーに変換した。そして、一年間に各国の耕地から産出される総カロリー数を示す地図を作成した。全世界の国々に栄養ラベルのようなものを貼ったのだ。

ルナールは、国ごとの各年の収穫量およびカロリー産出量の推定値に加えて、ティルマンが耕作放棄地で長年にわたって測定したような変数のデータを見つけ出した。といってもルナールは、フィールドでデータ収集をするのではなく、国際統計のデータベースと格闘した。雑草を除去するのではなく、不必要なデータセットや正確性に欠けるデータセットをふるい落としていったのだ。そしてついに、一七六種の作物と九一の国々について、五一年間（一九六一年から二〇一〇年まで）のデータをまとめ上げた。決して容易な作業ではなかったが、ティルマンと共同研究者たちがシーダークリークで数十年にわたって行なったフィールドワークに比べれば容易であり、ずっと前に誰かがやっていてもよさそうな作業だった。しかし誰もやったことはなかったのだ。

ルナールの予測は、ティルマンが耕作放棄地について立てた予測を踏み台にしていた。つまり、栽培されている作物の種数の多い国ほど、環境条件が変化した年でも農作物の損失が少ない、つまり、気候その他の条件の年ごとの変動に抵抗力がある、と予測した。損失が抑えられるので、収量の年ごとの変動が少なく、したがって安定性が高い、とルナールは予測した。

図 7.2　各国で栽培されている作物の種数の 10 年間（2009 年～2019 年）の平均。濃い色で示してある国ほど、栽培されている作物の種数が多い。この地図に示されている期間、およびルナールが調査した期間に、作物の多様性が高かったのは、ペルー、ポルトガル、カメルーン、中国など。それに対し、作物の多様性が極めて低かったのは、アメリカ合衆国とブラジルだった（それぞれトウモロコシと大豆が突出している）。図は、デルフィン・ルナールのデータに基づいて、ローレン・ニコルズが作成。

ルナールは、作物の多様性のほかに、年ごとの収量差に影響を及ぼしうるいくつかの要因についても検討した。その一つが、施肥量。もう一つが、潅漑率である。施肥によって、年ごとの環境条件の変動の影響を緩和できるのではないか、また、潅漑にも同様の効果があるのでは、と考えたのだ。

ティルマンが耕作放棄地で検討した問題は、言ってみればトイ・プロブレム〔限られた世界で限られたルールに支配された問題〕だった。実験フィールド内の諸条件は管理されており、そこで何らかの結果が得られても、現実世界の問題(リアルワールド・プロブレム)にはなかなか結びつかなかった。彼の研究に大きな関心を寄せるのは、他の生態学者たちだった。しかし、ルナールの行なった分析は全く違っていた。このところ世界各地の農業が干魃の脅威にさらされている。地球規模の食糧危機が新たに懸念されるようになり、しかも、第五章で論じたように、気候変動による作物損失、特に極端な気候がもたらす作物損失は、暴力と関連があるようだ。ルナールの研究結果がどうであれ、それは将来の何十億もの人々の生存と安寧に直接関わってくるだろう。

ルナールの分析からは、驚くほど明確な結果が得られた。しかしそれを説明するには、もう一つの概念、「均等度」という概念を持ち出してくる必要がある。一個のパイ、実際の一個のパイを想像してほしい。たとえば、キーライムパイ。サクサクのパイ生地に、甘くてちょっと酸っぱい柑橘が詰まったパイを想像しよう。それを一〇個に切り分ける。切り分けられたピースそれぞれを、農作物の種(しゅ)と考える。どのピースも同じサイズならば、均等だということになる。サイズがまちまちならば、不均等だということになる。最も不均等にパイを切り分けるには、一つのピースだけを巨大（ほぼそっくり全部）にして、残りをすべて細かな小片にすればいい。

ルナールは、ある国の農作物の多様性を検討するにあたって、この均等度という概念を考慮に入れた。栽培されている農作物の種数と、その均等度の両方を考慮に入れた農作物多様性の尺度を算定した。これを、多様性・均等度指標と呼ぶことにしよう。栽培されている農作物の種数が多く、なおかつ、各種の作付面積の割合が比較的均等である場合、つまり多様性・均等度指標が高い場合に、干魃などの問題の影響を国として最もうまく緩和できるだろう、というのがルナールの予測だった。

まず第一に、驚くまでもなく、ルナールの研究結果から、気候変動の影響を緩和しうる方法の一つは潅漑であることが明らかになった。潅漑が普及している国は、降雨が少ない年でもその影響をうまく緩和できていた。農作物の生育状況と気象に関するリアルタイムデータに基づいた効率的な水の使用が図られていけば、潅漑の重要性は今後も失われることはないだろう。データに基づく潅漑は、世界を変えるほど画期的なものには思えないが、最初期の石器について人類の祖先もやはり同じように思っていたはずだ。

しかし、気候変動の影響を緩和するのに重要なのは、潅漑だけではなかった。農作物の多様性や均等度もこれに大きく影響していた。つまり、農作物の多様性が高く、しかも農作物の均等度指標が高い国々は、作物収量の年ごとの変動が小さいという傾向が認められた。作物収量が気候変動の影響を受けにくかったのである。たとえば、農作物の多様性と均等度が最高レベルの国々は、収量が二五％以上減少するのはごく稀で、およそ一二三年に一度だった。それとは逆に、農作物の多様性と均等度が低い国々は収量の変動が大きかった。作物収量が気候変動の影響を受けやすく、それゆえ収量が安定しなかったのだ。農作物の多様性の低い国々は、二五％以上の全国的な収量減少を、およそ八年に一度経験していた。重要なこととして、農作物の多様性と均等度が高くて、収量が安定している国々は、収量が全国的に減少することはなかった。多様性と均等度が高い国々は、収量が高く、なおかつ、年ごとの安定性も高かったのである。

農作物の多様性と、収穫安定性や気候変動への抵抗力について、まだわかっていないことや、わかっていないが予測はできることがいろいろある。農作物の多様性のタイプによって、その効果の違いがあるのかどうかもわかっていない。しかし、ティルマンの区画やその他で行われた研究からすると、頻繁に起こりがちな攪乱（干魃など）への耐性が、農作物ごとに違っているほど、一つの種が苦戦しても、別の種がそれを補ってくれる可能性が高いことがうかがえる。[8]

また、栽培される作物の種の多様性が重要なのか、それとも種のうちの品種の多様性が重要なのか、ということもわかっていない。なぜそれを知る必要があるのかと言うと、多くの国々や地域では、栽培される農作物の種は多様化している[9]一方で、それらの品種の多様性は、大体において低下しているからである。[10]耕作放棄地での知見からうかがえるのは、日々の糧として、特定の種の作物に依存している社会では（その例が、サハラ以南のアフリカや熱帯アジアにおけるキャッサバ）、その品種がより重要になってくるのに対し、主要作物としてさまざまな種が利用されている地域や、輸出用の作物が栽培されている地域では、作物の種の多様性がより重要になってくるということだ。

さらに、農作物の多様性によって、環境条件の年ごとの変動の多くが緩和されるのか、その一部だけが緩和されるのか、ということもよくわかっていない。多種多様な作物を栽培している国々や地域では、降水量や気温の年ごとの変動の影響も、さらには、新たな害虫や寄生体の侵入（エスケープの恩恵喪失）の影響も緩和されるのだろうか？　ティルマンの区画での研究からは、その答えがイエスであることがうかがえる[11]。検討が待たれることは、まだ他にもある。

この数十年間に、一部の地域では、農作物の種が多様化する傾向が定着し、さらに高まってもいるのだが、別々の国で栽培される農作物の種や品種が、以前よりも互いに似てきている。国内で多様な農作物が栽培されていても、その品目が、他の国々で栽培されている多様な農作物と同じなのである[12]。耕作放棄地や子ども用プールその他、実世界のマイクロコズムで行なわれた研究からは、こうした状況だと、ある国の大凶作の年が、多くの国々の大凶作の年と重なってしまう可能性が高いことが示唆されている。本当にそうなのかどうか地球規模で調べるのはなかなか難しいだろう。多種類の農作物を栽培している国々の農業さえもが被害を受けるほどの大凶作の年を待たねばならないからだ。そんなことは起きてほしくないが、もし起きたなら、ルナールとティルマンはきっと、それがもたらす農作物損失や困窮のパターンを分析して、生物界にうまく対処する上での基礎となる真実を探し求めるにちがいない。

国家レベルで多種多様な作物を栽培するメリットは明白だ。将来、豊作の年と不作の年があるだけではなく、深刻な干魃や害虫や疫病に見舞われることが、稀ではあっても避けられないとしたら、国家という巨大な実験区画の中で栽培される農作物の多様性を高めておいたほうがうまくいく。別の研究や農民の伝統的知識から、小さな規模で見てもやはりそうであることがわかっている。多種多様な作物を栽培するほうが、農民にとってもメリットになる。たとえば、さまざまな品種のコメを栽培している水田のほうが、一品種だけを栽培している水田よりも、害虫に対する抵抗力が強く、収量も安定している[13]。同様に、輪作栽培されている作物の種数の多い畑のほうが、種数の少ない畑に比べて、干魃に対する抵抗力が強く、長期にわたって安定した収量を挙げられる[14]。

多種多様な作物を栽培すると、たいてい管理作業にかかる労力が増してしまう。植え付けに手間がかかったり、収穫時の負担が増したりすることもある。しかし、気候変動がますます激しさを増し、農作物が予期せぬ害虫や寄生体の被害にさらされやすくなると、多様性がもたらすメリットはますます重みを増し、それに伴うコストは取るに足らぬものになっていく。

カラスは、状況や環境条件が変わるごとに、異なる種類の餌にありつく方法を見つけ出してリスクを減じている。われわれ人間は、それとは逆に、過去の生育状況の良かった比較的少ない種類の作物を栽培して食する、ということをやってきた。しかし、未来は過去と同じではない。これまでよりも気温が高くなり、しかも、多くの地域では、これまでよりも降水量が少なくなる（はるかに多くなる地域もあるが）。そして、変動幅も大きくなる。これから先、食料となるものを確保するためには、特定の年の気候条件とは関係なく、さまざまな種類の作物を栽培するほうがうまくいくだろう。

そうするためには、そもそも、栽培する作物のさまざまな種や品種が手元に確保されていなくてはならない。将来の気候条件が不安定で極端になるほど、ますます多様性が求められるようになる。となると、多種多様な農作物を農地で栽培すると同時に、種子バンクなどの施設で、その種子を保

図7.3　この地図は、各国で栽培されている農作物の種数が、この50年間にどう変化したかを示している。色の濃い国ほど、現在栽培されている農作物の種数が以前よりも多く、色の薄い国ほど、種数が以前よりも少ない。種のレベルで見ると、この50年間におよそ半数の国々で農作物の多様性が低下している。これらの国々では、農作物の多様性によって気候変動の影響を緩和する力が低下している。逆に、農作物の多様性が増している国々もある。それはエチオピア、キューバ、中国などだ。図は、デルフィン・ルナールのデータに基づいて、ローレン・ニコルズが作成。

存することも必要になってくるだろう。また、栽培作物の近縁野生種の多様性を保全することも必要だ。今日や明日の話ではなく、数百年先、数千年先、さらにもっと遠い将来に、人類がもっと多様性に富んだ作物を生み出そうとするとき、そうした近縁野生種が役に立ってくれるかもしれない。

しかし、多様性によってリスクを減じるには、植物やその種子を守ればいいというわけではない。[15]まだまだ重要なことがある。

第八章

依存の法則

帝王切開とミツバチ

もし、今後何百年にもわたって、人類が地球規模の社会崩壊を回避できたとしたら、それは、ヒト以外の生き物についての理解を深め、ヒトにとってのその重要性に気づいたからだろう。ヒトが、ヒト以外の生き物に依存して生きていることに気づいたからだろう。われわれと自然との間に境線はない。これまでずっとそうだったように、今もなお、自然の中で生きている。ヒトの体は——皮膚も、筋肉も、臓器も、頭脳も——自然から切り離すことができない。ヒトは自然の申し子なのだ。これは、帝王切開術に照らして明らかになった厳然たる事実である。

帝王切開という分娩方法は、人類史上かなり古くから行なわれてきた。今から二三〇〇年ほど前の紀元前三〇〇年にはすでに、帝王切開を行なったという記録が残されている。しかしそれは、生命の壮大なストーリーの中ではごく最近のことでしかない(人類が発明したものはみなそうだ)。二億五〇〇〇万年ほど前に哺乳類が誕生してから、初めて帝王切開が行なわれるまで、人類の祖先はひとり残らず経腟分娩で生まれていた。

最初期の帝王切開はほぼすべて、死亡した母親や瀕死の母親から胎児を取り出すために行なわれていた。たとえば、古代インドで栄えたマウリヤ朝の第二代皇帝となる子を身籠(みご)もっていた女性は、服毒して瀕死の状態にあった。赤ん坊を救うために、彼女は帝王切開手術を受けたと言われている。赤ん坊は生き延び、のちに皇帝の座に就くことになる。一方、母親のほうは命を落とした。その後何世紀にもわたって帝王切開が数多く行なわれたが、そのほとんどは、帝王になる子ばかりではないものの、やはり同じような状況下で行なわれていた。帝王切開が、母子双方を生かせる可能性の高い手術として一般的に用いられるようになったのは、一九〇〇年代初め以降のことだ。

今日、毎日のように行なわれている帝王切開もやはり、胎児、母体、または母子双方の命を救うためである。しかし、緊急手術としてではなく、選択的帝王切開〔経腟分娩は困難と判断し、最初から計画された手術〕としても行なわれている。帝王切開がごく一般的に行なわれるようになったのは、この選択的帝王切開が増えたからである。アメリカ合衆国の場合、一九七〇年代には、帝王切開で生まれる赤ん坊は全体の五％だった。現在では、アメリカ合衆国の赤ん坊の三人に一人が帝王切開で生まれている。[1] 当然ながら、三人に二人は従来どおりの分娩方法で生まれている。どちらのグループの赤ん坊もその後、それぞれの環境で生活を営み始める。

しかし、一九八七年の時点ですでに、帝王切開で生まれた赤ん坊と、経腟分娩で生まれた赤ん坊とには違いがあることが、場合によってはその違いが非常に大きいことが、明らかになり始めていた。[2] そのような違いの一部は、人体に棲みついている微生物と関係がある。人体に常在する微生物は、ミツバチが農園の一部分であるのと同様に、われわれの体の一部分だ。ヒトの体に備わっている特性の一部分なのだ。しかし、農園からミツバチがいなくなってしまうことがあるように、人体から微生物がいなくなってしまうことがあり、そうなると、重大な結果を招く可能性がある。

シロアリの腸内細菌

人体に常在する微生物がいかに重要かということは、一〇〇年以上も前から知られている。ちなみに、人体の微生物に関する知識の多くは、シロアリの研究を通して得られたものだ。シロアリは、社会を形成するという点が、ヒトに似ている。女王や王がいるという点で、君主国に暮らすヒトに似ている。シロアリがヒトと違うのは、女王が帝国内に暮らす個体すべての繁殖を担っているという点である。

一八〇〇年代後半にはすでに、シロアリと呼ばれる種の一部は、腸内に棲む微細な生物に、木材を（特に木材のセルロースやヘミセルロースを）消化してもらっていることがわかっていた。アメリカの古生物学および微生物学の祖であるジョゼフ・ライディが、レティキュリテルメス・フラヴィペス（*Reticulitermes flavipes*）という、北アメリカの広い範囲に分布しているシロアリの謎の解明に挑んだ。シロアリたちが「石の下の通路を往来している」のを見ていて、「こんなところで一体どんな餌を食べているのだろうか」と疑問に思ったのだ。そこで、顕微鏡下でシロアリの腸を切り開いてみた。その瞬間を、彼はこう綴っている。

小さな腸内には……茶色いものが入っていた。どろどろの状態になった食べ物だった。ところが、驚いたことに、おびただしい数の寄生体がうようよいて、実際のところ、こちらの量のほうが、実質的な食べ物の量よりも多かった。実験を繰り返した結果、どの個体も必ず、種類も形態もさまざまな、驚くべき数の寄生体をその腸内に宿していることが明らかになった。

ライディはこれらの生物を「寄生体」と呼んだが、それらが宿主に利益をもたらしている可能性を認識していた。こうした生物を美しいと思った彼は、愛情としか呼びようのないものを注ぎながら、妻とともにそれらをスケッチした。彼は、シロアリのように、他の生物種の棲み処になっている動物が他にも多数いるはずだとも考えていた。そして「多数のさまざまな寄生体に常に感染しているので、それが正常な状態のように見える動物もいる[3]」とまで述べている。

シロアリは、太古の昔にゴキブリから進化したことがわかっている。大昔のゴキブリのうち、枯れ木の内部に棲んでいた種が進化を遂げて、シロアリになったのだと考えられている。最初のシロアリは、枯れ木の内部に棲み、枯れ木を食べていた。枯れ木を餌にできたのは、一つには、原生生物という、腸内の単細胞生物の力を借りることができたからだ。原生生物は、シロアリの体内にいて、シロアリが自力ではできない消化プロセスを肩代わりしてくれた。そして、やはりシロアリの体内にいながら、シロアリにとって消化しやすい物質を分泌してくれた。

原生生物だけでなく、細菌などの生物も含めた微生物の観点からすれば、シロアリは、住まいと乗り物、おまけに食事まで提供してくれる存在だ。昆虫版のキッチンカーと朝食付きホテルの中間のようなものだ。シロアリは、微生物をあちこちに運んでくれて、なおかつ、あらかじめ噛み砕いた食べ物を絶えず提供してくれる。一方、シロアリにとって、微生物はなくてはならない存在だ。微生物がいなければ、シロアリは木材を食べることができない。微生物がいなければ、シロアリは、大きな拡大家族をもつゴキブリにすぎない。微生物がいなければ、シロアリは飢えて死んでしまう。となると、シロアリとしては、自分にとって不可欠な微生物を確実に獲得する手段が必要になる。

シロアリは特定の微生物を必要とすることが明らかになると、ほどなく、シロアリの幼虫はどうやってその微生物を獲得するのだろうかと、研究者たちは首をひねるようになった。この問いに答えるのは意外に難しい。なぜなら、シロアリは何度も生まれ変わるからである。シロアリは、女王が産んだ卵から孵化する。その後、脱皮を繰り返すことで成長していく。古い外骨格がふくれて透明になると、縦に亀裂が入ったところから古い外骨格を脱ぎ捨てる。イモムシからチョウになる場合とは違い、脱皮を何度も繰り返すことによって、小さなシロアリが大きなシロアリになっていく。脱皮のたびに、生まれ変わる。こうした脱皮すなわち生まれ変わりに伴う問題は、そのたびにシロアリの腸の内皮が微生物ごと脱ぎ捨てられてしまうことだ。脱皮した後、また新たに獲得しなくてはならないのである。

シロアリが、日々生きていくのに欠かせない生物、ミニチュア生態系のようなものを構成している生物が繰り返し失われてしまう事態に対処するには、コロニー内でそれを共有すればいい。つまり、微生物をもっているシロアリが、もたないシロアリに、消化管内容物（微生物に富んだ特殊な糞便のようなもの）を与えることによって、その微生物の一部を受け渡すのである。この特殊な方式の微生物供給は、コロニーがごく小さいときは、もっぱら王と女王によって行なわれる。このような肛門食（肛門から口への受け渡し）は、何だか汚らしいように思われる。しかし、それがあるからこそ、シロアリの社会は維持され、普通であれば分解できない餌を消化する能力が引き継がれていくのである。

この方式は、進化生物学者が垂直継承と呼ぶものではちょっと説明できない。シロアリの遺伝子は、垂直方向に継承されていく（つまり、親から受け継いだ遺伝子が、代々その子孫に受け渡されていく）。この垂直継承の対極をなすのが水平継承であり、水平継承では、微生物（または遺伝子、ただしここでは遺伝子は関係ない）が周囲の環境や家族外の個体から取り込まれる。シロアリがそもそも、ゴキブリとは違って社会を形成するに至ったのは、微生物を受け渡すことが可能であり、また不可欠であればこそだと考えられている。シロアリが微生物を再獲得するためには、その後も、他の個体の周囲で暮らす必要がある。そのためには、拡大家族、コロニー、王国といった、より大きな集団の中で暮らす必要がある。

シロアリやシロアリ社会が、特定の微生物に依存していることは以前からわかっていながら、ヒトの場合もやはりそうかもしれないという可能性は無視されがちだった。

ヒトの常在菌はどこから来るのか

ヒトが微生物に依存していることを無視してきたのは、間違いだった。ヒトも、シロアリと同様、微生物に頼らなければ生きていかれない。とりわけ免疫系の発達や、食物の消化、特定のビタミンの産生、寄生体に対するバリア形成などには、微生物の助けが欠かせない。ヒトの体内の細胞について見ると、微生物の細胞数のほうがヒトの細胞数よりも多い。それにつけても謎なのは、われわれ人類は、さらに言うと他の霊長類はみな、どのようにして微生物を獲得しているのか、ということだ。

人体にいる微生物がどこから来たかを考える上でのヒントは、チンパンジーやヒヒといった、野生の霊長類がもつ微生物の研究から得られる。一例を挙げると、私は共同研究者たちと、アフリカ各地に点在する三二の野生集団のチンパンジーがもつ微生物について調査した。こうした調査ができたのは、ドイツのライプツィヒにあるマックス・プランク進化人類学研究所が主導する、「パンアフリカ」と呼ばれるプロジェクトのおかげだった。パンアフリカ・プロジェクトでは、カメラトラップ〔自動で撮影できる設置型カメラ〕を用いて、チンパンジーとその行動を撮影していた。研究者たちは、カメラが捉えている場所でチンパンジーが残していった糞を収集したのである。

その後、一連の処理を経て、そのサンプルから分離したDNAをうちの研究室が受け取った（そして、それをまた別の研究室に回した）。分析の結果、明らかになったのは、チンパンジーの糞の中にいる微生物の種類は、そのチンパンジーが属している集団や系統によって決まるということだった。そして、二つの集団が遠く離れているほど、微生物の違いも大きかった。チンパンジーが保有する微生物は、属している集団やその地理的位置だけで決まるわけではなかったが、しかし、どの集団に属しているかということが、保有する微生物の種類に絶大な影響力をもっているようだった。

私たちの研究結果は、共同研究者であるノートルダム大学教授、エリザベス・アーチーの研究結果とも非常によく似ていた。アーチーと共同研究者たちは、ケニアのアンボセリ国立公園内およびその周辺に生息する、四八匹のヒヒについて調査した。すると、異なる集団のヒヒが保有する微生物に特徴的な差異が認められただけでなく（そこまでは私たちのチンパンジーでの調査結果と同じだが）、同一集団内でも、頻繁に交流する個体ほど多くの微生物を共有していた。[4]

同一集団内のチンパンジーやヒヒの微生物が類似しているという事実には、非常に興味深い側面が二つある。まず一つは、その類似性が、集団内の個体に利益をもたらす可能性があるということだ。自分の属する集団の微生物を獲得すれば、その集団の餌や、生息環境、さらには保有遺伝子から考えて、最もうまく機能する微生物が獲得される確率が高まるからである。エリザベス・アーチーが唱えるように、自集団の個体から獲得された微生物は、その土地の環境条件にぴったりのオーダーメイドとはいかないまでも、遠く離れた集団の個体が保有する微生物に比べれば、環境条件にマッチしている可能性が高い。[5]

しかし、同一集団内の霊長類が保有する微生物の類似性には、もう一つの側面――そもそもいかにしてその微生物が獲得されるのか――が関連している。餌を分かち合ったり、グルーミングのような社会的相互作用をしたり、さらには、シロアリのように互いの糞を食べたりすることで獲得される可能性がある。しかし、もっと早い時期、つまり狭い産道を通って出てくる際にも微生物の獲得は起こりうる。もしそうだとしたら、赤ん坊の保有している微生物は、父親や共同体の他の成員の微生物よりも、母親の微生物と一致する度合いが高くなることが予想される。

ヒトの祖先も、現生するヒヒやチンパンジーと同じく寿命が長かったので、ヒトの祖先の微生物も、現生するヒヒやチンパンジーと同じようにして獲得された可能性が高い。もしそうだとしたら、ヒトの微生物を研究すれば、ヒトのストーリーだけでなく、霊長類全般の微生物獲得のストーリーも明らかになるかもしれない（霊長類の種ごとにプロセスが異なっている可能性もあるが）。ヒトの場合には、具体的な予測を立てて検証することができる。微生物が社会環境のさまざまなところから獲得されるのであれば、赤ん坊（または成人）が保有する微生物は、出産、離乳食、社会的ネットワークその他、諸々の要因が複雑に絡み合って決まるはずである。予測するのは難しいはずだ。それに対し、出生時に微生物が獲得されるのであれば、経膣分娩で生まれた赤ん坊の微生物は、その社会集団が保有する微生物とほぼ一致しているだけでなく、母親の微生物との一致度が特に高くなるはずだ。一方、帝王切開で生まれる赤ん坊は、さまざまなところから獲得されるもっと多様な微生物を保有していることが予測されよう。

新生児の微生物獲得法

経膣分娩で生まれたヒトの赤ん坊と、帝王切開で生まれた赤ん坊の微生物の違いに関する最近の研究としては、マリア・グロリア・ドミンゲス＝ベロ率いるチームが実施した研究がよく知られている。ベネズエラで生まれ育ったドミンゲス＝ベロは、スコットランドに移住して勉強し、博士号を取得した。その後ベネズエラに戻って、ベネズエラ科学研究所に入所する。ドミンゲス＝ベロはそこで、一〇年以上にわたり、動物の腸内に生息する微小な生物種の世界を研究して過ごした。ドミンゲス＝ベロが研究人生をスタートさせた頃、脊椎動物の腸内微生物に関する研究のほとんどが、家畜に焦点を当てていた。ドミンゲス＝ベロが行なった研究の一部も、この伝統を引き継いでいた。ヒツジやウシを、というよりも、ヒツジやウシの体内にいる生物について研究した。

その一方でドミンゲス＝ベロは、家畜以外の生物種、つまり、母国ベネズエラの森林に生息する生物種の腸の研究も始めた。ミツユビナマケモノ、カメアリ、カピバラ、さまざまな小型齧歯類、それから、特にツメバケイ（別名ホーアチン）。その取り組みは、驚きに満ちた研究プログラムとなった。目に見えない微小な生物の世界と、そのすぐれた力を解明することを目指した研究だった。ありとあらゆる動物の腸が研究の対象となったが、およそ一〇年にわたって特に彼女の関心を惹きつけたのが、ツメバケイだった。

ツメバケイは、南アメリカ大陸の熱帯地域に生息する鳥で、ピンと立った「頭髪」、青いアイシャドウ、真っ赤な眼、先端が黄色い尾羽、そして、赤ワイン色の房飾りのついた翼が特徴的だ。何ともおしゃれで、ロックンロールの諸要素が一つにまとまっている。しかし、この鳥の極めて珍しい特徴は、目にも鮮やかなその姿ではない。尋常でないのは、ほとんどの鳥類とは違い、生の葉を大量に食べることなのだ。独自に進化させた特殊な腸の中で、葉を発酵させるのである。その腸内には微生物が満たされており、ツメバケイはそれを、葉に含まれる成分を分解するのにも（シロアリの微生物と同じ）、また、その成分を解毒するのにも利用する。

ドミンゲス＝ベロは、一九八〇年代後半に、博士論文の研究をしながら、ツメバケイの研究をスタートさせた。その後、学生や共同研究者とともに、ツメバケイとその独特の腸内生態系について、

図8.1　枝に止まっているツメバケイ。その腸内には、植物由来の難消化性成分が詰まっていそうだが、その腸内には間違いなく、それを分解できるさまざまな細菌種も満たされている。写真はファビアン・ミケランジェリが撮影。

十数件もしくはそれ以上の論文を発表することになる。脊椎動物の腸内生態系について一般に知られているのと同じくらい、彼女はツメバケイの腸内生態系について知るようになった。

ドミンゲス＝ベロの研究人生はこうして、自然界に掛けられた幕をゆっくりと引き上げ、農園や熱帯雨林に生息する動物たちの腸内の謎を解き明かしながら、そのまま進んでいきそうに思われた。ところがその後、ウゴ・チャベスがベネズエラの権力の座に就くと、ベネズエラの人々の日常生活も研究生活も、その政権の圧制の影響を受け始めたのだ。

ドミンゲス＝ベロは、プエリトリコ大学に新たな職を求めて、ベネズエラを後にした。祖国から遠く離れた島で、新たなポストに就き、研究テーマを新たに設定するはめになったドミンゲス＝ベロは、ヒトの腸をもっと詳しく調べてみようと考えた。以前にもヒトの腸管を研究したことがあった。たとえば、胃に生息する細菌、ヘリコバクター・ピロリが、アジアからやって来た最初のアメリカ先住民にくっついてアメリカ大陸に入り込んだことを、共同研究者とともに初めて明らかにしたのは彼女だった（アメリカ先住民は、アメリカ大陸に渡る旅の途中で、寄生体その他から逃れることができたが、この細菌だけは逃れられなかった）。しかし今や彼女は、ツメバケイのプロジェクトも並行して続けながら、ヒトの研究に精力を傾けるようになる。こうした転換期に、ドミンゲス＝ベロが疑問を抱くようになったのが、ヒトの赤ん坊はいかにして必要な微生物を獲得するのかということだった。

やがて、プエルトリコに拠点を置く間に、ドミンゲス＝ベロは、脊椎動物の赤ん坊が必要な微生物を獲得するメカニズムの解明に照準を合わせた研究を構想するようになる。研究の方向性として、二つの課題を設定した。

その一つは、彼女が慈しんでいるツメバケイに焦点を当てたものだった。それはサイドプロジェクトとして、彼女の心の中心に据えられることになる。ドミンゲス＝ベロは、フィリッパ・ゴドイ＝ヴィトリーノと共に、さまざまな月齢のツメバケイのひなに見つかる微生物と、その母鳥の嗉嚢(そのう)に見つかる微生物とを比較した。その結果、ツメバケイにとって重要な微生物の一部は、シロアリの場合と同様に、ある世代から次の世代へ受け継がれていくことが明らかになった。ツメバケイの母鳥が、嗉嚢から吐き戻した餌をひなに与えるとき、その餌には、母鳥が保有する微生物が含まれているのだ。しかし、ツメバケイのひなは成長するにつれて、餌から直接、それ以外の微生物も獲得するようになるらしい。葉の表面についている微生物を摂取することで、ひなの腸内微生物叢は時とともにますます豊かになっていくのである。[6]

もう一つの方向性として、ツメバケイではなく、ヒトに焦点を当てた研究にも取り組むようになる。

ドミンゲス゠ベロは、母親とその新生児を研究対象に選び、経膣分娩で生まれた児の微生物と、帝王切開で生まれた児の微生物を比較し、特に、新生児の微生物と母親の微生物が一致する度合いを調べてみることにした。出産という行為自体が、微生物の受け渡しの鍵を握っているのではないかと考えたのだ。つまり、経膣分娩で生まれた児は、自分に必要な微生物を、母親の膣や皮膚、あるいは分娩時に母親が排泄する便から獲得するのではないかと考えたのである。

一八八五年にはすでに、赤ん坊は産道を通るとき、少なくとも何種類かの微生物を飲み込んだり吸い込んだりすることが知られていた。赤ん坊は、肛門を通して微生物を（科学者たちの表現によると）「積載」する可能性があることも知られていた。[7] こうして積載された微生物は、母親由来の微生物のはずだ。さらに、新生児は、分娩を介助する人々を含めた周囲の環境からも、（多くの場合は低量と思われるが）さらなる微生物を積載する可能性があることも知られていた。科学者たちは、こうしたことが起きているのを知ってはいたが、それがどれほど重要であるかを全く認識していなかった。赤ん坊が健康を保つために欠かせない微生物を獲得する上で、それが重要な鍵となるのかどうかはわかっていなかった。

ドミンゲス゠ベロは、微生物とヒトの分娩について研究したいと思っていた。いずれにせよ、それには長期的な計画が必要だった。しかし、ヒトを対象とする研究は、ツメバケイの研究よりも多くの研究計画を立てる必要があり。このプロジェクトは依然として計画段階のままだった。ところがその後、絶好の機会が訪れる。輸送上のトラブルが、思わぬチャンスとなったのである。

ベネズエラのアマゾナス州でフィールド調査を終えたドミンゲス＝ベロは、ヘリコプターで出発するのを待っていた。ところが、何日待っても、何週間待っても、ヘリコプターはやって来ない。彼女は、この足留めの「チャンス」を利用して、帝王切開と経膣分娩で生まれた赤ん坊についての研究を実施しようと決意した。自分が主導する研究がもう一件あり、必要な研究実施許可はすでに得ていた。追加で必要なのは、アマゾナス州の州都、プエルト・アヤクーチョの地元病院の許可通知書だけであり、さっそくそれを取得した。

ヘリコプターがやって来る気配がどこにもないなか、許可通知書を入手したドミンゲス＝ベロは、実験に参加してくれる母親の募集に乗り出した。つまり、彼女とその共同研究者に、自分自身と出産した子ども両方の身体から、微生物を採取させてくれる母親を募り始めたのだ。この研究が行なわれた当時、研究に参加してくれる家族を募集するのはなかなか難しく、しかも、個々のサンプルに含まれている微生物の同定には費用がかかった。そこで、ドミンゲス＝ベロと共同研究者は、調査対象をかなり少数に――経膣分娩で生まれた赤ん坊四人と、帝王切開で生まれた赤ん坊六人に――絞ることに決めた。研究者たちは、この一〇人の新生児の母親から、皮膚、口腔、および膣の微生物を採取した。新生児からは、皮膚、口腔、鼻腔、および便の微生物を採取した。(8)

ドミンゲス＝ベロらが、検体に含まる微生物の同定を行なったところ、経膣分娩で生まれた赤ん坊は概して、膣内微生物叢に由来する微生物をより多く保有していることが明らかになった。加えて、個々の赤ん坊が保有する微生物は、その母親の微生物と一致する傾向が見られた。二人の母親の膣内微生物叢は、ラクトバシラス属細菌が優勢だった。その赤ん坊もそうだった。三人目の母親の膣内微生物叢は、プレボテラ属細菌（消化管にもよく見られる細菌）のほうが優勢だった。その赤ん坊もそうだった。四人目の母親は、さまざまな系統の腸内微生物を保有していた。その赤ん坊もそうだった。これは、シロアリやツメバケイなど、自然界の生き物に見られるのと似た現象だった。

ところが、帝王切開の赤ん坊について調べたドミンゲス＝ベロは、それとは異なる現象を目の当たりにした。帝王切開で生まれた赤ん坊は、経膣分娩で生まれた赤ん坊とは明らかに異なる微生物を保有していたのだ。どちらかというと、体内にいる微生物ではなく、通常は皮膚表面に存在している微生物が見つかった。また、母から子への受け渡しを示すような特徴は認められなかった。保有する微生物が、母親や家族の保有する微生物とは違っていただけでなく、そもそも普通は（その後に調査した他の帝王切開の赤ん坊を除くと）ヒトの体表や体内には存在しない微生物だったケースもある。

ドミンゲス＝ベロが最初に行なった分娩に関する研究は、少数の母親と新生児を対象にしたものだった。それは、シロアリに関するライディの初期の研究にも似た自然誌のようなもの、好奇心と探究心に突き動かされて綴られた自然誌のようなものだった。しかしそれこそが、赤ん坊の微生物叢獲得をめぐる研究が本格的に始動するきっかけを作ったのだ。それこそが、ツメバケイの研究者に、モンテーニュが「他のすべての生き物」[9]と呼んだものから、ヒトを切り離して考えるわけにはいかないことを気づかせたのだ。ヒトは、二つの意味で、他の生き物とつながっている。まず第一に、ヒトは、われわれが思っている以上に、シロアリやツメバケイといった他の動物と共通する点が多い。第二に、ヒトは、他の生物種、とりわけ微生物に依存していることを認めない限り、健康をまともに維持していくことはできない。

母親と新生児に関するドミンゲス＝ベロの最初の論文の成果は、その後の研究によって磨きがかけられてきた。現在、彼女の研究成果は、極めて広い範囲で通用することがわかっている。一般に、経膣分娩で生まれた赤ん坊は、その母親から微生物を獲得する傾向があり、それが健全な腸内微生物叢の確立を助けている。一方、帝王切開で生まれた赤ん坊は、母親以外から腸内微生物叢を獲得するが、ディスバイオシスと呼ばれる状態（腸内微生物叢のバランスの乱れ）が生じて、さまざまな悪影響を受ける可能性がある。

その後の研究により、母親が赤ん坊に受け渡す微生物のうち、何種類が膣自体を介して渡され、何種類が分娩中に排泄する便を介して渡されるのかに関する見解も変わってきた。マサチューセッツ総合病院のキャロライン・ミッチェルが主導する最近の研究では、経膣分娩で生まれた赤ん坊に、膣の微生物叢が形成されることを示す証拠はほとんど見つからなかった。むしろ、分娩中に赤ん坊が母親から糞便微生物を獲得することを示す強力な証拠が見つかったのだ。ミッチェルは、分娩中に赤ん坊が微生物を獲得するだけでは意味がなく、他の生物種を凌駕し駆逐できるほど大量に獲得することが重要だと述べているが、確かにうなずける。[10]

さらに、別の研究によって、分娩以外の要因や、生後しばらく経ってさらされる微生物の構成も、赤ん坊の微生物叢形成に影響を及ぼすことが明らかになってきた。たとえば、乳首からの授乳は、母親から獲得した微生物の維持に、より広く言えば、健全なヒト微生物叢の維持に役立っているようだ。また、抗生物質の使用も影響する。分娩前の母体に対してであれ、出産後の児に対してであれ、抗生物質を使用すると、微生物叢を弱体化して、好ましくない微生物の定着を許してしまいがちになる。その影響は幼児期まで、さらには成人期までも持続する可能性がある。

帝王切開で生まれた赤ん坊が保有する微生物の多くが、そもそもどこから来るのかもわかってきた。新生児は、母親、看護師、医師の皮膚からだけでなく、分娩室の空気中や壁面からも微生物を獲得する。こうした微生物のなかには、病原性をもつ細菌や、抗生物質に対する耐性遺伝子をもつ細菌など、珍しい微生物も含まれている。

さらに、科学者たちは、帝王切開で生まれた赤ん坊のなかにも、正常な腸内微生物叢をもつようになる者と、ならない者とがいるのはなぜなのかも突きとめた。帝王切開の赤ん坊のなかには、たまたま、環境中の糞便細菌を飲み込んだり、吸い込んだりする子もいる。それがイヌからの場合もあれば[11]、土からの場合もある。微生物が見つかる場所ならどこからでも取り込んでいく。赤ん坊はそうやって、必要な微生物を獲得していくのである。

ただし、この運に任せて必要な微生物を取り込んでいく方法は、少なくともヒトの場合には、時間的制限がある。赤ん坊が月齢を重ねるにつれて、新たな腸内微生物を獲得するのがだんだんと難しくなっていく。なぜかというと、新たな微生物は、すでに定着している微生物と競わねばならないからであり、また、ヒトの胃は出生時には中性だが、生後一年間に酸度を増していき、ヒメコンドルの胃〔食べた肉に有害な細菌が含まれていてもそれがすぐに死んでしまうほど強酸性〕と等しい酸度にまで達するからである。[12] さらに、健全な微生物叢を獲得する時期が遅くなるほど、生後数週、数か月、数年といった、重要な発達初期に必要とされる微生物を得にくくなる。

ドミンゲス＝ベロの研究に続いて、今日までに行なわれた数十件の研究は、結論の細かな点に差異はあるものの、少なくとも次の五点は完全に一致している。

1　経膣分娩で生まれた赤ん坊は、その母親の皮膚、膣、および糞便の微生物種の多くを受け取っている。赤ん坊に定着する微生物が、母親の保有する微生物とほぼ完全に一致する場合もあれば、完全には一致しない場合もある。キャロライン・ミッチェルらが実施した研究を例にとると、分析可能だった九組中、八組は、バクテロイデス属細菌（ヒトの腸内微生物叢を構成する優勢菌）の株が、その母親の株とぴったり一致した。

2　帝王切開で生まれた赤ん坊は、腸内や皮膚その他の微生物叢を、まず初めに病院の部屋や室内の物品から獲得する傾向がある。

3　帝王切開の赤ん坊の場合も、経膣分娩の赤ん坊の場合も、生後一年ないし二年の間に、それ以外の微生物が腸内に定着し続けていく。順次新たな微生物種が加わって、しだいに多様性を高めながら、幼児期の食事の変化によって腸内微生物叢の構成が決まっていく。

4　赤ん坊が、病院の部屋から受け取る微生物は、母親から受け取った場合の微生物に比べて、健康に育つのに必要な微生物である可能性ははるかに低い。

5　そして最後に、帝王切開の赤ん坊であっても、母親の膣や糞便の微生物にさらされれば、健全な腸内微生物叢を——少なくとも経膣分娩だったら獲得したはずの微生物叢を——獲得することができる。

母親の保有する微生物にさらされなかったことによって、帝王切開の赤ん坊にはどんな問題が起きてくるのだろうか？　基本的に、健全な微生物叢を欠いていることに起因するあらゆる問題が起きてくる可能性がある。たとえば、アレルギー、喘息、セリアック病、肥満、1型糖尿病、高血圧症など、さまざまな非感染性疾患のリスクが高まることもその一つだ[13]。さらに、帝王切開の赤ん坊は、（まだ検証されてはいないが）さまざまな感染症のリスクが高まるおそれがある。なぜかと言うと、保有する微生物によって寄生体から身を守る力が弱いからであり、また、出生時に獲得した微生物の一部は寄生体だからである。

こうした問題は多岐にわたっている。それは一つには、ヒトの腸内や体表に常在する微生物が、身体機能のほぼすべての側面に影響を及ぼすからである。身体側の錠と、微生物という鍵は、一対一で対応しているわけではない。一つの錠に一本の鍵ではないのだ。さらに、身体の錠は、一つではなく何百も存在し、何百もしくは何千にも及ぶその代謝経路に微生物が関わっている、一つの微生物種が複数の役割を果たしていて、複数の錠に合う場合もあるだろう。複数の微生物種によって一つの役割が果たされている場合もあるだろう。そして、どの微生物種の鍵が、どの錠に合うかは、その他にどんな種が体表や体内に存在するかによっても違ってくる。こうしたことすべてが複雑に絡み合っているのである。

それと同じくらい重要なのは、われわれがまるで無知だということだ。ヒトの体内や体表に棲んでいる生物種のほとんどは、何百万年もの間、ヒトの体内や体表、あるいはその近辺で生きてきたにもかかわらず、詳しく研究されたことがない。まだ理解し始めたばかりなので、何か異常が起きても、その原因を突きとめるのが容易ではない。

依存している生物種の継承

われわれ人類が生き延び、繁栄するためには、体内や体表に棲んでいる何百種、何千種もの生物がどうしても必要だ。この点において、ヒトはごく普通の動物だ。すべての動物種はみな、他の生物種に依存している。これが依存の法則である。

動物は、自分が依存している生物種、特に依存している微生物を獲得するための方法も必要だ。動物によっては、日々の生活で遭遇する微生物だけで、十分にそのニーズを満たせる場合もある。たとえば、生態学者のトービン・ハマーが最近明らかにしたように、イモムシの腸内の微生物はたいていい、イモムシが餌にしている植物から摂取されている。また、ヒヒは、出生後に仲間から腸内微生物を獲得する能力が、ヒトよりも高いようだ。しかし、多くの動物種は、こうした環境中の微生物だけでは十分ではないため、必要な微生物を継承していく仕組みが必要となる。

シロアリは、脱皮のたびに補充が必要でありながらも、微生物の垂直継承のようなことをやり遂げている。母親が遠くにいても、近縁個体がその集団の微生物を伝えるのだ。シロアリだけに限らない。特定の微生物に依存している動物種の多くが、それを伝える特殊な方法を進化させてきた。甲虫類の中には、体の外側に特殊な微生物用「ポケット」を備えている種もある。ハキリアリは、あごの下の嚢に真菌を蓄えて運ぶ。

さらに一歩先まで踏み込んで、必要な微生物を確実に子どもに伝える策を講じている昆虫種もいる（実は多数いる）。たとえば、オオアリの場合、必須のビタミン何種類かの産生を、母から娘へと代々受け継がれる細菌類に依存している。オオアリは、そのような細菌種の少なくとも一つを、腸の内側を覆う特殊な細胞に収納している。つまり、細菌はもはやアリの細胞の内部に存在し、体に組み込まれているのである。赤ちゃんアリは、それを卵の内部で受け継ぐ。[14] それはアリの体の一部、アリの卵の一部でありながら、依然として別個の存在だ。細菌にとって気温が高くなりすぎると、アリは大丈夫でも、細菌は死滅してしまう。[15] するとしばらくして、一体性が損なわれたアリたちも徐々に死んでいく。

未来を考える上で、人類に課された難題の一つは、必要とする生物種を次世代に渡し続ける方法をどのようにして見つけるかということだ。受け継ぐ必要のあるものは、人体に棲みついている微生物だけではない。母から子に渡される微生物は、継承すべきもののごく一部にすぎない。人類の生存は、多数の生物種の継承に依存している。バリー・ロペスは、オオカミについて語った著書の中で、オオカミは「徘徊する森と霊妙な糸で結ばれている」と述べている。[16] ヒトは生物界のさまざまなものと糸で結ばれており、その中を集団で移動してきたのだ。

では、通常のシナリオの本質を際立たせるために、極端なシナリオを思い描いてみよう。人類が火星にコロニーを建設できるようになったとしよう。これまで検討されてきたコロニー建設のシナリオは、大きく分けて二つある。一つは、巨大な宇宙ステーションのようなものを使って、火星にコロニーを建設するという案だ。もう一つは、火星にコロニーを建設したのち、多種多様な微生物を用いて火星の大気を作り変え、地球の大気に近づけていくというものだ。いずれのシナリオも、人類にとっては生まれ変わりに近いもの、少なくとも脱皮に近いものだ。何が言いたいのかというと、その際には、ヒトの生存に欠かせない生物種を一緒に連れていく必要があるということだ。これは、地球上の生物種に課せられたどんな任務よりも格段に難しい。ハキリアリの女王は、新たなコロニー形成のために飛び立つとき、子どもたちが将来、集めた葉に植え付けて栽培する真菌を、その身に携えていく。しかし、葉を茂らせてくれる植物を、その身に携えていく必要はない。それに対し、火星にコロニーを建設する人類は、さまざまな植物や、さらにもっと多くのものを運んでいかねばならないだろう。

赤い惑星で営む事業で出てくる廃棄物はもちろんのこと、ヒトが出す排泄物を分解できる微生物も、お供につけていく必要があるだろう。現在のところ、国際宇宙ステーションではこれができていない。宇宙飛行士たちは廃棄物や糞便その他をパックして、心がけの良いキャンパーのように地球に持ち帰っているのだ。

人々が食べる食料を生産するのに必要な生物種を運んでいく必要もあるだろう。ヒト一人が一年間に消費する生物は、何百種、何千種にも及ぶ。人類全体では、何十万まではいかずとも何万にも及ぶ種や、それをはるかに超える数の品種を消費している（たとえば、スヴァールバル世界種子貯蔵庫には、百万近い農作物品種の種子が貯蔵されている）。

さらに、こうした農作物は、葉の表面や根の周りに生息する微生物に依存している。多くの、おそらくはほとんどの農作物種は、微生物が存在しなければ育たない。農作物の寄生体や害虫が火星に到達しないように願いたいが、たぶんそれは願望でしかないだろう。もし入り込んでしまったら、防除のための手を打つ必要があるが、少なくとも地球上において最も有望なのは、農作物の害虫や寄生体の天敵を利用する方法である。天敵種のリストも延々と続く。

しかし、もう一つ重要なことがある。

今日のニーズは予想できる。けれども、将来のニーズは予想できない。だとすると、いずれ必要になるかもしれない生物種すべてを手元に置いておくこと（そして、未来に携えていくこと）こそが最良のアプローチだと言える。片づけコンサルタントの近藤麻理恵は、家をすっきりと整理して、あれもこれも処分するようアドバイスするかもしれない。しかし彼女は、自分が生きている間の、自分の家についてアドバイスしているにすぎない。われわれは、世界について考える必要があり、もっと遠い将来について考える必要がある。そうなると、現在、人類の役に立っている生物種だけでなく、将来、もしかしたら役に立つかもしれない生物種をも保存する必要がある。

これは人類にとって究極の難題だ。シロアリは、何種かの大切な原生生物や細菌を、ある世代から次の世代へと伝えていく。われわれはありとあらゆるものを後の世代に伝えていかねばならない。現在必要とされている生物種も然り（よくわかっているのはその一部にすぎないが）、明日必要となるであろう生物種をも然り、さらに、遠い将来に到来するやもしれぬ、さまざまな世界のいずれかで必要となりうる生物種もまた、後の世代に伝えていかねばならない。[17]

第九章

ハンプティダンプティと授粉ロボット

転げ落ちたら元には戻れない

コネチカット大学の院生だった頃の妻と私は、かなりつましい生活をしていた。臨時収入があると、各々の研究プロジェクトが実施されているニカラグアやボリビア行きの航空券代に充てていた。そんなわけで、電気掃除機が壊れたときも自分で修理することにした。そのほうが安上がりに思えたからだ。掃除機を分解するところまでは何の問題もなかった。どこが壊れているのかもわかった。ところが、壊れている箇所を取り外そうとして、別の箇所を壊してしまった。幸い、当時暮らしていたコネチカット州ウィリマンティックには、電気掃除機の部品を売ったり、修理をしたりする店があった。その店で必要な部品を買って帰宅したのだが、部品がすべて揃ったにもかかわらず、その掃除機は元の状態には戻らなかった。組み立てに失敗した掃除機は、空気を吸い込みはするものの、生ごみ処理機のような音を立てるようになった。もはやこれまで、と観念した私は、ばらばらになった掃除機をバケツに入れて、修理店に持ち込んだ。店主はバケツの中をのぞいて、ぼそっと言った。「これを元通りに組み立てようなんて思うやつはアホだね」。私が体裁を取り繕うとして、近所の人に頼まれて来たのだと言うと、店主はこう言った。「そいつには、何かを壊すのは、それを元に戻すよりも簡単なんだと教えてやらんといかんね」。続けて「特に専門家じゃないのなら」と言ったかもしれない。結局、私は新しい電気掃除機を購入した。

何かを破壊することは、それを元の状態に戻したり、ゼロから再建したりするよりも簡単だということは、電気掃除機だけではなく生態系についても言える。これは極めてシンプルなことなので、規則のレベルには昇格しそうもないし、ましてや法則などとは呼べそうにない。たとえば、種数－面積関係の法則ほどしっかりした骨組みがないし、アーウィンの法則ほど感覚に直接訴えかけてこない。依存の法則のような普遍性もない。にもかかわらず、重大な影響をもたらす。では、水道水について考えよう。

脊椎動物は、その大きな腹を陸上に引っ張り上げてから最初の三億年間、川、池、湖、泉の水を飲んでいた。その水は、ほぼいつも安全だった。しかし、ごくたまに安全ではないこともあった。たとえば、ビーバーのダムの下流の水には、ジアルジアという寄生体が含まれていることが多い。水の中にうっかりこの寄生体を「投じて」いるのはビーバー、腸内にそれを棲まわせているビーバーだ。つまり、ビーバーは自分が管理している水系を汚染してしまうのである[1]。しかし、ビーバーの巣の下流の水を飲まない限り、水に寄生虫が含まれていることは稀であり、その他のさまざまな健康上の問題もめったに起こらなかった。

その後、膨大な時間スケールからすると、つい先ほど、人類がメソポタミアなどで大規模な共同体を作って定住するようになると、ヒトは自らの糞便によって、さらに、野生動物が家畜化されるとウシやヤギやヒツジの糞便によっても、その水系を汚染し始めた。

そのような初期の集落で、人類は、それまで長いこと自分たちが依存してきた水系を「破壊」したのである。

メソポタミアのように、大都市に人々が集住するようになるまで、水に含まれている寄生体は、水中の他の生物との競争を通して、また、もっと大きな生物に捕食されることによって、きれいに取り除かれていた。ほぼすべての寄生体が、下流へと流されていくうちに、稀釈されたり、日光消毒されたり、競争に敗れたり、捕食されたりした。こうした現象は、湖沼や河川だけでなく、水が地中深くへと染み込んでいく過程でも起きていた（そのような地中深い帯水層の水を汲み上げるために、昔から井戸が掘られてきた）。

ところが、人口が増加するにつれて、それまで人々が依存していた水はとうとう、自然の力では処理しきれないほど多数の寄生体を含むようになった。水は寄生体によって汚染され、誰かが一口飲むたびに、寄生体が取り込まれるようになった。自然水系は破壊されてしまったのである。

当初、人類社会は、二つのうちのどちらかの方法でこの破壊に対応した。一部の社会では、微生物の存在が知られるよりもずっと前に、糞便による水の汚染と病気とが関連していることに気づいて、水の汚染を防ぐ方法を探し求めた。多くの地域でこれは、導管を通して遠方の水源から都市に水を引いてくるという形をとった。一方、糞便の処理法を工夫するというアプローチをとった地域もある。たとえば、古代メソポタミアでは、少なくとも何か所かにトイレが設置されていた。そうしたトイレの中には悪魔が棲んでいると考えられていた。おそらく、糞口感染を起こす寄生体の存在が、微小な悪魔のようなものとして予想されていたのだろう（一説では、野外排泄を好む人々もいたらしいが）[2]。

しかし、もっと広く世界を見渡せば、糞口感染を起こす寄生体をうまく制御する方法というのは、あったとしても異例であったろう。紀元前四〇〇〇年頃から一八〇〇年代後半まで数千年にわたって、さまざまな地域や文化の人々が、程度の差こそあれ苦痛を経験しながらも、なぜこうした事態が続くのか、どうしてもわからなかった。一八〇〇年代後半になってようやく、コレラの大流行（だったことが現在わかっている事件）の只中のロンドンで、汚染された水と病気との関連性が明らかにされたのだ。それでも、その発見には当初、疑いの目が向けられており、それから数十年を経てようやく、汚染の元凶はコレラ菌であることが認められて、命名され、研究されるようになった（糞口感染を起こす寄生体の問題は、地球上に生きる多くの人々にとって未解決のままだ）。

糞便汚染が病気を引き起こしている可能性が明らかになると、都市の糞便の流れを、飲料水から切り離すための施策が講じられるようになった。たとえば、ロンドンでは、市民の飲む水に、ロンドンの汚水が流れ込まないようにする措置がとられた。人間は頭が良いとうぬぼれている方々も、このストーリーとその要点はしっかり肝に銘じてほしい。つまり、最初期の都市が形成されてから九〇〇〇年ほど経ってようやく、人類は、飲み水に含まれる糞便が病気の原因になりうることに気づいたのである。

ごく一部の地域では、都市周辺の自然生態系が保全されているおかげで、森林や湖沼や地下帯水層での生態学的プロセスに助けられて、水に含まれる寄生体を食い止めることができていた。降った雨水が最終的に注ぎ込む地点まで流れ下っていく地域、つまり、生態学で「流域」と呼ばれる範囲にある自然生態系が、コミュニティによって保全されていたのだ。自然流域では、木の幹や葉に降り注いだ雨水は、土の中に染み込み、岩石の間を抜け、河川に沿って流れていき、やがて湖沼や帯水層へと流れ込む。

都市の成長パターンが独特だったおかげで、計画してはいないのにたまたま、流域環境が保全された地域もある。また、都市と水源地の距離が離れていたおかげで、流域環境が保全された地域もある。つまり、非常に遠い水源から都市に水を引いてくることで、その安全性が保たれていた地域もあるのだ。さらにまた、都市周辺の森林を守るための環境保全計画への投資を拡大したことで、流域環境が保全された地域もある。たとえば、ニューヨーク市の場合がそうだ。[3] 以上のようなシナリオのいずれにおいても、人々はたいてい、そうとは知らずに、手つかずの自然がやってくれる寄生体制御の恩恵を受け続けていた。

数少ない恵まれた地域では、飲み水に寄生体が含まれていない状態を維持するのに十分、またはほぼ十分なほどに、生態系サービス（自然の恵み）が無傷で保たれている。しかし、それよりもはるかに多いのが、都市が依存している水系が十分に保全されていないケース、あるいは、自然水系の汚染や崩壊がひどすぎて、保全区域に指定されている森林、河川、湖沼ではもはや太刀打ちできなくなったケースである。人口増加や都市化の大加速によって、多くの川や池や帯水層は「破壊」され、寄生体を阻止する能力という点からみて、もはや機能しなくなってしまったのだ。どの地域でも、都市の水系を管理する人々は、寄生体のいない飲み水を都市の一般大衆に供給するためには、大規模な水処理が必要になると考えた。

一九〇〇年代初めに水処理施設の整備が始まり、自然の水域で起きているプロセスをまねたさまざまな技術が用いられるようになった。そのやり方はかなり荒っぽかった。砂や岩石の間をゆっくりと通過していくプロセスをフィルターで代用し、河川、湖沼、帯水層での競争や捕食作用を、塩素のような殺生物剤で代用したのだ。水道水が各家庭に到達する時点では、寄生体は姿を消しており、塩素のほとんどは蒸発しているという寸法だ。

これまで、この方法によって何百万もの人々の命が救われてきたのであり、世界中のほとんどの地域では、現在もこれが唯一の現実的アプローチになっている。水系、特に都市の水系の多くは、今や汚染の度合いが高すぎて、未処理では飲用に供することができない。こうした状況では、水処理技術に頼って水の安全性を高める以外に、ほとんど選択肢がないのだ。

塩素消毒の落とし穴

最近、共同研究者のノア・フィエールが、私を含めた多数の研究者を率いて、(井戸のような)自然の帯水層を水源とする水道水中の微生物と、水処理施設から送られてくる水道水中の微生物とを比較する研究プロジェクトを実施した。プロジェクト全体として注目したのが、非結核性抗酸菌と呼ばれる細菌群だった。これらの細菌群は、その名が示すとおり、結核を引き起こす細菌と近縁関係にある。ハンセン病を引き起こす細菌とも近縁関係にある。非結核性抗酸菌には、これらほどの危険性はないが、かといって無害というわけでもない。アメリカ合衆国などいくつかの国々では、非結核性抗酸菌に起因する肺疾患や死亡例が増加する傾向にある。そこで、井戸その他の天然の水源からの水と、浄水場からの水とを比較した場合、非結核性抗酸菌が検出されやすいのはどちらなのかを、研究グループ全体で解明しようとした。

　われわれのチームは、水道水中の微生物を調査する方法として、こうした微生物の棲み処になりやすいシャワーヘッドに注目した。シャワーヘッド内の微生物を調査した結果、自然の川や湖では稀で、ヒトの排泄物で汚染された川や湖にさえあまりいない非結核性抗酸菌が、浄水場から送られてきた水の中にははるかに多数いることが明らかになった。特に非結核性抗酸菌が多かったのは、浄水場から蛇口に届くまでの間の寄生体繁殖を防ぐために残留塩素（クロラミン）が含まれている水だった。概して言うと、残留塩素農度が高いほど、抗酸菌が多かった。もう一度、はっきり言わせてもらおう。これらの寄生体は、寄生体を排除するための処理がなされた水のほうにむしろ多数存在していたのである。[4]

　水を塩素で消毒すると、または類似の殺生物剤を使用すると、（糞口感染を起こす多数の寄生体も含め）多くの微生物にとって有毒な環境が作り出される。これが、何百万もの人々の命を救ってきた。ところが、この介入方法こそが、別の種類の寄生体である非結核性抗酸菌がしつこく生き残るのに、有利に作用してきたのだ。実は、非結核性抗酸菌は、塩素に対する抵抗性が比較的強い。[5]したがって、塩素処理を行なうと、非結核性抗酸菌が繁殖しやすい状況が作り出されてしまうのである。[6]

われわれ人類は、自然生態系を分解し、私の電気掃除機の場合と比べれば、巧みに組み立て直しはしたが、やはり完全なものにはならなかった。研究者たちは現在、水道水から非結核性抗酸菌を除去する方法を含め、さらにいっそう性能の高い水処理装置の開発に取り組んでいる。その一方で、森林や自然水系や生態系サービスの保全に投資し、そのおかげで、水の濾過(ろか)や塩素処理にそれほど(あるいは全く)頼らずに済んでいる都市は、水道水やシャワーヘッドに非結核性抗酸菌がほとんどいない羨ましい状況にある。つまり、抱えている問題が一つ少ないのだ。

何億年もの間、動物は、飲み水の中の寄生体を減らしてくれる生態系サービスに頼ってきた。ところが人類は、大量の汚物を生み出し、それを広範囲に広げることによって、こうしたサービスを提供する水圏生態系の能力を圧倒してしまった。そこでやむなく、水圏生態系のサービスを肩代わりしてくれる水処理装置を発明した。ところがその際、膨大な投資をしたにもかかわらず、役には立つものの、自然界のシステムの機能をすべて代行してくれるわけではないシステムを作り出してしまった。再構築する際に、何かが失われたのだ。

その問題の一つは、人口の規模にある(ヒトの個体数の急増に伴って、地球上でヒトが出す糞便量も急増した)。しかし、それはまた、われわれの理解不足からくる問題でもある。森林生態系がいかにして、寄生体の個体数の増加を食い止めるなどの機能を果たしているのか、まだよくわかっていない。また、どんな環境があればそうした森林生態系の機能が果たされるのかも、どんな場合にそれが破綻するのかも、まだよくわかっていない。その結果、こうした生態系を単純化して工学的に再構成しようとすると、どうしてもミスを犯してしまうのだ。

ここで一言断っておく必要があるが、私は必ずしも、自然を保護するほうが、自然を再構築するよりも安上がりだと言っているわけではない。多くの文献がこの種の経済的問題を取り上げ、次の三点について評価を下している。（1）流域保全にかかるコスト、（2）その流域が提供するサービスの正味価格、（3）流域を保全するのではなく水処理施設に依存した場合に生じる長期的な負の「外部性」。外部性とは、環境汚染や二酸化炭素排出など、資本主義経済が計算に入れるのを忘れがちなコストのことである。自然生態系が提供する生態系サービスのほうが、それを何か別のものに置き換えるよりも、無駄がなくて安上がりな場合もある（実際には多くの場合）。そうでない場合もある。しかし、私が言いたいのは、そういったことではない。

私が主張したいのは、自然生態系をテクノロジーで代替することが（いかなる評価においても）最も経済的な解決策だと判断される場合も、代替することによって、何かが欠落した自然生態系のレプリカを――「似て非なる」自然生態系の模造品を――生み出してしまいがちだ、ということなのだ。

テクノロジー過信の代償

水供給システムの場合には、多くの都市は、水を濾過して塩素処理するという方法をとる以外にほとんど選択肢がなかった。ところが、周囲を見回すと、他にも選択肢がある状況であっても、生態系の再構築を図ろうとする試みがいろいろとなされている。北アメリカ（やその他の地域）での農作物の受粉をめぐる状況は、そうしたケースの一つだ、北アメリカでは、在来種のハチが四〇〇〇種ほど見つかっている。何百万年も前から、こうしたハチが何十万種もの植物の授粉を担ってきた。ところがその後、一連の不幸な出来事が起こった。ともかくも、在来種のハチや在来植物、そして未来の農業の観点からすると不幸な出来事であった。それは、単位面積当たりの収量を増やすために、畑や果樹園を再構築しようとする過程で起きたことだった。

畑や果樹園は、言ってみれば、草原や森林のレプリカだ。遥か昔から、草原や森林に生育する野生植物種が人類に食料を供給してきた。畑や果樹園は、毎年、単位面積当たり、それよりも多くの食料を供給してくれる。このような食料の供給は、畑や果樹園に生息する他の生物種に依存している、と言うか、依存していた。畑や果樹園の害虫は、害虫の天敵が抑えてくれていた。野生の花粉媒介者が、畑の作物や果樹園の樹木の花の受粉を助けてくれていた。ところが、畑や果樹園での土地利用の集約度が高まるにつれて、生態系の構成要素(パーツ)が置き換えられ始めたのだ。

害虫の天敵を死滅させると同時に、その役割を代行するようになったのが、農薬だった。さらに、多品目の農作物を栽培し、畑の縁にさまざまな在来植物を植えていた農場に代わって登場したのが、大規模な農園で単一品種の作物を栽培するモノカルチャーだった。単一の作物を栽培し、農薬を使用するようになったことで、授粉にかかわる生態系サービスに異変が生じた。

野生種のハチには、巣を作る場所が必要だ。ところが、モノカルチャーの農園には、営巣場所がほとんどない。ハチの種によって、巣を作るのに必要な土の種類、土壌構造、植物材料がそれぞれ異なる。ところが、モノカルチャーの農園の土壌や植物材料は均質化されている。野生種のハチはまた、年間の活動期を通してずっと、蜜源や花粉源となる植物が必要だ。ところが、モノカルチャーの農園の場合、農作物の花が咲いていない時期は、ハチにとって食の砂漠になってしまう。さらに、野生種のハチは、害虫防除に使用される農薬に苦しめられる。ほとんどの場合、農薬はゾウムシもハチも無差別に攻撃するからだ。その結果、花粉媒介者が不足することが多くなった。農作物は、花を咲かせても、ほとんど実をつけず、種もできない。生態系を組み立て直しはしたものの、構成要素（パーツ）が抜けていたのである。

この問題の解決法として、生態系に別の種を加えるという方法がとられた。一六〇〇年代に、ヨーロッパ人は、セイヨウミツバチと呼ばれる種を北アメリカに導入した。現在、ミツバチと言えばたいていこのハチのことだが、ムクドリやイエスズメや葛（クズ）と同様に、北アメリカの在来種ではない。しかし、北アメリカの農業の集約化が進むにつれて、ミツバチは、ばらばらに壊れた農業システムを建て直すのに欠かせない、重要な構成要素（パーツ）になっていった。ミツバチを高密度で飼育しておき、農地の作物が開花期を迎えて受粉が必要になったら、そこにミツバチを放てばいい。養蜂家は、虫媒花作物にとってセックス斡旋業者のようなものとなった。授粉システムの壊れた箇所は、完全とは言えないまでも修復された。問題はその規模だった。

壊れた農業システム内で花粉媒介を担ってくれるミツバチを確保するために、現在では、年間を通して（野生植物の花を蜜源にできる時期に）全国各地でミツバチを飼育しておき、それぞれの作物の開花期に合わせて、ミツバチをその作物の農地に追い立てるという方法で対処している。たとえば、毎年、とりわけすさまじい時期には、二五〇〇万のミツバチコロニーがアメリカ合衆国全域からカリフォルニアへと追い立てられて、アーモンドその他の農作物の（特にアーモンドの）授粉を担っている。

この方式は優れているとは言えない。ミツバチを密集して生活させることになり、群れ全体に寄生体が蔓延しやすくなってしまうのだ。彼らはいくつかのミツバチのウイルスを巣箱内に広げるだけでなく、在来種のハチにもウイルスをうつしてしまう[7]。ウイルスの拡散はさまざまな場面で起こるが、その一つはミツバチが花を訪れたときだ。ミツバチにとって、花は便座のようなもの。ミツバチが手を（というより足を）洗っても、寄生体の拡散を防ぐのには十分でない。巣箱から巣箱へとウイルスが拡散する。原生生物も拡散する。ダニも拡散する。

しかし、ミツバチを使った授粉システムとともに広がってしまうのは、寄生体だけではない。遺伝的な単一性のようなものも広がる。種内の遺伝的多様性が乏しくなって、病気に罹りやすくなるのだ。

野生種のハチは、遺伝的に多様性に富んでいる。さまざまな種が存在するという点で、そもそも多様性に富んでいる。また、それぞれの種の中に、重要な遺伝子に違いのある個体がいるという点でも多様性に富んでいる。さらに、社会性をもつ野生種のハチでは、コロニー内にさえ、遺伝的多様性が認められる場合が少なくない。このような多様性があると、巣箱内、種内、あるいは生態系内に寄生体が入ってきたとしても、少なくともその中の何匹かは、寄生体に対する抵抗性をもっている確率が高くなる。

多様性が、生物の寄生体に対する抵抗力に、どんな効果をもたらすかということは、まず、農作物において研究されるようになった。栽培する農作物品種の多様性が高いほど、全品種が寄生体にやられてしまう確率は低くなる。多様性が寄生体に対する抵抗力に及ぼす効果は、次に、第七章で紹介したデイヴィッド・ティルマンの植物多様性実験で吟味された。生物多様性実験の分野では、チャールズ・ミッチェル（現在、ノースカロライナ大学チャペルヒル校の教授）が、植物の寄生体の広がり方は、多様性の低い区画よりも多様性の高い区画のほうが緩慢であることを明らかにした[8]。その後、種内の多様性についても、同様の効果があることが明らかにされてきた。遺伝的多様性の高い植物種の区画のほうが、病気に罹りにくいのである。そして現在では、ノースカロライナ州立大学の同僚、デイヴィッド・ターピイの研究によって、遺伝的多様性の高いミツバチの巣箱のほうが、病気に罹るリスクが低いこともわかっている。しかし残念ながら、個々の巣箱内のミツバチは、遺伝的多様性が失われていく傾向にあることもわかっている[9]。

自然界では、ミツバチの女王は多数のオスと交尾するので、結果として、個々の蜂群内の子孫は遺伝的多様性が高い。一匹の女王は、八匹以上のオスと交尾して、その時に受け取った精子を貯蔵しておき、寿命が続く限り、その精子を少しずつ卵管内に放って卵を受精させていく。したがって、女王の子どもたちは、寄生体に対する抵抗性が異なる多様な遺伝子をもつことになる。

しかし、ミツバチの一般的な飼育管理方法では、女王バチを多数のオスと交尾させたりはしない。その結果、ミツバチは遺伝的にかなり均一になっているので、ある蜂群内のハチ一匹に感染して悪影響を及ぼす寄生体は、ほとんどの、あるいはすべてのハチに感染して悪影響を及ぼす可能性がある。このような均一性の高い蜂群が、途方もない密度で合わさると、寄生体が蔓延してしまう。また、こうしたミツバチは、一年のうちの一時期は、たった一種類の餌、つまりアーモンドの花の蜜だけで飼育される。ハチも人間と同じで、同じものばかり食べていると病気に罹りやすくなる。しかも、ミツバチは、授粉の仕事を頼まれている農地で、しょっちゅう殺虫剤や殺菌剤にさらされている。こうした諸事情が重なって、ミツバチのコロニーは崩壊していくことになる。

在来種のハチは、ミツバチの穴を埋める重要な役割を果たしてくれるが、多くの農業地域ではもはやひどく衰退しており、ミツバチの提供するサービスを代行してもらえる見込みはほとんどない。在来種のハチの個体数は、単一品種作物の栽培、殺虫剤の散布、野草地の除去、森林の伐採、ミツバチとの競争、その他諸々の打撃を受けて、回復が困難なほどにまで減少している。在来種のハチの終焉の時とは言えないまでも、決して良い時ではない。[10]

では、自然界の不可欠な構成要素（パーツ）のほとんどが揃っていても、すべて揃っているわけではない農地をどうすればいいのだろうか？　何種類かの農作物のための解決策として現れたのが、農作物をハウスで栽培し、そのハウス内にハチ（通常はマルハナバチ）の巣箱を設置して、作物の受粉のためだけにハチを利用するという方法である。この方法は、トマトのように、その花がマルハナバチの羽音の周波数で振動する作物で、特に広く行なわれている。しかし、それ以外の、ピーマンやキュウリのような作物にも用いられている。この方法は、作物を屋内で栽培するという点でも、ハチを授粉サービスのためだけに用いるという点でも、ミツバチを用いる方法に比べてさらにいっそう工業的だ。ハチは、採蜜のために使われるのではない（マルハナバチは、ミツバチのように蜜を作って貯めたりはしないが、巣の中にほんの少しばかり蜜を作る。売るほどの量は採れないが、もし指を突っ込むチャンスがあれば、ぜひなめてみてほしい。なかなかいける味だ)。

しかし、マルハナバチもやはり、ミツバチと共通する問題のいくつかを抱えていながら、ミツバチほど研究が進んでいない。そして、マルハナバチは、ミツバチよりも生かし続けるのが難しい。生き続けてくれたとしても、ミツバチよりも飼育管理に手間がかかる。コロニーの寿命は比較的短い。越冬はせず、翌シーズンまで持ちこたえるものはめったにない。したがって、毎年、少なくとも一回、たいていは二回以上、新たなマルハナバチを購入する必要がある。その点、ミツバチはどうかと言うと、世話が行き届いていれば、越冬して何年も生き続ける(ちなみに、野生種のハチは、人間がその生息環境を破壊しない限り、自らの力で生き延びる)。マルハナバチにはこうした弱点がある上に、現在ミツバチが直面している問題のすべてが、やがてマルハナバチにも降りかかるだろう。それは時間の問題でしかない。

最近、いくつかの企業が、ロボビーの特許を取得し始めた。小さなロボット頭脳に搭載されたアルゴリズムに従って花を認識しながら、花から花へと飛び回り、その授粉を行なうハチ型ドローンである。こうしたロボビーが農地を飛び回る日がいつしか訪れるのかもしれない。最新鋭の試作品は、空を飛ばずに、地上を走行する。経路に沿って花へと突進し、小さなロボットアームを伸ばす。これらの走行型試作品は小型冷蔵庫ほどの大きさで、現在のところ、一時間に数個の花の授粉が可能だ。巻き添え被害として、ほぼ同数の花を損傷させながらではあるが。

こうした装置は農作物用のセックスロボットみたいだ、と言おうとしたが、セックスロボットみたいいなのではない。まさにセックスロボットなのだ。こうしたロボットは、自然がすでにやっていたいることをするために発明され、数千万ヘクタールの農地の上を飛びながら授粉サービスを行なうことが期待されている。この方法は魅力的に思えるらしく、ウォルマートがすでに特許を出願している。実用的な試作段階の特許ではなく、将来役立ちそうなアイデアについての特許ではあるが。

花が咲き乱れる農地を小さなロボビーが飛び回っている未来の風景は、あの電気掃除機の部品を詰め込んだバケツと大差なく思えてならない。ハチ類を研究している生物学者たちは、言葉に気をつけながらも、すかさずこう指摘した。「頭がどうかしてる!」ハチの研究者や授粉の専門家からなるあるグループは、このアイデアに苛立ちを募らせ、生じるおそれのあるさまざまな問題の概要を綴った論文を執筆した。[11]

野生生物がこれまで何百万年にもわたって果たし、現在も果たしてくれている機能の多くが、人間の巧妙な工学技術に取って代わられようとしている。未来に目を向けると、多くの人々が、自然の提供するサービスをテクノロジーで代替しようと画策している。たとえば、炭素隔離についてもそうだ。

今から何億年も前に、植物は、太陽エネルギーを用いて二酸化炭素の炭素原子を結合させて糖にすることで、エネルギーを蓄える能力を進化させた。あらゆる動物がこれに依存するようになる。ところがその後、人間は、石炭や石油の形で貯蔵されていた古代の炭素まで燃やす方法を見つけ出した。そのせいで、二酸化炭素を大気中に放出し、大規模な温暖化を引き起こしてしまった。最近、大気中からこの炭素を回収する技術的手法について、世界中で活発な議論が交わされている。植物が時間をかけてやってきたことを、応急的に代替しようとしているのだ。もしかしたら、驚くほどうまくいくかもしれないし、そうはならないかもしれない。

しかし、代替方法を議論する前にまずは、植物が行なっている二酸化炭素固定の方法や、炭素固定量が最も大きいのはどんな植物群集か、さらには、そのような植物群集をいかにして保護するかについて、できるだけ多くの知見を得ることが賢明だろう。自然が行なう炭素固定よりも「迅速」で「効率的」な炭素固定技術の開発を試みる前に、あるいはせめてそれと同時に、そのような知見を広げていくことが賢明だろう。

人間が壊してしまったものをテクノロジーで修繕しようとしてきた事例は枚挙にいとまがない。シカの捕食者を絶滅させてしまった地域では、シカを駆除して個体数を制御するために、銃をもった人間に頼ることになる。害虫の天敵を絶滅させてしまった地域では、害虫防除のために、ますます大量の殺虫剤に頼らざるを得なくなる。河畔林を伐採した地域や、曲がって流れる川をまっすぐに改変した地域では、川の氾濫を防ぐために、堤防や護岸に頼らざるを得なくなる。

人間が生活の場を屋内に移せば移すほど、自然の恵みが縁遠いものになっていく。すると当然ながら、自然が提供してくれているサービスがなかなか目に留まらなくなってくる。「植物用セックスロボット軍団」がそれほど異様に思えなくなってくる。また、第八章の例に戻ると、必ずや、人体に常在する微生物を単純化して、代替する方法を見つけようとするだろう。

われわれの腸、皮膚、さらには肺に棲みついている生物種の、どの遺伝子が必要なのかを突きとめて、その遺伝子をヒト遺伝子に組み込むこともできなくはない。技術的には、(面倒ではあっても)すでに可能だし、今後ますます容易になるだろう。現在のところ、ヒトの遺伝子組換えは倫理的に問題があると見なされている。しかし、遠い未来に思いを馳せると、われわれの子孫の文化や倫理にまでは統制が及ばない。したがって、ヒトの遺伝子組換えも、彼らの検討範囲内にあると考えておこう。たとえば、(一部の細菌のように)空気中の窒素を取り込んで利用できるようにする遺伝子や、光合成を可能にする遺伝子をヒトの遺伝子を組み込むかもしれない。

しかし消化機能のほうは、窒素固定や光合成よりも厄介で、なかなか一筋縄ではいかない。腸内細菌は、免疫系や脳に語りかけている。何百万年も前から、互いに信号をやりとりしているのだ。その信号しだいで、免疫系の機能が高まったり(損なわれたり)、さらには、パーソナリティに変化が生じたりすることがすでにわかっている。わかっていないのは、その信号の正体だ。そもそも信号が存在することがわかったのは、ここ数年間のことなのである。もしかしたら、この腸が発する言葉を聞きとって、個々のメッセージを解読し、送りたいメッセージだけを送ってくれる物質でそれを代替する方法を見つけられるかもしれない。もしかしたら、ヒトの細胞に新たな遺伝子を挿入することで、その細胞をだまし、あたかも信号を受け取ったように思わせる方法を見つけられるかもしれない。腸が何度も何度も「満足だ。満腹だ。満足だ。満腹だ」という信号を送ってきたように感じさせる方法だ。

しかし、最も手ごわい課題は、やはり一人一人の独自性である。ヒトゲノムに二つとして同じものはない。ヒトの脳にも免疫系にも、二つとして同じものはない。したがって、あなたの体が微生物から必要としているものは、私の体が必要としているものと同じではない。この先、一人一人の特性に応じたゲノム編集は可能になるのだろうか? いつの日にか実現するのかもしれない。

現在のところ、細胞内に導入した遺伝子で、人体の微生物の役割を代替するというシナリオは、将来可能になるかもしれない技術を基礎に置いた架空のシナリオでしかない。それは、科学者たちがますます小賢（こざか）しくなって、自然を巧妙に操り、ヒトの自然を操ることをも辞さなくなった場合のシナリオだ。

しかし、テクノロジーの未来シナリオは、もう一つある。微生物の種子バンクを創設し、新生児に対して、各々が必要とする微生物を与えるという方法だ。そのようなバンクがあれば、成人が、保有していた微生物を失ったときにも、必要な微生物を与えることができる。これはすでに、糞便移植という形で行なわれている。糞便移植とは、要は、シロアリがやっている肛門から口への消化管内容物の受け渡しのようなものだ。

将来、微生物バンクの微生物を新生児に定着させる方法をとる場合にもやはり、それぞれの遺伝子をもとに、その新生児がどんな微生物を必要としているかがわからなくてはならない。理論上は、それもいずれ可能だろう。この道筋をとるならば（すでにこうした試みはなされているが）、それが信頼のおける方法になるまで、おそらくは何百年もかけて、難しい問題と取り組むことになるだろうというのが私の予想だ。

結局のところ、近い将来や遠い未来を考えたとき、今後の方策として最も容易なのは、自然生態系とそのサービスをできる限り保全することだ。そして次善の策としてしばしば必要になるのが、なるべく追加介入が少なくてすむやり方で、できる範囲内で自然生態系をまねる方法を見つけることである。再び腸内細菌を例にとると、母親がわが子に腸内微生物を渡すのを助ける方法を見つけるほうが、子ども一人一人に合った腸内微生物を、一から「完璧」に調合するよりも容易だ。最悪のシナリオは、ばらばらに分解されたうちの電気掃除機のようになってしまうこと。世界中の人々が、専門家の声に耳を傾けることなしに、この先数十年、数百年の問題を解決しようとした場合に、こうしたことが起きてくる。ちなみに、この「専門家」の中には、工学、生態学、人類学、その他の分野の学者だけでなく、自然そのものも含まれる。

これまで本書で提示してきた考え方の中で、自然が提供するサービスを一から作り直そうとするよりも、できる限り保全すべきだという考え方は、最も理解されやすい反面、最も議論を招きやすいのではないかと思われる。うまく機能しているものを壊すべきではないという考えは、ある程度直感的にわかるという点で、理解を得やすい。一方、議論を招きやすいのは、科学者や技術者の間で、ますます多くの生態系サービスをテクノロジーで代替しようとする傾向が強まっているからだ。

最近、何人かの研究者が、自然など無用、といったことまでほのめかした。必要なものはすべて、研究室の遺伝子で生み出すことができるというのだ。ひょっとしたらその通りなのかもしれない。しかし私はそうとは思わない。うちの電気掃除機を持ち込んだ店の主人もおそらく同じ考えだろう。

ここで強調しておきたいことがある。それは、もし自然無用論者が間違っていた場合、つまり、人間が必要とする生態系の保全に失敗し、生態系が破壊されてしまった場合には、もはや取り返しのつかないことになってしまうということなのだ。だとしたら、無用論者は間違っていて私のほうが正しいと考えて行動するほうが理に適っているのではないだろうか。人間が依存している自然生態系は代替不可能であることを前提にこれから進んでいくべきだろう[12]。

第十章

進化とともに生きる

生物の威力

人間が自然をコントロールしようとするのは、特に短期的に見た場合、それによって莫大な利益が得られることがあるからだ。ミシシッピ川に堤防を築いたことで、ミシシッピ川沿いに町を築くことが可能になった。川のすぐそばに町があると、商品の輸送に好都合であり、そのような町のいくつかはやがて、グリーンビルのような都市へと発展していった。短期的に見れば、それはメリットだった。しかし、そのメリットの裏には、やがて襲ってくる洪水に伴うコストが隠されていた。

同様に、身のまわりの生物を抑え込んでコントロールしようとした場合にも、似たようなことが起きてくる。他の生物を寄せつけずにおくことには、確かにメリットがある。われわれは、暮らしやすくするために多くの生物種を殺している。自分たちを守るために他の生物種を殺している。しかし、そのような殺戮（さつりく）を行なって最大の効果を得られるのは、選択的に行なう場合、つまり、本当にヒトに危害を与える生物種だけを狙って攻撃する場合に限られる。そうではなく、あらゆる生物を殺しにかかると、予想されるとおりの必然的結果が待ち受けている。それらが濁流のごとく、われわれの生活に流れ込んでくるのである。

本書の冒頭で取り上げた一九二七年のミシシッピ川大洪水のとき、私の祖父は、洪水がグリーンビル全域に流れ込む直前に、堤防が崩れ始めた箇所を指摘したという。堤防が決壊するのを目撃したという。この話は事実であると同時に、ほぼまちがいなく事実に反している。堤防が崩れ始めるのを目撃したというのは、おそらく事実だろう。しかし、川の水位が氾濫危険水位にまで達すると、堤防は、祖父が突きとめたというその一箇所だけでなく、あちこちでほころびが生じたはずなのだ。増水した河川には、堤防の強度をはるかに凌ぐ破壊力がある。堤防が一箇所で決壊すると、あちこちで決壊が起こったのだ。

この話に出てくる川は、まるで生物のようだ。そして堤防は、その生物を抑え込もうとする人間の企てである。堤防の最高水位にまで達して勢いよく溢れ出してくる川は、生物の威力と人間の弱さとを同時に思い出させてくれる。

祖父のことを思うといつも洪水のことが頭をよぎる。序章で触れた実験——数年前にハーバード大学のキッショーニの研究室で、マイケル・ベイム、タミ・リーバーマン、ロイ・キッショーニが行なった実験——について考えるときにもやはり洪水のことが頭をよぎる。三人は巨大なシャーレを作って、それを「メガプレート」と命名した（「メガ」は「microbial evolution and growth arena（微生物の進化と成長の舞台）」の頭字語だが、単に「巨大な」という意味でもある）。メガプレートの大きさは、幅六〇センチ、長さ一二〇センチ、厚さ一一ミリだった。

メガプレート実験は、生物学の最も揺るぎない法則の一つである、自然選択による進化の法則の意味を考えさせ、それをリアルタイムで見せてくれる。自然選択による進化の法則とは、ごく簡単に言うと、多くの子孫を作ることのできる個体の遺伝子や形質は、子孫を少ししか作れない個体の遺伝子や形質よりも有利になる傾向があるということだ。自然選択による進化の法則とはつまり、ダーウィンが提唱した理論のことである。ダーウィンはそれを、ゆっくりと長い年月をかけたプロセスだと考えていたが、現在では、それが極めて短時間で起こりうることがわかっている。そして、その進化の結果は、街中でも、人体でも、メガプレートでも、リアルタイムで目にすることができる。

メガプレートは、ある映画のマーケティングから着想を得たものだった。二〇一一年、ワーナー・ブラザーズ・カナダが、ある店舗のショーウィンドウに映画『コンテイジョン』〔新種の感染症のパンデミックを描いたスリラー映画〕の宣伝用のディスプレイを設置し、そのパネル上で細菌や真菌を培養して「CONTAGION」という文字が浮かび上がるようにしたのだ[1]。そのパネルは、言ってみれば、巨大なシャーレだった。キッショーニはそのディスプレイを見て、ピンとひらめいた。そのひらめきをきっかけに、話し合いとちょっとしたブレインストーミングを経て、同じような巨大なシャーレが作られることになったのだ。そして、キッショーニが教えているクラスで、当時どちらも大学院生だったリーバーマンとベイムの協力を得て、それを用いた実験が行なわれた。ディスプレイのパネルと同様に、この巨大シャーレ、メガプレートには、あるメッセージが浮かび上がってくる。それが読み取れるようになるのはもう少し後のことだが、最終的には、そのパネルに勝

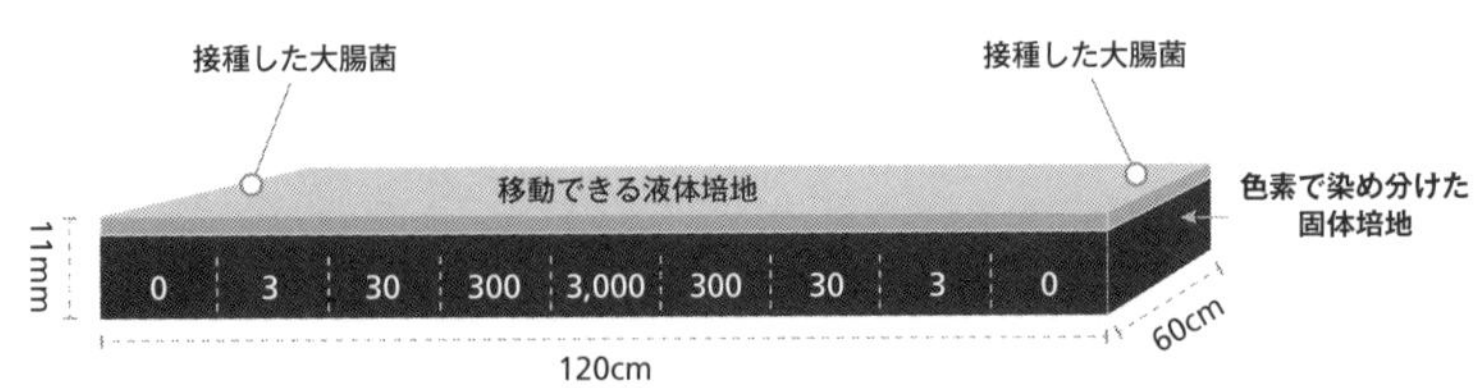

図10.1　マイケル・ベイム、タミ・リーバーマン、およびロイ・キッショーニが設計したメガプレート。この図は、マイケル・ベイムらが作成した図をもとに、ニール・マコイが作成。

ると劣らぬほど鮮明なメッセージが浮かび上がることになる。

そのプロジェクトは、重層的なチームワークで行なわれた。実験方法の設計はチーム全体で行なった。そして、リーバーマンが、キッショーニのクラスと共に、最初にそれを実行に移した。その後、ベイムが実験計画を微調整した上で、シャーレに培地を注いで微生物を接種し、その後の推移を観察した。

メガプレートの基本設計は、ワーナー・ブラザーズのディスプレイのものとほぼ同じだが、いくつか重要な違いがあった。その一つは、メガプレートに充填される培地が二層に——細菌の餌となる固体の下層と、泳いで移動できる液体の上層に——分かれていたことだ。腸内細菌である大腸菌の無害な菌株がシャーレの両側から放たれた。大腸菌は、培地の栄養成分を食べることもできたし、泳げるので、まだ栄養が枯渇していない培地に移動することもできた。食事も移動もできたのだ。

大腸菌は、シャーレ内に別種の細菌がいると、なかなか増殖できない。競争相手に打ち負かされてしまう。大腸菌は、有用性の高い実験生物だが、ヒトの腸内に棲む他の細菌と出会った場合、必ずしも競争の勝者とはなれない。しかし、この実験は、他の細菌種と競争させる実験ではなかった。抗生物質に対する耐性進化のプロセスを調べる実験だった。

メガプレートに放つ大腸菌は、どんな抗生物質に対しても耐性がなかった。薬剤感受性があって、全く無力だった。しかし、ずっとそのままではないはずだ。研究チームは、これらの無害で無力な大腸菌が、どのくらいの速さで一般的な抗生物質に対する耐性を獲得するのかを知りたかった。薬剤耐性をもつ変異体は、どのくらいの速さで出現し、広がっていく（それと同時に非耐性菌が消滅していく）のだろうか？

この疑問に答えるべく、研究チームはメガプレートに抗生物質を加えることにした。キッショーニのクラスの終了後に、ベイムが実施した実験で、まず最初に選択された抗生物質はトリメトプリムだった。ベイムはその後、また別の抗生物質、シプロフロキサシン（商品名シプロキサン）を用いた実験も行なっている。

抗生物質をメガプレート全体に均等に加えたわけではなく、巨大シャーレをいくつかの帯状の区画（カラム）に分割した。このカラム分割方式はリーバーマンのアイデアだった。細菌にとっての障壁を一段ずつ高くしていこうと考えたのである。一番外側のカラムには、抗生物質は全く含まれていない。そこから内側に向かうにつれて、各カラムに含まれる抗生物質の濃度が徐々に高まっていき、両端から等距離にある真ん中のカラムには、細菌を全滅させるのに十分な濃度の抗生物質が含まれている。具体的には、大腸菌を殺すのに通常必要とされる濃度の（トリメトプリムについては）三〇〇〇倍、または（シプロフロキサシンについては）二万倍だった。

この実験装置を見るにつけ、思い出されるのが、グリーンビル近くのミシシッピ川のことだ。抗

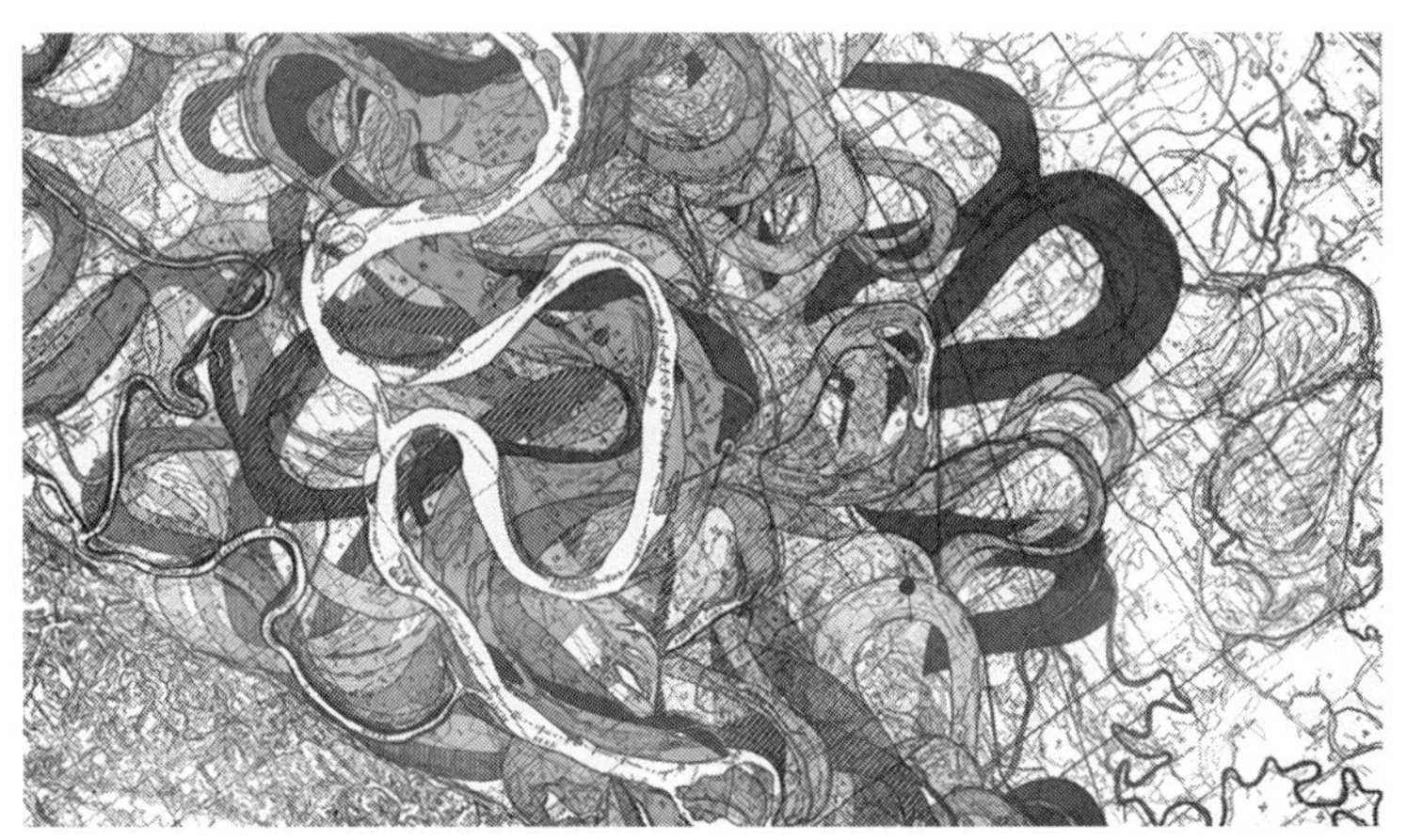

図 10.2　築堤によって流路が定められる以前のミシシッピ川の自由蛇行。洪水のたびごとに流路の位置を変えていたが、現在もその傾向は失われていない。アメリカ陸軍工兵隊のハロルド・N・フィスクが作成したこの地図は、「ミシシッピ川下流の沖積谷の地質調査（Geological Investigation of the Alluvial Valley of the Lower Mississippi River）」（1944 年）に掲載されている。

生物質の帯が、川に築かれた堤防である。そして、真ん中に位置するのが、この場合はグリーンビルの町だが、もっと広く捉えるならば、それはまさしく人類。抗生物質によって、細菌という寄生体の川から守られている人類である。

中央のカラムに到達するためには、大腸菌はまず、最低濃度の抗生物質に対する耐性を進化させる必要がある。次に、もっと高濃度の抗生物質に対処するために、（その最初の突然変異の上に）さらに突然変異を積み重ねる必要がある。こうした突然変異を次々と重ねていって初めて、プレート中央部への到達を可能にする遺伝子セットが獲得されるのである。

メガプレート実験は、進化生物学を代表する模範的実験となった。それは一つには、進化のダイナミクスを解き明かすのにうってつけの実験だったからだ。ジョナサン・ワイナーは、ガラパゴス諸島で起きている進化の研究に焦点を当てた名著、『フィンチの嘴』の中で次のように述べている。

何世代にもわたる生物の進化を研究するためには、隔離された個体群が必要である。隔離されていれば、ほかの地域に移動してしまうこともないし、個体群どうしが交雑し、その結果、地域ごとの特性が混ざってしまうこともない。(2)（樋口広芳・黒沢令子訳）

ベイム、リーバーマン、キッショーニは、ワイナーが指摘する後者の懸念、つまり、個体群どうしが交雑し、特性が混ざってしまうという懸念を払拭できるような状況を作り出したのだ。

病院のほか養豚場や養鶏場など、抗生物質の投与が広く行なわれる環境下で、細菌が薬剤耐性を進化させる方法の一つが、細胞同士の不用品交換会（スワップミート）のような形で耐性遺伝子を伝える方法で、生物学者はこれを遺伝子の水平伝搬と呼んでいる。遺伝子の水平伝搬では、細菌同士が接合してプラスミド（短いDNAの鎖）を伝達する。そのような接合伝達は、近縁ではない種の間でも、たとえばヤギとスイレンほど遺伝的距離の遠い種の間でも起こりうる。こした接合伝達の結果、自身の遺伝子ではできないことを可能にする新たな遺伝子を備えたハイブリッドが出来上がる。接合伝達は、われわれの身のまわりで常に起きている。この文章を読んでいるこの瞬間にも、あなたの体内で起きている。しかし、メガプレート実験の開始時に、こうしたことは起こり得なかった。この実験に使用した細菌は、トリメトプリムに対する耐性も、シプロフロキサシンに対する耐性ももっておらず、そもそもないものを相手に伝えることはできないからだ。

メガプレート内の大腸菌が耐性を獲得するとしたら、何世代にもわたって遺伝暗号の文字に突然変異が生じ、そうした突然変異のいくつかによって、耐性をもたらす遺伝子が出現してくる場合に限られる。そのような遺伝子をもつ個体は、抗生物質の存在下でも生存できる確率がはるかに高くなる。こんなことが起こるとは、狂気の沙汰としか言いようがないが、まさにこれこそが自然選択による進化の土台をなしているプロセスなのだ。ヒトのゲノムは、まさにこのようにして進化した(そして今も進化を続けている)。といっても、ヒトゲノムは、極めてゆっくりと進化してきた。

ベイム、リーバーマン、キッショーニは、細菌を用いれば、もっと短いタイムスケールで、進化のダイナミクス全体を眺望できるかもしれないと考えた。そう考えるのには十分な根拠があった。まず一つには、メガプレート上には膨大な数の細菌が存在しているので、大腸菌が突然変異を起こすことは稀(一〇億回分裂するごとに一回程度)だとしても、メガプレート上にはそのような突然変異がいくつも蓄積されていく可能性がある。加えて、実験室における大腸菌の世代時間はおよそ二〇分なので、そのような突然変異がいくたびも自然選択の作用を受ける可能性がある。

メガプレートをチェックしていたベイムは、わずか三一時間(一日よりもやや長い程度の時間)で、七二世代あまりを観察することができた。もし、ヒト集団でそれだけの世代を調べようとしたら、二〇〇〇年かかるので、キリストが誕生した頃までさかのぼらねばならない。一〇日間では、七二〇世代を観察することができた。ヒト集団でそれだけの世代を調べるには二万年以上かかるので、農耕が始まる以前にまでさかのぼらねばならない。二万年というと長い時間に思えるかもしれないが、それだけの時間内にヒトという種で起きた変化はあまり大きくない。だとすると、薬剤耐性が進化するまでにどれだけの時間がかかるだろか？　メガプレート実験を始めたとき、ベイムもリーバーマンもキッショーニも、ことによると一か月、あるいは丸一年かかるかもしれないと考えていた。ひょっとしたら、何年もかかるのではないか、と。

決壊

しかし蓋を開けてみると、長い時間などかからなかった。実験結果は、目視ですぐにわかった。というのは、ベイムがメガプレートの固体培地を黒く染めて、白い大腸菌が分裂を繰り返して広がっていく様子がよくわかるようにしてあったからだ。

トリメトプリムを用いた実験では、大腸菌がメガプレートの第一カラム、つまり抗生物質が含まれていないカラムをすぐに覆い尽くした。大腸菌は餌を食べて、排泄し、分裂すると、さらに餌を求めて泳いで、それを食べて、分裂し、また泳いで移動していった。単細胞の白い体が蓄積されて、黒いインクは見えなくなった。それは驚くまでもないことだった。その間に、多くの変異株が出現したはずだが、メガプレートの第二カラムの抗生物質の存在下でも生存できる細菌は、まだ現れていなかった。自然選択を受けたこと、あるいは自然選択による進化が起きたことを示す証拠は見当たらなかった。

ところが、数日後にベイムが再び確認すると、状況は変化していた。実験開始からおよそ八八時間後に、最低濃度の抗生物質の存在下でも生存できる能力をもつ、最初の変異株が出現したのだ。

まず、一個の細菌細胞が突然変異を起こし、カラムに含まれる最低濃度の抗生物質の存在下でも生存できるようになった。すると、その細胞の子孫細胞が、メガプレートの片側の第二カラムにどんどん溢れ出していき、黒かった第二カラムの培地が白くなっていった。すると、ベイムが見ている前で、メガプレートの反対側の第二カラムにも、独立して、別の変異株が出現した。現れるとすぐ、餌を食べて、分裂し、どんどん広がり始めた。第二カラムいっぱいに広がって、黒い培地を覆い尽くしていく細菌の映像を早回しにすると、まるで、白く泡立って押し寄せる荒々しい濁流のように見える。水がもつ、どうにも避けようのない強い威力をもっていた。

ダーウィンは、著書『種の起源』の中で次のように述べている。「自然淘汰は、世界のいたるところで一日も一時も欠かさずに、ごくごくわずかなものまであらゆる変異を精査していると言ってよいだろう。悪い変異は破棄し、よい変異はすべて保存し蓄積していく。個々の生物を他の生物との関係や物理的な生活条件に照らして改良すべく、機会さえ与えられればあらゆる時と場所で静かに少しずつその仕事を進めている[3]」(渡辺政隆訳)。この実験でベイムは、自然選択(淘汰)が、地質学的時間をかけてではなく、数日でその仕事を進めるのを確認した。ごくごくわずかな差異をもたらした要因は、突然変異、つまり遺伝情報の文字列のちょっとした変化だった。そのような突然変異は、少なくとも、低濃度の抗生物質の添加によって生まれた条件に照らすならば、よい変異だった。しかし、ベイムがやがて目撃するように、自然選択の仕事は、静かに少しずつ進められたわけではなかった。

その次の数日間に、少数の細菌細胞に突然変異が――より高濃度の抗生物質の存在下でも生存できる能力を与える突然変異が——起きた。自然選択は、それらの変異株に有利に作用した。変異株がメガプレートの第三カラムいっぱいに広がった。続いて、メガプレートの第四カラムでも同じことが繰り返された。さらに強い耐性をもった新たな変異株が出現したのだ。それらの変異株が第四カラムいっぱいに広がった。そしてとうとう、実験開始から一〇日後、最高濃度の抗生物質が添加されたメガプレート中央部でも生存できる能力をもった変異体が出現したのだ。氾濫に対する最後の砦ともいうべき場所も白くなった。実験開始から一〇日で、巨大なシャーレの中央のカラムに薬剤耐性菌が押し寄せたのである。

ベイムは、実験結果を精査してリーバーマンとキッショーニに伝えると、科学者としての行動基準に則って、この実験をもう一度最初から繰り返した。するとやはり、実験開始から一〇日で、大腸菌は中央部に到達した。ベイムは、また別の抗生物質、シプロフロキサシンを用いて実験を繰り返した。今度は、大腸菌がメガプレートの中央カラムに到達して広がるのに一二日かかった。もう一度（さらにもう一度）実験を繰り返したが、何度やっても一二日で中央部に到達した。抗生物質の種類によって、かかる日数は異なったが、その違いはわずかでしかなかった。それよりも重要なのは、いずれの場合にも、大腸菌は極めて高濃度の抗生物質に対する耐性をたちまちのうちに進化させた、ということだ。それ以降、他の科学者たちが、別の抗生物質や別の細菌を用いて実験を繰り返してきた。そこからも同様の結果が得られており、実験によって異なるのは、細菌がプレート中央部に到達するまでにかかる時間だけだ。

そもそもキッショーニにひらめきをもたらした、ワーナー・ブラザーズの宣伝用ディスプレイに浮かび上がった文字は「CONTAGION（コンテイジョン）〔接触伝染病またはその病原体の意〕」だった。しかしメガプレートに書かれていたメッセージは、さらにいっそう不穏さを漂わせていた。ベイム、リーバーマン、キッショーニには、「RESISTACE（レジスタンス）〔薬剤耐性〕」と読めたのである。

微生物を敵に回した進化の戦いにおいて、人類は不利な立場に追い込まれている。ヒトの体表や体内に寄生する細菌やウイルスについてもそうだし、ヒトの食料を横取りしようとする微生物についてもそうだ。敵のほうが有利なのは、集団の個体数が多い生物ほど、適応進化の速度が速いからである。抗生物質、除草剤、殺虫剤などが加わった新たな環境条件下に置かれた場合、集団の個体数が多いほど、ある個体がたまたま、新たな環境条件下で有利になるような突然変異を起こす確率が高くなる。また、人類が競り合っている微生物のほうが有利なのは、概して微生物のほうが世代時間が短いからでもある。各世代ごとに、自然選択の作用を受ける機会が生まれる。したがって、単位時間当たりの世代数が多いほど、新たな変異株を含む系統が他系統よりも有利になりやすい。

人類が微生物と競って劣勢に立たされているのは、もう一つ、われわれが生態系を単純化してしまったがゆえに、微生物の競争相手や捕食者がほどんどいなくなっているからでもある。天敵から解放されたおかげで、手近な餌をむさぼることに専念していられるのだ。結局のところ、人類が敵に回している微生物は、われわれの所業を逆手にとって有利な立場を獲得しているのである。われわれが抹殺しようとすればするほど、感受性株が駆逐されて耐性株だけになる速度が速まる。人類の最大の武器が、人類を不利な立場に追いやっているのである。

地球を舞台にしたメガプレート実験

人類が存在し続ける限り、新種誕生のチャンスがどこよりも高いのは、われわれの農場、都市、家屋、人体だろう。こうした場所は、現在もこれから先も、地球上で最も成長著しい生息環境であり、その成長に伴って、新種が誕生する進化の機会が訪れる。われわれは進化とともに生きているのである。

日々の暮らしの場で、人間の傍(かたわ)らで進化していく生物種は、人間に利益をもたらしてくれる可能性を秘めている。利益とまではいかずとも、カラスのように、それほど害を及ぼさずに日常世界を共有できる種もある。しかし、有益な種や無害な種ばかりとは限らない。そうではない可能性のほうがはるかに高い。

しかし、身のまわりの生物を制御(コントロール)あるいは抹殺しようとし続けると、極めて特殊な一連の新種の出現に——つまり、抗ウイルス薬、ワクチン、抗生物質、除草剤、殺虫剤、殺鼠剤、抗真菌剤への耐性をつけた種の出現——に加担することになってしまう。迂闊(うかつ)なことをすると、人間の傍らで進化していく生物種は、危険な種ばかりになってしまう。相手を制御(コントロール)しようとする企てが、有害生物の楽園を生み出してしまうのだ。メドゥーサは、自分を見た者をすべて石に変えてしまった。人間は、その武器に触れた生物種を、ほとんど不死身の敵に変えてしまう。

だが、未来が必ずしもそうなるとは限らない。人間の攻撃を受けた生物種がどのように進化を遂げていくかは予測可能なことが多い。進化の方向が予測できるのであれば、人間に有利になるようにそれを利用することができる。耐性をつけた寄生体の進化に対応して、ヒトの体が一世代ずつ進化するのを待つ必要はないし、遺伝学者が交雑育種や遺伝子組換えによって、病害虫抵抗性をもつ新たな作物を生み出すのを待つ必要もない。進化生物学の知見を応用すれば、未来に向けて計画を練ることができる。少なくとも、われわれにはそれだけの力がある。

どうすれば薬剤耐性進化を食い止められるか、どうすれば生命の川の流れやダイナミクスに逆らわずに折合いをつけていかれるかを考える前に、それができなければどうなるかをもう少し詳しく考えてみよう。そのために、メガプレート実験を振り返ってみよう。この実験には、薬剤耐性進化の全体像が凝縮されている。

アレクサンダー・フレミングが、ある種の真菌は人間が利用可能な抗生物質を産生することを初めて発見して以降、そのような抗生物質で殺そうとした細菌は結局、その薬剤に対する耐性を進化させてしまうことが明らかになってきた。フレミングは、一九四五年のノーベル賞受賞記念講演で、そのことを指摘している。一九四五年の時点で、フレミングはすでに、「微生物がペニシリン耐性を獲得するのはたやすい」ことを知っていたのだ。彼が危惧していたのは、抗生物質が入手しやすくなることで、効果的な使われ方がされなくなり、耐性獲得に加担してしまうことだった[4]。実際、そのとおりのことが起きてしまった。

われわれの人体、家屋、病院で繰り広げられるメガプレート実験では、抗生物質の効かない耐性菌が珍しくなくなっており、(すべてではないにせよ)多くの地域では、それがごく普通のことになっている。人間が大量に抗生物質を使用してきたのを受けて、何百という抗生物質耐性菌の系統が進化してきたのである。それぞれの系統ごとに、その局所条件や、その遺伝的特徴、それが曝露した抗生物質によって、耐性進化のパターンも少しずつ異なっている。たとえば細菌は、自身を覆っている膜を変化させて、抗生物質の流入を防ぐこともある。外膜を変化させ、抗生物質の透過性を低下させることで、抗生物質が細胞内に入り込むのを阻止するのだ。あるいは細菌は、内蔵ポンプのようなものに加圧して、抗生物質を細胞外に排出することもある（ボートから水を汲み出すような感じで）。細菌は、抗生物質が結合しようとする細胞壁のタンパク質を変化させることもある。細菌は、抗生物質を切り刻んで不活化する生化学的ナイフのようなものを作り出すこともある。さらに、以上のような防御法をいくつか組み合わせて用いることもある。二つとして同じ雪片はないように、二つとして同じ耐性菌株はない。

このような耐性進化のストーリーは、細菌だけに限ったことではない。マラリア原虫などの原生生物もやはり、耐性を進化させる。抗マラリア薬であるクロロキンに耐性をもつマラリア原虫の世界的な分布拡大は、あたかも、世界地図上で繰り広げられる大規模メガプレート実験のようだ。薬剤耐性の進化は、一九五七年にカンボジアの山間部で始まった。すると、薬剤耐性マラリア原虫が方々に拡散していった。耐性をつけた原虫は、クロロキンが使用されている地域、ということは、ほぼすべての地域で、他系統の原虫を駆逐することができた。薬剤耐性マラリア原虫は、隣国のタイに広がった。その後、アジアの遠方の国々にまで広がり、次いでアフリカ東部に、さらにアフリカ全域に広がっていった。そうこうするうちに、なぜか南アメリカ大陸の北端に拡散し、そこから南アメリカのほぼ全域に広がっていった。メガプレート実験で見た細菌のように広がっていったのである。また、本書の執筆中にも、新型コロナウイルスのいくつかの変異株が、少なくとも一種類のワクチンに対する耐性を進化させ始めている。

薬剤耐性の進化は、微生物だけでは終わらない。動物の薬剤耐性のストーリーも、細菌や原生生物の場合とよく似ている。トコジラミは、数種類の殺虫剤に対する抵抗性を進化させており、六〇種もの昆虫種が、少なくとも一種類の殺虫剤に抵抗性を示すと推定される（多種類の殺虫剤に抵抗性を示すものもいる）。それには家屋害虫だけでなく、作物害虫も含まれる。作物害虫は、農地に散布される殺虫剤に対する抵抗性だけでなく、遺伝子組換え作物が産生する殺虫成分に対する抵抗性も進化させる。

進化という創造のプロセスはとどまるところを知らない。自然選択によってどんどん新たな種、亜種、変種が生まれてくるからだ。人間は、自らの行為を通して、そのような生物のかたちを決定づけていく。どのような種が生まれるかだけでなく、その細かな生理学的特性をも決定づけていくのである。前述のとおり、博物学者のビュフォン伯は、一七七八年に「今日では地球の全表面に人類の力の刻印が刻みつけられている」と記している(5)。その刻印は、一部の種の進化を有利にする一方で、それ以外の種の進化を不利にしている。きれいな花、美味しい果実、有益な微生物からなる新たな世界の進化を利するように努めるのが賢明なやり方だろう。ところが実際にはそうはなっていない。人類の刻印は、耐性をもつ生物からなる新たな世界を利してしまう傾向のほうがはるかに強い。

薬剤耐性の現状

二〇一六年から私は、薬剤耐性の危険性について現状分析や未来予測を行なう組織に参加した[6]。それは、国立社会・環境統合センター（SESYNC）の支援を受け、ピートル・ヨルゲンソン（ストックホルム・レジリエンス・センター）とスコット・キャロル（カリフォルニア大学デービス校）を研究責任者とするシンクタンクだった。その組織に課された最初の課題の一つ（「薬剤耐性とともに生きる」）は、薬剤耐性化を引き起こす殺生物剤の使用が増えているかどうかを明らかにすることだった。広い視野に立って物事を全体的に捉えようとするならば、こうしたことも科学者の仕事なのだ。私たちは、どれだけの種類の殺生物剤が使用されているか、どれだけの量が、どれだけの範囲に使用されているかを一つ一つ丹念に調べ上げていった。すると、全体像が明らかになった。

他の生物に対する人間の影響力が加速度的に増していくのと歩調を合わせて、殺生物剤の使用も増加している。しかもさまざまな面から見て増加している。たとえば、全体的な抗生物質の販売量も増えているし、単位人口当たりの抗生物質販売量も増えている。また、全体的な除草剤の使用量も増えているし、単位面積当たりの除草剤使用量も増えており、さらに、除草剤耐性をもつ遺伝子組換え作物に対する除草剤散布量も増えている。使用が減少した殺生物剤は、殺虫剤である。といっても、これはあてにならない。殺虫剤の使用量が減少したのは、殺虫成分を自ら産生する遺伝子組換え作物への依存が増したからだ。ヒトのがん細胞を殺傷するために、化学療法で使用される抗がん剤もやはり使用量が増している。がん細胞は、細菌や害虫とは全く違うように思うかもしれないが、がん細胞もやはり抗がん剤に対する耐性を進化させる可能性があり、そうなった場合には、抗がん剤に反応しない腫瘍、つまり抑えようとしても抵抗する腫瘍になってしまう[7]。

生物界のほぼすべてのものに、人間の殺生物剤の刻印が刻みつけられている。われわれはその太い親指を、ますます強い力で自然界のろくろに押しつけてきたのである。

殺生物剤の使用が増すと、たいてい薬剤耐性化も進行していく。抗生物質を飲むと、人体そのものがメガプレートのようになる。細菌が耐性を進化させ、たちまち、抗生物質などお構いなしにまた増殖を始めるのだ。家畜に抗生物質を投与すると(病気治療のためではなく成長促進のために投与されることが多い)、家畜の体もやはりメガプレートのようになる。細菌が耐性を進化させ、抗生物質をどれほど浴びせてもお構いなしに増殖してしまうのだ。病院でさえメガプレートのような状況になっている。病院では、多数の病室で多数の患者に対して抗生物質が使用される。その上、病院を訪れる人の多くは免疫機能に問題を抱えており、その体はメガプレートの培地のように無防備だ。

そして、ヒトの体内のがん細胞は、人体がまるでメガプレートであるかのように、勇ましい進化の物語を繰り広げる。

耐性を獲得した細胞、変異株、生物種は、殺生物剤にじゃまされることなく、ヒトの社会の生態系全体で増殖していく。だが、「じゃまされることなく」という言い方は正しくない。なぜなら、こうした細胞、変異株、生物種は、殺生物剤存在下でのほうがむしろ、競争相手が死滅していて増

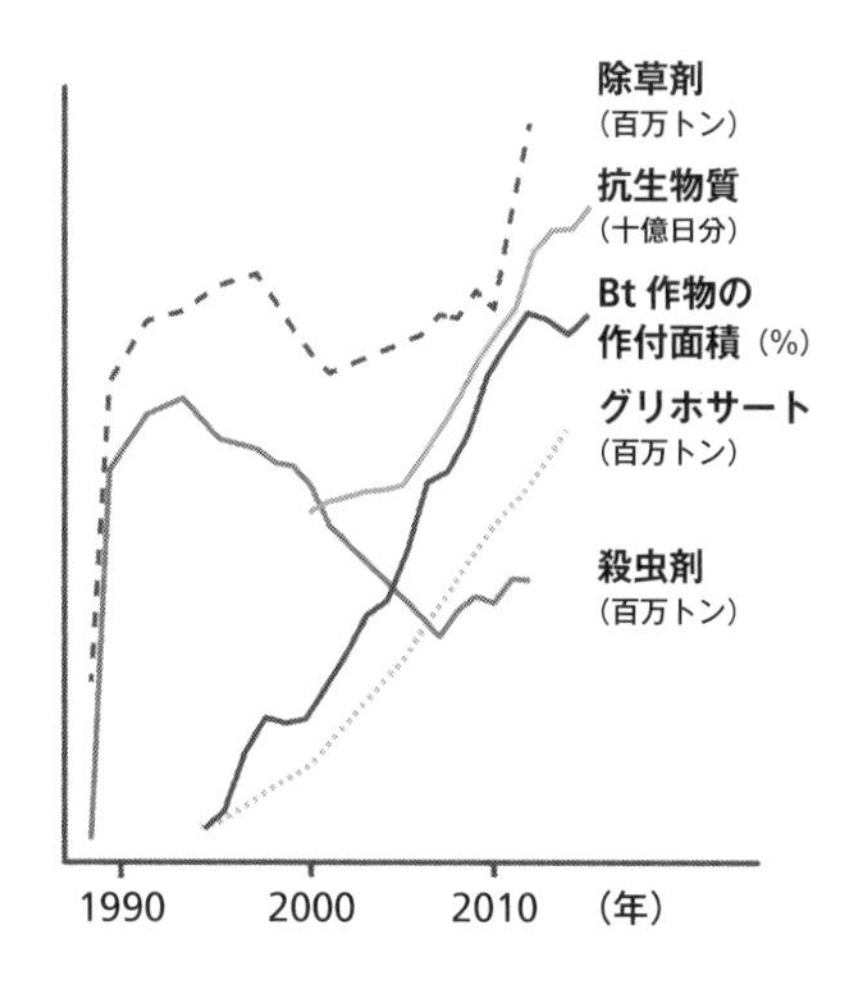

図10.3　1990年以降の全世界の、除草剤、抗生物質、殺虫成分を産生する遺伝子組換え作物（Bt 作物）、グリホサート系除草剤（商品名ラウンドアップ）、および殺虫剤の総使用量の変化。データの取得元は、Peter Søgaard Jørgensen, Carl Folke, Patrik J. G. Henriksson, Karin Malmros, Max Troell, and Anna Zorzet, “Coevolutionary Governance of Antibiotic and Pesticide Resistance,” *Trends in Ecology and Evolution* 35, no. 6 (2020): 484–494。図表作成は、ローレン・ニコルズ。

殖しやすいからだ。まるで選ばれし者であるかのごとく、有利な条件下で増殖していくのである。

概して言えば、どの場合にも人間は、さらに新しい抗生物質、殺虫剤、除草剤、化学療法剤、その他の殺生物剤を見つけることで災難を防いできた。進化の川の水位が上昇したら、さらに高い堤防を築いて対処するというわけだ。

まず最初に人間は、自然界に新たな殺生物剤を探し求めた。金鉱探索者のように探し回った。生物界をあちこち探した。こうした探索は、フレミングよりも、さらには、細菌が発見されるよりもずっと前から始まっていた。たとえば、西洋中世学者のクリスティーナ・リーらは最近、中世のヴァイキングの眼感染症治療法を明らかにした。リーらは、この治療法には、眼感染症の原因となる細菌を殺す作用があることを証明しただけでなく、すでに何種類かの抗生物質に対して耐性を獲得した細菌を殺す力もあることを発見した[8]（言い換えると、この昔の治療法は依然として有効なのである）。

抗生物質発見の次なる段階では、発明に力が注がれた。つまり、実験室的アプローチを通して、科学者が戦略的に、役に立ちそうな新たな物質を合成するようになったのだ。

そして現在、抗生物質を求めてやまない科学者たちは、あらゆる手法をどう組み合わせるかを研究している。自然界の探索、(ヴァイキングの知恵のような)伝統的知識、そして純粋な発明を組み合わせたアプローチをとるようになっているのだ。たとえば、キッショーニの研究により、細菌の進化についての理解が深まったことで、感染症治療の際に複数の抗生物質を併用するという新たな手法の開拓が促された。この併用療法が適切になされれば、細菌が薬剤のどれか一つに対して耐性を進化させるのは難しくなり、ましてや、すべての薬剤に対して耐性を進化させるのは極めて困難になる。

薬剤耐性の現実はなかなか厳しいものに思われるが、だからといって悲観する必要はない。その理由をこれから述べていこう。大腸菌が耐性を進化させていく様子をベイムが撮った映像を、私はこれまでに何百回も見てきた。講演の際にそれを映すと、聴衆は黙ってしまう。カントが、恐れるべき崇高さ、と呼んだものをそこに見るからだ。しかしベイムは、この映像をそんなふうに見るべきではないと考えている。彼は、自分が撮影した映像にそれほど恐怖を感じていない。むしろ、四つの対策を講じることができれば、薬剤耐性に対するリスク管理の未来は明るいと考えている。

どの対策についても、気候変動対策と同様に、その効果が現れるまでにタイムラグがあることを心得ておこう。殺生物剤を使用すると、その影響が未来のある時点で現れてくるが、気候変動の場合とは違って、そのタイムラグは比較的短い。何十年ではなく何年か、場合によってはそれより短いこともある。したがって、敵の進化を食い止めるべく、従来のやり方を根本から迅速に改めることが可能だ。これから述べる四つの対策を実行すれば、薬剤耐性を消し去ることはできなくても(それはそもそも不可能だ)、薬剤耐性とともに生きる方法、生命の潮流や趨勢(すうせい)に逆らわずに生きる方法を見つける能力を格段に高めることができる。

人類の敵とどう戦うか

薬剤耐性とともに生きる方法の一つ目は、重要であるにもかかわらず、ほとんど研究がなされていない。その基本は、生態学的干渉という考え方だ。耐性菌が、その寄生者や捕食者に遭遇したり、他の細菌(その多くが独自の抗生物質を産生する)との競争にさらされたりする状況下では、耐性菌の定着能力が低下すると考えられている。ということは、病院や皮膚が各種細菌のジャングルのようになっているほど、その場所に新たな細菌株が定着する確率は低くなるのである。

周囲に多様な天敵がいると、寄生体や害虫が繁殖しにくいという考え方は、多様性の法則の一つでもある。それは、第七章で紹介したとおり、デイヴィッド・ティルマンが世話をしたミネソタ州の耕作放棄地で検証された法則だ。しかし、薬剤耐性という特殊な文脈では、そこにもう少し別の要素も加わってくる。薬剤耐性菌をはじめ、薬剤耐性を獲得した生物は、通常、耐性をもたらす特殊な遺伝子に依存している。そのような遺伝子はたいていサイズが大きい。繰り返し複製するためには多くのエネルギーを要する。耐性菌は複製に時間がかかるので、餌を十分に取り込むことができない。そこへもってきて、耐性遺伝子にコードされているタンパク質その他を合成するにはいろいろとコストがかかる。そんなわけで、耐性を獲得した種は、競争相手や寄生体に特にやられやすいと考えられている。

薬剤耐性をつけさせないために、まず最初にすべきことは、身のまわりの生態系を、できる限り多様性に富んだ状態にしておくことだ。それはどの家庭でもできる。たとえば、石鹸と水を使う。抗生物質を使いすぎない。手指の消毒剤を避ける。どうしても必要なとき以外は殺虫剤を使用しない。こうした対策はすべて、耐性をもった種や株の競争相手となる有益な種を保護するのに役立つ。

薬剤耐性とともに生きる方法として、二つ目に重要なのは、耐性を進化させる危険性のある種のうち、感受性株のほうが優勢になるように生態系を管理することだ。この方法は一つ目の方法とも関連している。一つ目の方法では、感受性をもつ種が競争相手になることが多い。当然、感受性をもつ競争相手を利する必要がある。しかし、感受性は、競争だけでなく、もっと別の場面でも重要になる。

感受性の維持管理が特に重要になるのが、殺虫成分を産生する遺伝子組換え作物を栽培する場合だ。遺伝子組換え作物は、自らが産生する殺虫成分に対する抵抗性の進化に極めて弱い。害虫が抵抗性を獲得すると大変なことになる。なぜなら、こうした作物は広大なエリアで栽培されているからだ。害虫がひとたび抵抗性をつけると、抵抗性害虫が次々と農地を襲って作物を食い荒らすおそれがある。国中の作物をむさぼり食ってしまう。実際にこうしたことが起きているし、これからも起こり続けるだろう。しかし、解決法が一つある。少なくとも当面の対策として、問題を先送りにする方法がある。

もし、殺虫成分を産生する作物の近くに、そうした成分を出さない植物が植えてあれば、害虫は、殺虫成分なしの無防備な作物を好んで食べるだろう。このような殺虫成分なしの作物は、避難作物と呼ばれている。抵抗性をもたない害虫の避難場所になるからだ。そのような状況で、抵抗性害虫が出現したとしても、抵抗性をもつ個体は、抵抗性をもたない個体（殺虫成分なしの避難植物を食べて旺盛に繁殖している）と交尾する確率が高い。このようにして感受性を示す個体の遺伝子が増えれば、抵抗性遺伝子は薄められ、害虫個体群中で稀少なままでいてくれる。特に、抵抗性遺伝子のコストが高い場合には、その効果が顕著に現れるし、たいていの場合、抵抗性遺伝子のコストは高い。

これは奇抜な手法のようにも思えるが、実際の場で効果を発揮している。殺虫成分を産生する遺伝子組換え作物を栽培している国々のほとんどにおいて、こうした抵抗性をもたない避難作物を同時に栽培することが義務づけられている。それが義務として強制されている地域では、抵抗性の進化が妨げられ、遺伝子組換え作物の有用性が保たれている。義務であっても強制されていない地域では、抵抗性が進化し始めて、「奇跡」の遺伝子組換え作物が害虫に食われ、もはや奇跡ではなくなっている。たとえば、ブラジルでは、害虫に最も強い遺伝子組換え作物に対してまで、抵抗性をもった害虫が現れつつある。この状況が続くと、ブラジルはいずれ、従来の農業システム（種子、設備その他を入れ替える必要がある）に戻るほかなくなるだろう。なぜなら、危機に瀕している作物に代わる新たな遺伝子組換え作物がすぐに登場してくる見込みは薄いからだ。

避難作物方式によく似た手法が、最近、人体のがんをコントロールする方法として提唱されている。たとえば、われわれのシンクタンクのメンバーである進化生物学者のアシーナ・アクティピスは、著書『がんは裏切る細胞である――進化生物学から治療戦略へ』(みすず書房)の中で、がん治療の大胆な新戦略を論じている。アクティピスは、抗がん剤を用いてがん細胞を攻撃するのは、がん細胞が活発に増殖している場合に限るべきだと主張する。[9] 腫瘍がそれほど成長していないときに抗がん剤を投与すると、感受性をもつ細胞がほとんど死滅して、抵抗性(耐性)を示すがん細胞ばかりが残ってしまう。抵抗性がん細胞は、耐性菌と同じく、競争には弱いのだが、感受性細胞が消え去ってしまえば、どんどん増殖する。抗がん剤を一度投与した後、腫瘍が再び急速に成長し始める前に、またもや抗がん剤を投与すると、感受性細胞の最後の生き残りが死滅して、残っている細胞すべてが抵抗性細胞となる。その後、さらにまた腫瘍が成長し始めたときには、腫瘍全体が抵抗性を示す細胞になってしまっている。

それに対して、腫瘍が成長しているときにだけ抗がん剤を投与すれば、感受性をもつがん細胞はいくらか生き残る。なぜなら、抵抗性がん細胞よりも分裂や成長が速いからだ。したがって、次に抗がん剤を投与するときには、腫瘍のほぼすべてが、感受性をもつ細胞になっている。

この手法は「適応療法」と呼ばれる〔腫瘍の状況に合わせて治療法自体を適応させる(変化させる)という意味から命名された〕もので、フロリダ州にあるH・リー・モフィットがん研究センターのロバート・ゲイトンビーがこの手法を用いた新たな臨床試験を実施している。これまでのところ、その臨床試験で非常に優れた結果が確認されている。適応療法は、がんを治す魔法の解決法ではなく、さまざまな既存の治療法を補ってくれる考え方なのだ。この手法は、がん細胞の薬剤耐性にどう対処するか、そして、どうすれば自然選択に逆わず、それと手を組んでやっていけるかを考える上での重要な出発点となる。

遺伝子組換え作物の管理とがんの治療は、全く別種の事柄だ。しかし、根本的な要素は共通している。どちらの場合も、抵抗性をもつ生物の拡散を防げるかどうかは、感受性をもつ生物を利する方法を見つけられるかどうかにかかっている。最近、われわれのシンクタンクのリーダー、ピートル・ヨルゲンソンは、人類の敵が殺生物剤に対して示す感受性は、人類全体にとって共通善の一種だと唱えている。人類にとって、清潔な飲み水などと同じくらい重要な共通善だというのがピートルの考えだ。害虫や、寄生体、がん細胞の薬剤感受性が維持されるように管理することができれば、それだけこうした相手をコントロールする力が高まる。感受性をいかにして維持管理するかはケースごとに異なるが、感受性をもつ個体をずっと身のまわりに置いておくことは、人類全体にとって有益なことなのだ[10]。

薬剤耐性とともに生きる方法の三つ目は、現在まだ難しいが、将来はそれほど難しくなくなるだろう。それは、耐性進化の予測可能な特徴を理解することと関連している。殺生物剤を投与された生物は、さまざまな方法で耐性を進化させてくる可能性がある。進化のテープを巻き戻して何度も再生すると、毎回違った演奏が流れてくる。

しかし、耐性進化のプロセスが予測可能な場合もある。予測可能な部分は、ケースごとに異なるだろう。たとえば耐性進化のスピードが予測可能な生物種もある。メガプレートでは、何度実験を繰り返しても、ある抗生物質に対する耐性は一〇日で現れた。また別の抗生物質に対する耐性は一二日で現れた。

もっと細かな部分まで予測可能なケースもある。細菌種のなかには、特定の抗生物質に対する耐性が進化してくるとき、同じ突然変異が、同じ順序で、繰り返し現れる傾向をもつものがある。こうしたケースでは、次に起こることを予想して先回りすることができる。これこそが精度の高い予測であり、単に耐性進化を予測するだけでなく、そのプロセスまで予測し、それに照らして状況を変えるように働きかけるのだ。生物種や耐性の種類によって、それができるものとできないものがある、そのいずれなのかを見極めるのがわれわれの仕事だ。

薬剤耐性とともに生きる方法の四つ目は、自然に根差した解決策に戻るものである。それは、ベイムが会話の中で何度も口にしたアイデア、彼に「有望」だと言わせたアイデアである。私の経験では、薬剤耐性を研究している生物学者は、めったに「有望」という言葉を使わない。それを使うのは、反語的な意味合いで（あるいは皮肉を込めて）言う場合に限られる。しかし、私と話したとき、ベイムはその言葉を字義どおりの意味で使ったようだ。彼に有望だと言わせたのは、バクテリオファージと呼ばれるウイルスの一群だった。

基本的に、殺生物剤は、敵をまとめて叩くハンマーのようなものだ。抗生物質は、大なり小なり無差別に細菌を殺す。殺虫剤は昆虫を殺す。除草剤は植物を殺す。殺真菌剤は、真菌を殺すだけでなく、多くの動物にも脅威を与える。殺生物剤にも特異性はあるが、それほど高い特異性ではない。たとえば、特異性が最も高いとされる抗生物質は、グラム陰性菌のみ、あるいはグラム陽性菌のみに作用する。つまり、一兆種の細菌が存在するとしたら、そのすべてではなく、一兆種の半分だけを殺すといった程度の特異性なのだ。われわれを脅かす生物種に対する反撃方法として、これではあまりにも拙い。人類の文明の周囲に濠を巡らせて、橋を架けずにおくようなものだからだ。その結果、城の中に入って来られるのは、濠を泳いで渡り、城壁をよじ登ることができ、煮え油を浴びても死なない屈強な生物種だけになり、その一方で、敵が到達しても、橋がないので逃げようがない。

それよりも賢明なのは、特定の敵に的を絞って攻撃を加えるという戦略だろう。そのためにはまず、敵の正体を知る必要がある。ところが、どこにでもいるような寄生体の多くが、(ベイムいわく)いまだ「自然史学段階」のままなのだ。比較的よく見かける寄生体のなかにさえ、命名すらされていない種がある。しかし、敵をもっと系統的に記録することは、難しい作業ではなかったはずで、これまで単にやってこなかっただけなのだ。特に、裕福な国々以外では、全くなされてこなかった。

われわれは敵を全般にわたって知る必要があるが、それと同時に、ある患者を悩ませている特定の敵の正体が何であるかを知る必要もある。綿棒でサンプルをぬぐい、そこに付着している生物種、その生物種の株、その株がもっている遺伝子まで特定できなくてはならない。数年前までは、そんなことは不可能だったが、現在では、それが可能であるばかりか、以前よりもずっと容易に、しかもずっと安価にできるようになっている。まもなくそれは、少なくとも裕福な国々の裕福な病院では、誰かに感染している寄生体の全ゲノム配列を知るための標準的手法になるだろう。

寄生体の正体がわかれば、汎用抗生物質で叩くのではなく、その遺伝子や防御機構だけに効果を発揮するバクテリオファージで叩くことができる。こうした手法は、今年中には無理であっても、あと何年か先には実現する公算が高まっている。それは、（バクテリオファージという）自然界の多様性を、人類の利益のために活用する手法である。

以上述べてきた方策やそれに関わる手法はどれも、その土台としてまず、進化の法則や一般ルールをしっかり押さえるとともに、特定の生物種が自然界でたどってきた進化の歴史を詳しく知る必要がある。ところが、現在の医療や医学は、進化や自然史に関心を向けるのがあまり得意ではない。しかし、その力を磨くことはできる。進化に関する知見や自然史学に依拠した医療システムや公衆衛生システムを構築すれば、そこから得られる利益には計り知れないものがある。

方向転換はきっとできるはずだ。マイケル・ベイムは希望を捨てていない。そして、今述べてきた四つの知見をもとに、対処法の開発に乗り出している企業もやはり希望を捨てていない。あなたも方向転換をする力に望みをかけていい。少なくとも、ベイムのメガプレート実験の結果を見たときのように悲観的にはならなくていい。

一方、進化のルールは決して変わることがない。一〇年経とうが、一〇万年経とうが、生命が終焉を迎えるまで、それは変わることがない[11]。

第十一章

自然界の終焉にはあらず

保全生物学とアーウィン的転回

一九八九年にビル・マッキベンは、洞察力に富んだ有名な本『自然の終焉――環境破壊の現在と近未来』（河出書房新社）を世に送り出して、大きな反響を呼んだ。この本は、未来のための戦いの開始を告げる鬨（とき）の声だった。それをきっかけにして、環境保全活動や気候変動緩和に向けた取り組みなどに大きな弾みがつくことになる。その後、類似の本が次々と登場し、ごく最近出版されたのが、デイビッド・ウォレス・ウェルズ著『地球に住めなくなる日――「気候崩壊」の避けられない真実』（NHK出版）である。これらは、重要で有益な本ではあるが、間違っている部分もある。

間違っているのはどこかと言うと、地球上の生物にとっての環境条件の変化は人間の活動のせいで加速している、という主張でもないし、こうした変化は全世界の人類にほとんど前例のない規模の悲劇をもたらす、という主張でもないし、こうした変化が生息地の喪失に拍車をかけることで生態系や野生生物、さらにはそうした生態系から得ている最も基本的なサービスをも脅かすことになる、という主張でもない。これらの主張はすべて、昔も今も真実である。間違っているのは、こうした状況はどれも自然界の終焉に繋がる、という考え方なのだ。人類が絶滅しても、自然界はそうすぐに終焉を迎えたりはしない。私はそのことを、日本の岡崎市で開催された会議の場ではっきりと認識した。

このとき私は、絶滅に関する会議に招待された。

二〇〇三年に私は、博士論文の仕上げをしながら、内々に昆虫類の絶滅の研究を始めた。当時、それは単独での活動だった。過去数百年間に絶滅したと考えられている昆虫種のリストついて、何度か講演を行なったこともある。さらに、すでに絶滅している、それ以外の昆虫種も記録しようとして、多くの時間を費やしていた[1]。その成果を論文にまとめるとともに、そうした昆虫種のためのウェブサイトを立ち上げた。また、面識のないシンガポールの大学院生、リアン・ピン・コーと協力して、共絶滅についての研究も始めていた。ある生物種（マンモス）が死滅すると、それに依存している他の生物種（マンモスに寄生しているシラミ）も絶滅するのが共絶滅である[2]。当時私は、オーストラリアのパースにあるカーティン大学で研究生活を送っていたのだが、その共同研究の縁で、日本で開催される会議に招かれることになったのだった。

その会議には、絶滅研究の第一人者たちが集っていた。そして、各々がこの問題の全体像を独自の視点から浮かび上がらせようとしていた。『*The World According to Pimm*（ピムの調査報告による地球の現況）』の著者、スチュアート・ピムは、地球規模で進む絶滅のスピードを推定する取り組みについて語った[3]。ロバート・コルウェルは、地球上で種の多様性が最も高い地域はどこか、それを知ることが絶滅についての理解を深めるのはなぜかについて新たな考え方を示した。ジェレミー・ジャクソンは、海洋の豊かな多様性が失われつつあることを指摘した上で、人類は世代を経るごとに、種の多様性がやや乏しくなっても、それを「豊か」であると見なし、自然がやや乏しくなっても、それを自然として受け入れるようになっていることを話題にした。ラッセル・ランデは、稀少種の個体数の減少がさらに進んでいる現状について論じた。

こうした講演を聴いて全体的な感想があるとすれば、それは、絶滅速度を正確に推定するのは難しいとはいえ、世界は大変な状況に置かれているということだった。自然界は大変なことになっている。今さら驚くことではなかったが、しかし、野生生物が苦境に追い込まれている話を次々と聞くうちに、失望がどんどん絶望へと変わっていった。ちょうどそんなときに登壇したのが、ショーン・ニーだった。

ショーン・ニーは当時、オックスフォード大学教授だった。若手ながらこの時すでに、進化生物学者たちの間で、因習を打ち破る頭の冴えた人物との評判を得ていた。他の人たちが見落としている事柄を見つけて、それを指摘するのだ。そうした事柄を捉えるレンズとして数学を駆使する場合もあった。そうした点に注意を促すだけの場合もあった。今回は後者のケースだった。

ニーは、あのとき、講演を始めるにあたって生物の進化系統樹を示した。それは地球上の生物種すべてを描いた進化系統樹であって、教科書に載っている進化系統樹とはまるで違うものだった。教科書の系統樹はふつう、関心が向けられている特定の生物に的を絞って描かれている。たとえば、人類や類人猿、絶滅したその類縁種の進化系統樹はよく見かけるし、樹木の王と称されるオーク

〔ドングリのなる木の総称で、数百種以上が世界に広く分布する〕の進化系統樹もよく見かける。それに対し、進化生物学者でさえ、めったに目にすることがないのが、もっと広範囲の生物を含めた進化系統樹、つまり、霊長類や哺乳類や脊椎動物だけでなく、真菌や蟯虫(ぎょうちゅう)や古い時代に分岐した単細胞生物もすべて含めた進化系統樹である。めったに見かけないのにはわけがある。

図11・1に、広範囲の生物を網羅した進化系統樹が示してある。その枝にそれぞれラベルをつけたらすぐに、聞いたことのない名称ばかりなのに気づくだろう。たとえば、この進化系統樹の大きな枝には、ミクルアーキオータ門〔古細菌の門〕、ヴィルトバクテリア門〔細菌の門〕、フィルミクテス門〔細菌の門〕、クロロフレクサス門〔細菌の門〕、もっとわけのわからない「RBX1」、ロキアーキオータ門〔古細菌の門〕、トールアーキオータ門〔古細菌の門〕などがある。人類が含まれる枝を探そうとしても、なかなか見つからないのではないだろうか。それは探し方がまずいのではない。生物界をもっと大きく捉えた中での人類の位置は、だいたいそんなものなのである。ニーが示した系統樹と同様に、この進化系統樹からも、地球上の生物の進化系統樹の枝のほとんどは、さまざまな種類の微生物であることが明らかだ。

われわれ哺乳類は、樹の右下に伸びる真核生物の枝に位置している。真核生物の枝のさらにまた、オピストコンタと呼ばれる小枝から出た、ごく小さな芽のようなものが哺乳類だ。あまりぱっとしない貧弱な存在でしかない。

ニーが講演で明らかにしたこと――系統樹上で分岐が古い枝はほぼすべて微小な単細胞生物の系統だということ――は、当時としても、生物学的に見て目新しいことではなかった。これは、科学

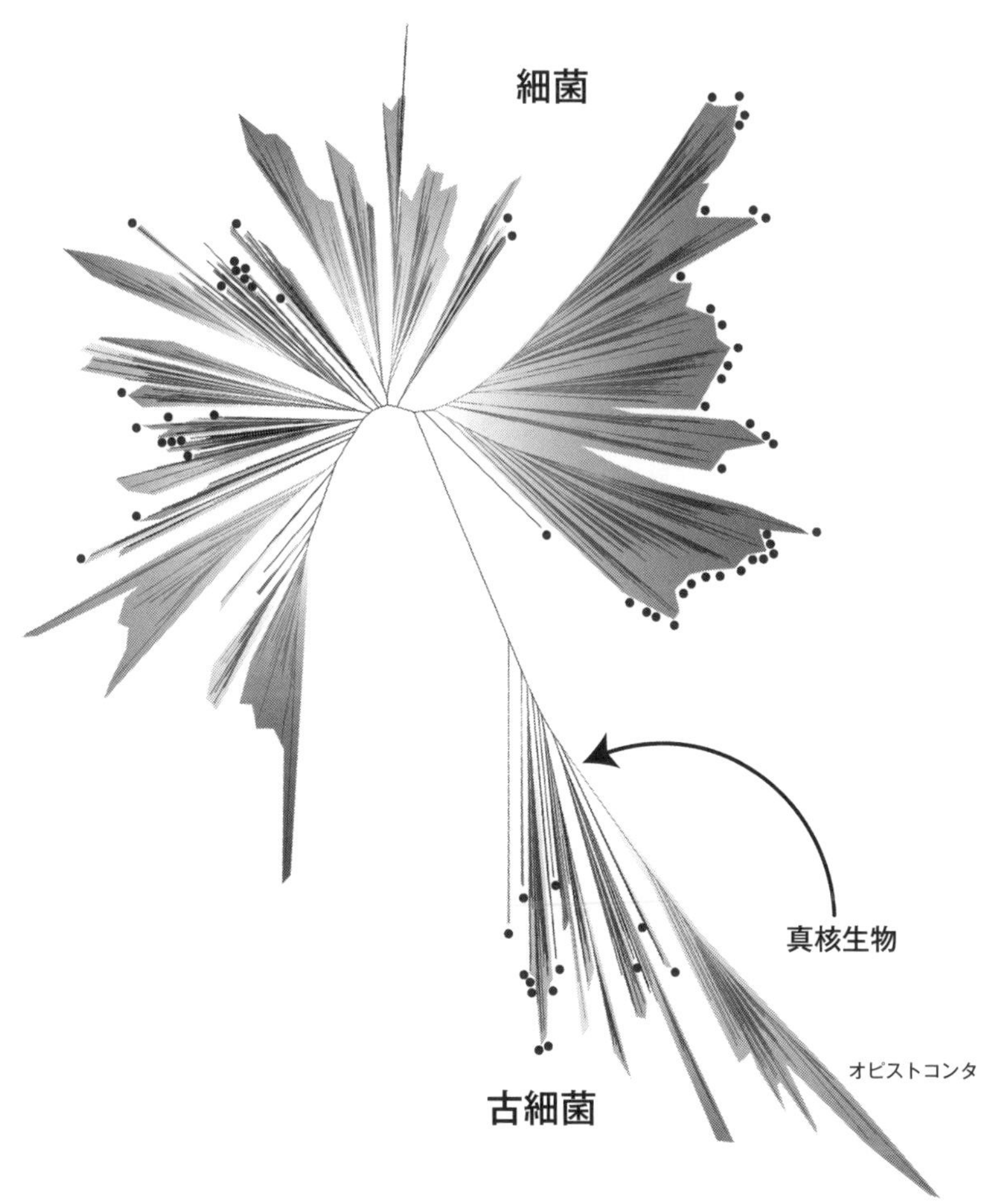

図11.1　主要な枝をすべて含む、生物の進化系統樹（それでも、すべての種を含むわけではない！）。この樹木、というよりも灌木のようなものの線一本一本が、生物の主要な系統を表している。細胞内に核をもつ生物はすべて真核生物として、樹の右下に伸びる箒のような一本の枝（矢印で示した枝）で表されている。真核生物には、マラリア原虫、藻類、植物、動物等々が含まれる。真核生物の枝の小さな一部分、オピストコンタが、動物や真菌を含む枝である。動物はどこかと言うと、オピストコンタの細い枝の一つにすぎない。このような広い視野から捉えると、脊椎動物は系統樹の枝の一本にすらならない。枝からちょっと出た芽のようなものだ。哺乳類に至っては、その芽の一細胞にすぎない。この喩えでいくと、人類は細胞未満の何かである。

者たちがずっと以前から知っている事実で、アーウィン的転回（第一章）の一側面でもある。それは、カール・ウーズという微生物学者が、周囲の生物を分類する新たな手法を開発したことで明らかになってきた事実なのだ。この新手法のおかげで、別種の生物同士を、遺伝暗号の文字列に基づく共通用語で比較することが可能になった。それまで、生物の比較分類は通常、どんな形をしているか（形態）、またはどんな能力があるか（「酸性条件下で生育可能」など）に基づいて行なわれていた。ところが、この新手法を用い始めたウーズは驚きの発見をすることになる。

ウーズが研究していたサンプルの一つは、見た目は他の細菌種とよく似ており、多くの細菌種と同じく、ウシの体内で生息していた。ところが、そのゲノムを解析した彼は、それが他の細菌種とは異なることに気づいた。それまでに調べた全細菌種との遺伝的な違いは、それら細菌種全体と他の生物との違いほど大きかった。解析を終えたウーズは、そもそもそれは細菌種ではないのだとはっきり認識した。それは全く新しい種類の生物、古細菌だった。

図11・1を見ると、古細菌は右下に長く伸びた枝に現れ、人類もやはりその枝に現れる。ウーズは、古細菌について、見た目は細菌に似ているものの、実際には細菌よりも人類に近い生物だと考えるようになった。

それだけではない。ウーズをはじめとする微生物学者たちはやがて、太古の時代に分岐したユニークな生物系統の多くが、実験室での培養法がまだわかっていないほど尋常ならざる環境条件下で繁栄していることに気づく。図11・1で、黒い点を付けた系統はどれも、人工培養された種がまだ一つもない生物系統だ。ＤＮＡが発見され、その塩基配列が解読されているので、存在していることはわかっている。しかし、何が必要なのかがわからない。こうした生物系統は、人類とはまるで無関係に生きているだけでなく、生存するのに何が必要なのかもまだわかっていないのだ。繁殖のために、極度の高温環境を必要とするものもある。極度の酸性環境を必要とするものもある。火山から放出される特殊な物質を必要とするものもある。多くの系統は成長速度が非常に遅いので、何よりも必要なのは時間かもしれない。代謝速度があまりに遅いので、通常のヒトの科学者が研究に費やす年月くらいでは、その代謝活動を探知できないという可能性もある。

ニーは、自らの主張を展開するにあたって、ウーズの知見や、ウーズの研究に基づく微生物学の知見を援用していた。微生物学者の集まりであったなら、ニーの主張は言わずとも知れたことであったろう。しかし、保全生物学者たちにとっては、必ずしもそうではなかった。ニーは、保全生物学の会議に微生物学を持ち込むことによって、この進化系統樹から必然的に導き出されるある事柄に、聴衆の目を向けさせたのだ。それは、地球上のさまざまな生物を、その生活様式、物質分解能力、特有の遺伝子といった点から見ていくと、地球上の生物の大半は微生物であるということだ。[4]逆に言えば、哺乳類、鳥類、カエル、ヘビ、蠕虫、二枚貝、植物、真菌、その他諸々の多細胞生物は、すべて合わせたとしても、それほど重要な存在ではないということだ。

ニーがこの点を指摘すると、聴衆は、話がこれからどこに向かおうとしているのか、何となくわかり始めた。みんなそわそわしてきた。次の話に耳を傾けようと、会場はしんとなった。ニーがさらに続けて言ったのは、人類が地球に対して行なう考えられる限りのあらゆる悪行――核戦争、気候変動、大規模環境汚染、生息地喪失、その他諸々――によって、人類のような多細胞生物は影響を受けるかもしれないが、進化系統樹の主要な系統のほとんどは、そのせいで絶滅するとは思えないということだった。それどころか、極めて珍奇な系統の多くは、人類の最悪の攻撃にさらされることで、むしろ繁栄する可能性が高まるという。

前日の会議一日目には、パンダの個体数減少、ヤシ類の絶滅の危機、あるいは、生物種の個体数回復が不可能となる臨界点といった内容の講演が続いた。それを聞いて、自然界はもう終わりのように感じていたのだが、ショーン・ニーはこの場で、それとはおよそ正反対のことを主張していた。それを聞いて憤慨する人々もいたが、確かにニーの言うとおりだった。自然界は危機になど瀕していない。近い将来（というのはつまり今後数億年のうちに）、自然界が終焉を迎えることなどない。地球上の生命の存続や、古い時代に分岐した系統の多様性、あるいは、絶えず進化を続ける生物の能力を「自然」という言葉で表現するのであれば、それが終焉を迎えることなど断じてない。今まさに危機に瀕しているもの、ビル・マッキベンが終焉を告げたものは、むしろ、われわれ人類と関わりの深い生物、人類の生存に不可欠な生物のほうなのだ。われわれが愛する種や、われわれが必要とする種が危機にさらされているのである。これは、自然という言葉の意味をめぐる議論のように思えるかもしれないが、そうではない。

ニーの主張には、実は二つの要素が含まれていた。彼は、図11・1にはっきりと示されていること、つまり、生命の壮大さに照らすと人類（やそれに近い生物）はさほど重要な存在ではないという点を指摘した。言い換えると、アーウィン的転回への強い支持を表明したのだ。しかし同時に彼は、人類やその他の多細胞生物が好む環境条件は、生物全般が好む環境条件のうちの比較的狭い部分集合にすぎない、という点にも言及していた。生物界の多くの種は、ヒトが好む条件、あるいはヒトが耐えられる条件よりも、もっと極端な環境条件を好むのである。

ヒトと極限環境

生物の系統樹上にヒト科動物が出現したのは、今からおよそ一七〇〇万年前のことだ（ちなみに、ヒト科には、現生人類、絶滅した人類、現生類人猿、絶滅した類人猿が含まれる）。ヒト科動物が出現し始めた頃には、系統樹の主要な枝の生物種はほぼすべて、数億年または数十億年という歳月を経てきていた。酸素なしの状態でその期間を生き抜いたものもいれば、危険なほど高濃度の酸素とともにその期間を生き抜いたものもいた。極端な高温環境を生き抜いたものもいれば、極端な低温環境を生き抜いたものもいた。これらの系統は、幅広い耐性を獲得することによって、あるいは、どんな条件であれ、自らが好む環境条件が保たれている狭い生息地を方々に見つけることによって、（隕石衝突や火山噴火などに伴う）さまざまな変化を生き抜いたのである。一七〇〇万年前の平均的な環境条件は、多くの系統にとってはあまり好ましいものではなかったが、われわれの祖先である最初のヒト科動物には好適だった。

サルほどの大きさの、最初のヒト科の種が出現した頃には、大気中の酸素濃度は、現在とほぼ同程度になっていた。しかし、二酸化炭素濃度は今よりもやや高く、気温もやはり少し高かった。このような気候条件は、初期のヒト科動物に有利に作用した。

およそ一九〇〇万年前に、ホモ・エレクトスが現れた頃には、酸素や二酸化炭素の濃度も気温も現在とほぼ同じになり、どちらかと言えば、今よりもやや涼しかった。つまり、現在でも比較的快適だと感じるような気候条件だったのだ。これは偶然ではない。暑さに耐える能力、発汗能力、さらには特有の呼吸法など、ヒトの体の特徴のほとんどがこの時期に進化した。言い換えると、われわれの系統は、多くの現生生物の系統と同様に、この一九〇万年間の気候条件——地球の長い歴史の中では極めて稀な気候条件——に合わせて体の機能が調整されているのである。

ヒトの体は、かなり稀有な一連の気候条件を利用するように進化したのだが、われわれはそれを普通だと思っている。こうした気候条件を当たり前と思いがちだが、実のところ、地球の温暖化が進むにつれて、ヒトの体は周囲の世界とうまく合わなくなっていく。われわれが世界を変えれば変えるほど、人類の繁栄に必要な気候条件と、実際に生きている世界の気候条件との乖離がますます激しくなっていくのだ。それに対して、遠い過去の気温や大気その他の環境条件に対する適応戦略を進化させた生物種や、適応するのではなく、好適な条件が保たれている小さな隔離地を見つけることによって持ちこたえた生物種はどうかというと、地球温暖化や環境汚染が進んで、ヒトの耐性の限界を超え、ヒトのニーズが満たされなくなっても生き続けることができ、場合によっては繁栄する可能性さえもっているのだ。

古い時代に分岐した生物の多くが好む環境の中には、われわれ人間には、およそ生物などいそうもないと思えるところもある。細菌は、海底火山の噴火口の途方もない高圧環境下にも生息しており、地球のコアの高温の噴出物からエネルギーを得ている。細菌は何十億年も前からそこで生きてきたのである。そのような古細菌種の一つ、ピュロロブス・フマリイ（*Pyrolobus fumarri*）は、地球上で高温耐性が最も高い生物だ。摂氏一一二度にまで耐えられる。ところが、このような細菌は、地表に持ってくると死んでしまう。気圧にも、日光にも、酸素にも、低温にも対処できないのである。そのほか、塩の結晶の中に生息している細菌もいる。雲の中に生息している細菌もいる。地下一・五キロメートルの石油の中に生息している細菌もいる。デイノコッカス・ラディオデュランス（*Deinococcus radiodurans*）という細菌種は、ガラスを劣化させるほど強い放射線を受けても生き延びられる。第二次世界大戦中に広島と長崎に投下された原子爆弾の放射線量は一〇〇〇ラドだった。ヒトは一〇〇〇ラドで死んでしまうが、デイノコッカス・ラディオデュランスは二百万ラド近くまで耐えることができるのだ。

人類が地球上に生み出している極限環境のほとんど（もしかすると、すべて）は、少なくとも過去の何らかの環境条件と一致しており、したがって、何らかの生物種はそこで繁殖が可能だ。将来予想されるどんな恐ろしい状況も、一部の生物種にとっては理想的な環境条件なのである。特に、その将来の恐ろしい状況が、遠い過去のある時期の状況と同じだとしたら、理想の環境であることは間違いない。

ところが、われわれは、新たに訪れる大昔の環境条件下で繁栄しそうな生物種の大多数について、まるで知識がない。生態学者は、若干の例外を除き、そのような生物種の研究をしてこなかった。本書冒頭で述べたように、生態学者は、人間と同じように大きな体に大きな眼をもっている哺乳類や鳥類の種にばかり注意を向けてきた。その多くが、人間活動が引き起こす変化によって生存を脅かされているからだ。生態学者はまた、今後拡大していきそうな生態系よりも、消えつつある生態系や生物種に焦点を当ててきた。生態学者は、熱帯雨林、昔ながらの草原、あるいは島々に赴いて研究するのが大好きだ。有害廃棄物の集積場や原子力施設での研究は、そのような集積場や施設がすぐそばにあって比較的容易に研究できたとしても毛嫌いされる。それは無理もないことだ。一方、地球上の極限環境とされる砂漠は、遠いうえに人を寄せつけない。授業から解放された研究者が集まるどころか、むしろ流刑地となるような場所だ。したがって砂漠もほとんど研究対象にされていない。その結果、急速に拡大しつつある生態系がろくに目に入っておらず、将来の極端な環境がまるで見えていない。その点は私も例外ではない。

私が、生態学者の知識の偏りに気づいたのは、数年前のこと、気候が変動する中で繁栄しそうなアリの種はどれか、どれだけの種類があるかを明らかにしようとしていたときだ。その取り組みでは「ホイッタカーのバイオーム図」と呼ばれるシンプルな図も活用した。

生態学者のロバート・ホイッタカーは、気温と降水量のデータをXY座標系にプロットするのを習慣にしていた（ヘルムート・ライトという、後にドイツ系アメリカ人となったドイツ人生態学者の習慣をまねたらしい）。ホイッタカーは、これら二つの変数だけで、地球上のバイオームのほとんどが説明できることに気づく。たとえば、気温が高くて降水量が多ければ熱帯雨林、気温が高くて降水量が少なければ砂漠、といった具合である。気候と地球上の主要バイオームとの関係の揺ぎなさから、生態学者のジョン・ロートンはこれを「生態学の最も有用な総合知」の一つと評した。

数年前のこと、ネイト・サンダース（現在ミシガン大学教授）と私は、世界中のアリ学者数十人での共同研究をコーディネートした。全員で協力して、体系的調査がなされたアリ群集に関する研究を、あちこちから見つけられる限り集めた。次に、クリントン・ジェンキンズと協力して、それらの研究が実施された場所の気温と降水量をバイオーム図上にプロットしていった。一つ一つの点が、アリ学者たちの何百時間にも及ぶ研究活動を表していた。これらのデータ点は、汗の結晶だった。しかし、それらのデータ点を、地球上で見られる気候と照らし合わせてみると、欠落している部分があるのに気づいた。(5)

アリを研究する生物学者たちは、あらゆる気候条件の場所に満遍なく赴いているわけではなかった。極寒の地はほとんど研究されてこなかった。それは一つには、こうした場所の多くには、そもそもアリがいないからだ。アリが見つからない場所でアリを研究する者はいない。しかし、酷暑の森林もやはり、あまり研究されてこなかった。酷暑の砂漠は特にそうだ。このような場所については、何もわかっていないわけではないものの、中途半端な知識しか持ち合わせていない。

アリについて、このような傾向が確認されたが、鳥類、哺乳類、植物、その他ほとんどの生物群についても、やはりそうであることはほぼ間違いない。気温や降水量の変動幅、pHや塩分濃度といった環境の化学的特性など、他の要因について検討しても、同様の傾向が確認されたであろう。一般的に言って、一連の環境条件が人間から見て極端であればあるほど、そのような条件下で生息するアリの種は研究対象にされてこなかったようだ。

未来の気候下で生きるアリ

これまで灼熱の砂漠のアリ群集が研究されてこなかったのは、そもそもそんな場所にアリは生息していないからだ（つまり、極寒の地の場合と同様の理由からだ）と主張する方もおられよう。しかし、そうではないのだ。私の友人のシム・セルダをはじめ、暑さに耐える数少ないアリ学者のおかげで、ウマアリ属のアリなど、何種かのアリは暑さに強いことがわかっている。実際、ウマアリ属のアリは、他のどんな動物種も生存できないような高温にも耐えられる。世界で最も暑い砂漠を、一日のうち最も暑い時間帯に餌を探して歩き回るのだ。ウマアリ属のアリは摂氏五五度でも生存できる。これは、現在の地球上での年平均気温の最高値を、優に二五度も上回る温度である。昆虫学者のリュディガー・ヴェーナーが言うように、このアリは「熱を愛し、熱を求める、灼熱戦士」なのだ。[6] 酷暑のさなかに、花弁を集めて回り、植物の茎に含まれる糖液を舐めて回り、そして、高温にさらされて死んだ他の動物種の死骸を集めて回るのである。

ウマアリ属のアリは、極端な生息環境下で多様化を遂げてきた。ウマアリ属は一〇〇種、もしくはそれを超える種を擁する属であり、細かな特徴は種ごとに異なるものの、高温を好むという点はすべての種に共通している。これらの種は、高温環境に対処するための適応戦略をいくつか進化させてきた。長い脚のおかげで、焼けつく砂の上をすばやく走ることができるし、しなやかな膨腹部のおかげで、体を砂から高い位置に引き上げておくことができる。また、熱ショックタンパク質が絶えず産生されているので、高温にさらされても、体の細胞、特に細胞内の酵素が破壊されにくいのだ。[7] さらに、ウマアリ属の種のなかでも最も高温耐性の高いサハラギンアリの体は、プリズム状の毛の緻密な層に覆われており、降り注ぐ可視光と赤外線をほぼすべてはね返してしまう。アリの体にはほとんど到達しないのだ。その毛は、体に熱がこもるのを防ぐだけでなく、熱をいくらか放出することによって、体を冷やすのも助けている[8]。

当然ながら、このようなアリを研究するのが大変なのは、これらのアリが、ヒトも含めた他の動物には危険なほどの高温を好むからである。シム・セルダは、こうしたアリが見つかる場所であればどこへでも赴いて調査を行なってきた。スペインで最も暑い地域でも、イスラエルのネゲヴ砂漠でも、トルコのアナトリア高原の乾燥した草原でも、モロッコのサハラ砂漠でも調査を行なってきた。調査に出かけるときには、大量の水を持参しなくてはならない。水を飲むだけではだめで、体を砂の中に埋めて、体温が上がるのを防ぐこともある（図11・2）。それでも、アリたちは活動的なのに彼は全く動けない日もあるし、アリたちは意気盛んなのに彼の体は参ってしまう日もある。そうなるのは、もう昔のように若くはないから、とシムは言うかもしれないが、理由はそれだけではない。彼がヒトであって、そう、アリではないからなのだ。ホイッタカーのバイオーム図で、気温が高い領域にデータ点があまり多くないのは、一つにはこうした理由からだ。調査するのが難しいからなのである。

ウマアリ属のアリの調査はまだ行なわれていないが、生息が確実視されている場所の一つが、ダナキル砂漠――エチオピアのアファール三角地帯の北部、エリトリアやジブチとの国境沿いに広がる砂漠――である。アファール三角地帯は、三つの大陸プレート（ヌビアプレート、ソマリアプレート、アラビアプレート）が交わる地点に位置している。この三角地帯では、これらのプレート同士が一年間に約二センチメートルずつ離れていっている。アファール三角地帯は変化の地なのである。かつては緑の地だった。草原が広がり、イチジクの木が茂っていた。そこを流れる川では、カ

図 11.2　ウマアリ属のアリの調査を行なう際に、気温が耐えられる限度を超えると、シム・セルダはときおり砂の中に体を埋める（左）。気温があまりにも高くて、砂に体を埋めても耐えられないと、シムは別の方法で体を冷やす（右）が、これだとなかなか調査がはかどらない。

バが歩き回り、巨大なナマズが泳ぎ回っていた。丘の上では、巨大なハイエナがブタやレイヨウやウィルドビーストを追いかけていた。まるで、セレンゲティ平原〔野生動物の楽園とされるタンザニア北部の平原〕を小さくしたような場所だった。

今から四四〇〇万年前には、古代のホミニン（ヒト族）であるアルディピテクス・ラミドゥスが、このアファール三角地帯に生息していた。およそ三〇〇万～四〇〇〇万年前には、ルーシーに代表されるホミニンの種、アウストラロピテクス・アファレンシスがこの地域に生息していた。さらに時代が進むと、ホモ・エレクトスがこの地域で石器を作って狩りをし、おそらく調理もしていた。そして、今から一五万六〇〇〇年前に、この地域にわれらホモ・サピエンスが出現したのである。その期間を通してずっと、この地域の環境条件が、古代および現代のヒトのニッチの限界を越えることはなかった。干魃がこの地を襲い、それが常態化したのは、それから後のことだ。

現在、ダナキル砂漠に恒常的に生息する動物はほとんどいない。雨季になると、アファールの牧畜民が家畜を連れてきてここで飼育するが、またすぐに去っていく。ダナキル砂漠は、生きるのが困難な場所だ。ヨーロッパ人の探検家たちにとって、この地域を通り抜ける旅は、南極大陸横断に勝るとも劣らないほど厳しい旅だった。まさに極限への挑戦だったのだ。ある記録には、砂漠を通り抜ける間に「一〇頭のラクダと三頭のラバが、渇きと飢えと疲労で死んでいった」と、その過酷な旅の様子が綴られている[9]。

この先何年かすると、この地域の気候条件が、全く珍しいものではなくなってくる可能性が高い。ところが、祖先たちが人類のふるさとと呼び、古人類学者たちが多くの時間をかけてその骨や物語を掘り起こしているわりに、この地域の現代の生態環境はほとんど知られていない。動物の多様性に関する最近の調査は全く実施されておらず、生息していることがわかっているアリの種についてさえ、詳しい調査はなされていない。この地域の動物に関する研究のほとんどは、すでに絶滅した大昔の脊椎動物の研究、化石化した骨に基づく研究なのである。これは残念なことだ。なぜなら、この地域の現在の状況は、とりわけダナキル砂漠の状況は、将来、多くの砂漠で予想される状況に非常に近いからである。

ダナキル砂漠は、異様なまでに暑く、異様なまでに乾燥していて、ごくたまに予測不能な洪水に襲われる。現在、この土地の居住者がウマアリ属のアリであることはほぼ間違いない。しかし、人類の祖先の社会にかつて大きな実りをもたらしたこの土地の継承者であるウマアリ属について研究した者はまだ誰もいないのだ。いつの日にか、シムが研究するかもしれないし（一度、助成金申請はしたが、資金提供機関に却下された）、あるいは、しないかもしれない。

ウマアリ属のアリが駆け回るダナキル砂漠の砂の世界は、将来もっと当たり前になりそうな過酷な気候を覗き見られるドアスコープなのに、われわれはまだそれをしっかり覗き込もうとしていない。しかしながら、こうした砂の世界がこの地域で最も極端な生息環境、というわけでもないのだ。

ダナキル砂漠で最も暑く、最も乾燥しているエリアの一つ、ダロール地区では、地面から熱水が噴出している。この熱水は、地下にしみ込んだ海水が、地球の内部から上昇してきたマグマと接触して生じる。その熱水が、地表まで上昇していき、イエローストーン国立公園で見られるような熱水泉を生み出すのである。地表に到達するとき、熱水の温度は摂氏一〇〇度近くまで上がっている。それには塩分も含まれている。熱水が、その割れ目を通って上昇してくる岩石の性質しだいで、硫黄を含んでいたり、硫黄化合物のせいで酸性だったりする。熱水のpHがゼロの場所もある。地球上の他の場所で、これほど酸性度の高いところはほとんどない。さらに、熱水泉の周囲は、空気中の二酸化炭素濃度が非常に高いので、近くを歩いている動物は死んでしまう。熱水泉の周囲では鳥やトカゲの骨が見つかるが、二酸化炭素を吸い込んで窒息したか、あるいは、オアシスの真水と間違えて熱水を飲み、酸性が強すぎて死んだかしたのだ。空気中の塩素濃度が、致死量を超えそうな場所もある。熱水泉の内部や周囲は、緑、黄、白に彩られている。そこは敵対的な表情を見せている。そこは敵対的なにおいを放っている。そこに比べれば、その周囲に広がる、世界で最も暑い砂漠さえもが、慈愛に満ちた場所に見えてくる。

しかし、熱水泉は、すべての生物種と敵対しているわけではない。それどころか、生命に溢れた場所なのである。

最近、スペイン宇宙生物学センターのフェリペ・ゴメスらが、熱水泉の高温・高酸性・高塩濃度の環境条件下で最もよく成長する、およそ十数種の古細菌（まさにウーズが提唱した系統）を発見した。これらの十数種は、地球上の脊椎動物をすべて合わせたよりも、進化による多様化が進んでいる。こうした多様性に富む単細胞生物こそが、地球上の最も極端な環境に適応した生物なのかもしれない。彼らは、地球上ではめったに見られない極端な環境条件下で繁栄を遂げているのである。[10]

ゴメスがこうした生物種の研究を行なっているのは、火星や木星の第二衛星エウロパなど、太陽系の他の天体で見つかるかもしれない生命体を理解するためでもある。ダロールの熱水泉の微生物は、風に乗って成層圏にまで到達し、さらにそこを越えても生き続けるような微生物かもしれない。[11]もしかしたら、何かの拍子に火星探査車（マーズ・ローバー）で赤い惑星にまで運ばれるかもしれない（もうすでに運ばれている可能性もある）。あるいはひょっとしたら、火星などを、人間にとってもっと住みやすい場所にするために、何らかの形で利用できるかもしれない。

それはさておき、これらの微生物は、人間がうっかり生み出しかねない地球上の極悪環境下で生物がどうなっていくのか、その前途を占うものでもある。こうした生物種は、人間が地球をもっと暑く、塩辛く、酸っぱくしてくれて、自分たちが繁栄するのを――地球上に自分たちの暮らしやすい場所が再び広がっていくのを――待ちわびているのである。[12]

終章
もはや生きているものはなく

絶滅の法則

近い将来、地球上のあちこちが、極限環境生物にとってますます快適になる一方で、人類にとっては今よりもはるかに住みにくくなっていくだろう。環境が変化しても生き延びる方法はある。といっても永遠にではない。いずれ人類は絶滅する。すべての生物種は絶滅する。この現実は古生物学の第一法則と呼ばれている。[1]

動物の、種としての平均寿命はおよそ二〇〇万年。少なくとも、こうした研究が進んでいる分類群（タクソン）については、そのくらいのようだ。[2]ということは、われわれホモ・サピエンスについて考えると、まだかなり時間があると言えそうだ。ホモ・サピエンスは今から二〇万年ほど前に出現した。われわれはまだ若い生物種なのである。したがって、平均的な寿命を全うするのであれば、これからの道のりはまだまだ長い。ところが、若い種でありながら、すでに絶滅の危機に瀕している。目ばかり大きくて知恵がまだついていない仔犬のように、若い種は致命的な誤りをおかしやすい。

数百万年どころではなく、もっとずっと長く生き続ける唯一の生物が微生物である。そのなかには、長い休眠状態に入れるものもある。最近、日本の研究チームが深海底から細菌を採集した。その細菌は、一億年以上の年を重ねてきていると推定された。研究チームはその細菌に酸素と餌を与えて、観察を続けた。すると、それから数週間後、哺乳類が誕生した頃に最後の呼吸をして休眠状態に入っていたその細菌が、再び呼吸をし、分裂を始めたのだ。

遠い将来、人類はきっと、細菌のように生命活動を一時停止する方法を探り当てるに違いない、と思いたくなる。しかし、そんなふうに考えるのは傲慢というものだ。昔から人間はつい思い上がって、自分たちだけは生物の諸法則から免れられると信じてしまう。しかし、この惑星で少しでも長く生き存えるには、何よりもまず慎ましやかになること。つまり、生物の諸法則に注意を払い、それに逆らうのではなく、それと手を組んでいくことだ。

地球上にある島状の生息地を保全管理して、人類にとって無害な種や、むしろ有益な種の進化を促していく必要がある。生態的回廊を確保し、今後気候が変動しても、野生生物が生息可能な場所を目指して移動できるようにする必要がある。人体や作物の寄生体や害虫を寄せつけずにおけるように（再びエスケープの利益を享受できるように）、身のまわりの生態系を慎重に管理する必要がある。温室効果ガスの排出量をできるだけ速やかに減らして、ヒトのニッチの範囲内に保たれている気候条件の場所をできるだけ多く地球上に残す必要がある。人類が現在依存している生物種や生態系、そして、将来依存することになるかもしれない生物種や生態系を守っていく方法を見つける必要がある。そして、以上のような対策を講じるにあたって忘れてはならないのは、ヒトは多くの生物種の一つにすぎないということ。シロアリの腸内に棲んでいる毛深い原生生物や、サイの胃の内層で暮らすハエや、パナマに生える単一樹種の一個体の葉に囲まれて一生を終えるオサムシと何ら変わりないということだ。

かつて人間は、太陽が地球のまわりを回っているのだと思い込んでいた。現在のわれわれは、地球が太陽のまわりを回っていること、そしてその太陽はありふれた恒星であり、何千億個もある恒星の一つにすぎないことを知っている。かつて人間は、生命の物語とは人類の物語なのだと思い込んでいた。現在のわれわれは、生命の物語とは、ほとんど微生物の物語であることを知っている。人類は、この生命の舞台に、のこのこと遅れてやってきた巨人であり、しかも、そのカーテンコールに登場することもかなわない。

当然ながら、人類は、個々人が自分の寿命を延ばそうとするように、人類が地球上にとどまれる時間を延ばそうとするだろう。しかし、どれほど引き延ばしても、それには限界があることをわかっているほうがいい。人類はいずれ終焉を迎える。そのとき、人新世――人類が地球の地質や生態系に与えた影響に注目して区分される地質時代――が終わる。そして新たな地質時代が始まるのだ。われわれがそれを目にすることはないが、その時代の特徴を挙げることならできる。なぜなら、人類が滅亡しても、生物種は生物の諸法則に従い続けるからである。

共絶滅

人類が消えた後の世界についてまず第一に予測できるのは、人類がいなくなって困る種や、絶滅のおそれがある種はどれかということだ。ある生物種の絶滅に伴って、その種に依存している種も絶滅することを共絶滅と呼んでいる。

何年も前に私は、シンガポールの科学者、リアン・ピン・コー（現在、シンガポール議会議員）と共同で、身のまわりの世界で起きている共絶滅の頻度を試算する初の論文を執筆した。リアン・ピンと私は当時、優れた共同研究者たちとともに、稀少な動植物が失われると、それに伴って絶滅してしまう生物種に関心を向けていた。どんな種にもたいてい、それに依存している別の種がいるので、共絶滅は決して珍しくない。私たちは、宿主の絶滅とほぼ同数の共絶滅が起きているのではないかと考えた。多くの生物種が、宿主という船もろとも沈没しているのではないかと考えたのだ。しかし、このような依存種の消滅がきちんと記録されることは滅多にない。なぜなら、ほとんどの依存種は体が小さく、仮に研究がなされていたとしてもその知見は貧弱なものでしかないからだ。

宿主が完全に消滅しなくても、ただ稀少になるだけで、依存種が絶滅してしまう場合もある。クロアシイタチが稀少種となり、個体数がほんの一握りにまで減ってしまうと、クロアシイタチは飼育下繁殖のために捕獲され、その際にシラミ駆除が行なわれた。宿主の個体数が減少した上に、シラミ駆除が行なわれた結果、クロアシイタチのシラミはどうやら絶滅してしまったらしい。その後、クロアシイタチからこのシラミを見つけようとしても、全く見つかっていないのだ[3]。カリフォルニアコンドルのダニもやはり、コンドルを繁殖のために捕獲した際に、図らずして絶滅に追いやられたようだ。クロアシイタチのシラミも、カリフォルニアコンドルのダニも、こうした捕獲繁殖プログラムが実施される前から共絶滅寸前の状態だった（現在はすでに共絶滅している）。現在、何千という生物種が、依存相手の種が稀少になったせいで、共絶滅寸前にまで追い込まれている。アフリカ最大のハエである、サイヤドリバエ〔サイの胃の内層で暮らすハエ〕は、絶滅危惧種のクロサイと近危急種のシロサイだけに寄生する。したがって、サイが絶滅の危機にさらされると、当然、このハエも危機にさらされてしまう[4]。

共絶滅種や共絶滅寸前の種について調査する中でリアン・ピンと私は、特定の宿主が消滅することによって、絶滅の危機にさらされる種の数を決める要因は、主に二つあることを知った。第一に、その宿主に依存している種の数が多いほど、宿主が稀少になると、より多くの種が共絶滅の危機にさらされ、宿主が絶滅すると、より多くの種が共絶滅する。第二に、その宿主に依存している種の特殊化の度合いが高いほど、共絶滅が起こりやすくなる。

数多くの特殊化された種が依存している生物種の典型、その絶滅が数多くの種の共絶滅につながりそうな生物種の典型が、グンタイアリ属の一種であるバーチェルグンタイアリだ。

グンタイアリは定住する巣を持たない。行軍途中に出会った生き物を襲って食べながら、森の中を移動し、仲間たちの死骸で一時的な住まい（ビバーク）を、つまり脚や腹や頭でできた宮殿をつくる。新たなコロニーが形成されるのは、オスのグンタイアリが親コロニーを飛び立って別のコロニーを見つけ、そのコロニーの新女王とつがいになったときだ。やがてオスは死んで、交尾を終えた女王アリが自身の新たなコロニーを形成する。新たな門出に際して、女王アリは、母親コロニーの働きアリの一部を連れて行く。女王アリと働きアリは共に、歩いて親コロニーを後にする。このようなコロニー創設の様式をとるので、グンタイアリと共に生きる種は、コロニーを探して飛んだり歩いたりする必要はない。旧女王と新女王のいずれかについて行くだけでいい。

グンタイアリの独特の生活史が、このアリに依存している多くの種の進化を促した。それに依存している種を高度な特殊化へと導いたのだ。数十種のダニが、グンタイアリの体に生息している。そのうちの一つで、私が惹かれるダニは、グンタイアリ属のただ一つの種の大顎（おおあご）だけに生息している。もう一つは、グンタイアリの足だけに生息している。さらにもう一つは、グンタイアリの幼虫に扮（ふん）し、幼虫たちに囲まれて生活し、まるで本物のグンタイアリの幼虫であるかのように世話をしてもらう。何十種どころか、おそらく何百種もの甲虫が、グンタイアリに乗ってあちこち移動したり、グンタイアリの後を追ったりしている。セイヨウシミも付き添うし、ヤスデも付き添う。グンタイアリ属の各々の種と共に生き、それに依存する生物種の数が、何百万年にもわたって増え続けていった。

私の師匠のお二人、カール＆マリアン・レッテンマイヤー夫妻は、グンタイアリと共に生きる生物種の調査に研究人生を捧げた。途方もない時間をかけてひたすら、グンタイアリと共に生きる生物種の研究だけを行なった。こうした種を求めて、あちこちを旅して回った。こうした種が、夢の中にまで現れた。そのような研究をもとに、夫妻は、グンタイアリ属の一種である、前述のバーチェルグンタイアリのコロニーは、（細菌やウイルスなどはさておき）三〇〇種を超える他の動物種を宿しているだろうと推定した。カール＆マリアンは、このバーチェルグンタイアリを、他の種から最も頼られている動物種であると評し、それを「一生物種を中心とした最大の動物アソシエーション」と呼んだ。[5] 確かに、人類を除いて考えれば、その通りのようだ。

人類の大加速（グレート・アクセラレーション）期に、途方もなく多種多様な生物種が、ヒトに依存するように進化を遂げていった。ヒトの個体数増加の速度が速まるほど、ヒトに依存する種の数の増加速度も速まり、その多くが、グンタイアリの場合と同様に特殊化の度合いを高めていった。

人類が消滅するとき

ヒトと共に生きている生物種について考えよう。チャバネゴキブリは放射線を浴びても生き延びられる。チリダニは宇宙空間でも生き延びた（少なくとも一匹は、ロシアの宇宙ステーション、ミール船内で生き延びた）。トコジラミはしぶとくてなかなか駆除できない。そして、そう、ドブネズミ、クマネズミ、ハツカネズミは、入植者たちに同乗して、ほぼすべての島々や大陸に生息域を広げた。しかし、これらの種は、ヒトと共に生きてこそ、その生存力を発揮する。他の種が全滅するような攻撃を仕掛けても生き延びるが、もしわれわれがいなくなったら、状況はまるで変わってくる。

人類が消滅したら、チャバネゴキブリは共絶滅するかもしれない。トコジラミは、人類の誕生前と同じくらい稀少になり、コウモリの洞窟や鳥の巣だけに生息するようになるだろう。

ニューヨーク市では、新型コロナウイルス感染拡大防止のための外出制限期間中に、こうした現象が目に見える形で現れた。人々がマンハッタンから出ていき、屋外で過ごす時間も減り始めた。外食する時間が減り、公園のベンチで飲食する時間も減り、外に出て過ごす時間が全般的に減った。すると、たまるゴミの量が減って、街で暮らすドブネズミが痛手を被り始めた。餌が見つからずに腹を空かせ、攻撃性が高まった。そしてその個体数は減少していった。舗装アリ〔舗道の割れ目からその下にコロニーを作るアリ〕やイエスズメなど、ヒトの食べ残しに頼っている他の種の個体数も減少したと思われる。(6) 食べ残しが好きな種は、われわれを必要としているのだ。

しかし、チャバネゴキブリやトコジラミやネズミは、ヒトに依存して生きる種のなかで、特に目につきやすいものの一部にすぎない。ヒトに依存している種の数は、ヒト以外のどんな種に依存してきた種の数よりも多いようだ。ほとんどの霊長類は、何十種もの寄生体を宿しているが、人類は全体として、何千種もの宿主になっている。(7) ヒトの体は、他所にはいない有益な腸内細菌、皮膚細菌、膣内細菌、口腔内細菌をも宿している。これらの細菌種が、今度は、バクテリオファージという独特のウイルスを――つまり、ヒトに依存する生物に依存するウイルスを――宿している。

我こそが世界一の宿主である、と主張する種が他にもいるかもしれないが、いたとしてもそれが何なのか、私にはわからない。人類が滅亡するときに絶滅するであろう人体寄生種の総計は膨大な数に上る。何千種どころか、もしかしたら何万種にもなる可能性が高い。

人体や家屋以外のところでヒトに依存して生きている種は、さらにいっそう多岐にわたる。農耕の開始以来、人類は、何百種もの植物を栽培化するとともに、そこから交配育種によって、一〇〇万種類に迫る新たな品種を作り出してきた。そのような作物品種の多くが、遥か遠いノルウェーのスヴァールバル世界種子貯蔵庫に保存されている。

しかし、こうした種子バンクで、種子を生きた状態で維持するためには、ヒトの力が欠かせない。時折、その種子を播いて育てて、より多くの種子を採取し、また新たに貯蔵できるようにする必要があるからだ。結局、人類が姿を消したら、スヴァールバルに貯蔵されている種子の品種はすべて絶滅するだろう。絶滅までそう長くはかからないはずだ。

こうした種子の品種が絶滅する頃にはおそらく、それぞれの品種の生育に欠かせない微生物もすでに姿を消しているだろう。そのような微生物は、（たまたま種子の内部にいるもの以外は）スヴァールバルには保存されていない。農地の作物の間でしか見つからない微生物なのだ。人類が滅亡したら、こうした微生物も共絶滅するだろうし、農作物だけに付く害虫の多くも共絶滅するだろう。

家畜のなかにも絶滅するものが出てくるだろう。ウシやニワトリがそうだ。イヌも含まれるかもしれない。今日、再野生化しているイヌもいるが、ヒトの居住エリア以外で野犬を見かけることはほとんどない。ほとんどの地域では、イヌという種の存続にはヒトの存在が欠かせない。ネコについても同じことが言えるかどうかは、地域によって異なる。アラスカでは、再野生化したネコは短命に終わる。餌を与えてもらわないと、冬を越せないからだ。それに対し、オーストラリアでは、何十万匹もの野猫が奥地を歩き回っている。オーストラリアの野猫は、オーストラリアのヒトが絶滅しても生き延びる可能性が高い。ヤギは、多くの地域で生き続けるだろう。人類の絶滅後に関しては、ヤギのほうがゴキブリよりもたくましい。

人類の消滅が他の生物種を共絶滅に追いやる、というこのシナリオに非常に近いことが、グリーンランド西部のヴァイキングの集落で起こった。

ヴァイキングは、一〇世紀末にグリーンランドに入植し始めた。いくつかの集落では農耕を営むかたわら、セイウチ狩りも行ない、獲れたセイウチの牙を、その地では入手できない品々と交換していた。当初、グリーンランドのヴァイキングは、「ロングハウス」という共同住居で家族も奴隷も家畜もみんな一緒に暮らしていたが、その後、計画的な集落づくりをするようになる。冬場には、住居をぐるりと取り囲む畜舎で、ヒツジ、ヤギ、ウシ、そして少数のウマなどの家畜を飼育していた。

ところが気候が寒冷化すると、まず北側の（したがって気温の低い）西部集落で、次いで東部の集落で生活が立ち行かなくなった。これは比較的最近起きた出来事なので、西部集落崩壊直後の状況を、考古学的研究と文書記録に基づいて再現することができる。一三四六年以前のどこかの時点で、西部集落の少なくとも二か所では、逃げ出したのか死亡したのか、居住者がいなくなった。一三四六年、イヴァル・バラソンがそのうちの一か所を訪ねたが、そこにヒトの姿はなかった。考古学的研究からは、その場所に昔から多数いた、ヒトのごくふつうの寄生体、つまりヒトのシラミやノミも姿を消したことがわかっている。それでも、バラソンは数頭のウシとヒツジを見つけた。ちなみに、この時期の考古学的記録からも、ヒツジの寄生体の存在が示されている。バラソンはウシを何頭か食べ、それ以外の家畜は置き去りにした。放置された家畜は、一冬か二冬は生き延びた可能性があるが、やがて、その地で家畜を見かけることはなくなった。家畜が姿を消すと、その寄生体もいなくなった。最終的にその地に残った生物種の大多数は、ヒトとはまるで関係ない種ばかりだった。つまり、ヴァイキングの到来などなかったかのように、それまで通りに生き続けるグリーンランドの野生生物たちだった。(8)

進化とジャズ

人類が滅び去ったら、そして最後のウシの一頭が倒れたら、その後に残っているものから生命が再生されていくだろう。残っている生物種は、アラン・ワイズマンが著書『人類が消えた世界』(ハヤカワ・ノンフィクション文庫)に書いているとおり、「大きな安堵の溜息を漏らす」ことだろう。(9)溜息の後に、地球がどのように再生されていくか、ある程度までその特徴を予測できる。残っている生物は、自然選択により再形成されて、それまでとは違った多様で不可思議な形をとるようになるだろう。どんな形をとるのか、細かな点は知る由もないが、それがやはり生物の諸法則に従うことはわかっている。

過去五億年の進化の歴史を振り返って導かれる、最も明らかな結論の一つは、大量絶滅の後に現れるものは、その前にいたものと必ずしも一致しないということだ。三葉虫の絶滅後に、再び三葉虫が現れたわけではないし、史上最大の草食恐竜の絶滅後に、さらに巨大な恐竜や、同じくらいの大きさの草食哺乳類が現れたわけではない(ウシはブロントサウルスではない)。過去の事実は、必ずしも、未来の様相を予測するものではない(逆もまた真なり)。この考え方は、古生物学の第五法則と呼ばれている。(10)

大量絶滅の後に再び現れる可能性があるのは、おなじみのテーマ、言ってみれば、ジャズ・ミュージシャンが別のジャズ・ミュージシャンのリフを反復するように、進化で繰り返されるテーマである。進化生物学者は、こうしたテーマを「収斂（しゅうれん）」と呼んでいる。空間、来歴、または時間によって隔てられた二つの系統が、類似した環境条件下で、類似した特徴を進化させる現象が収斂進化である。

　収斂進化のテーマには、何とも不思議で風変わりなものもある。サイの角は、トリケラトプスの角を思い起こさせる。特徴が見るからにそっくりな場合もあるが、それは、特定のスタイルで生きる方法はそれほど多くはないという現実に根差している。砂漠に生息するトカゲは、砂の上を楽に走れるレース状の趾（あしゆび）を、六回独立に進化させた。太古の海の捕食者は、サメのような体形をしていた。現生種の海の捕食者は、サメだけでなくイルカやマグロも含め、ほとんどみな同じ体形をしている。移動方法もだいたい似ている（アオザメもマグロも、体の後ろ三分の一だけを動かして泳ぐ）。巣穴を掘って棲んでいた太古の哺乳類はたいてい、巣穴を塞ぐための大きな尻、穴を掘るための大きな足を少なくとも一対、そして、餌を蓄えておく性質をもっていた。同じような生活様式をとる現生種の掘削性哺乳類も、やはりこうした特徴をもっている。

　収斂進化によって獲得された別々の系統の特徴が、あまりにも似ていてびっくりすることもある。収斂という現象の中に、細部にまで及ぶ自然の力のようなものが見てとれる。

　進化生物学者のジョナサン・ロソスが、収斂進化に関する名著『生命の歴史は繰り返すのか？――進化の偶然と必然のナゾに実験で挑む』（化学同人）で指摘しているように、アフリカに棲むアフリカタテガミヤマアラシと、北米に棲むカナダヤマアラシは非常によく似た姿をしている。[11]どちらも長くて鋭いトゲをもっている。どちらもよたよた歩く。どちらも樹皮を食べる。どちらも、哺乳類にしては、それほど賢くない。しかし、どちらもそれぞれ独立に、このような特性を進化させたのだ。どちらもテンジクネズミとは近縁でないのと同じくらい、両者は互いに近縁ではない。毎世代連続して、同じような環境要因にさらされて自然選択を受けることにより、独特でありながら似たような生活様式をとるに至ったのである。

ニューメキシコ州トゥラロサ盆地の白い砂丘に生息しているフェンスリザードとポケットマウスはどちらも、自分の存在を隠すために白い体色を進化させた。体色の濃いトカゲは、捕食者に見つかって食われてしまい、捕食されるたびにその遺伝子は集団から排除されていったのだ。白い砂丘からほど近い、トゥラロサ盆地の黄褐色の草原に生息している彼らの近縁種は、草の間に身を隠すために、黄褐色や灰色の体をしている。また、トゥラロサ盆地の溶岩原に生息している、また別の近縁種は、溶岩石とそっくりの黒っぽい体色を進化させた。[12]

このような変化を遂げる能力の限界はどこにあるのだろう？　もし、砂漠をピンク色に塗ったとしたら、トカゲはピンク色に進化するのだろうか？　黄色に塗ったら、黄色くなるのだろうか？　おそらくなるだろう。ただしそれは、正常な遺伝的多様性が確保されており、なおかつ十分な時間が与えられた場合に限られる。

乾燥した砂漠では、小型哺乳類が、二本足で跳ぶ性質を、独立して六回進化させた。暑くて乾燥した砂漠では、塩分を蓄積する植物が多いので、哺乳類は、（その葉を食べられるように）植物から塩を除去する口腔内の毛と、高濃度塩分に対処する機能に優れた腎臓を、少なくとも独立して二回進化させた。

また、島の環境では、大型哺乳類が小さなサイズに進化していく傾向がある（小型のゾウ、小型のマンモスなど）。そして、小型の動物は、大型の動物がいなくなるので、より大きなサイズに進化していく（カリブ諸島に生息する巨大な地上性のフクロウなど）。また、前述したとおり、翼をもつ動物がその飛行能力を失う。島嶼部においては、鳥類の飛行能力の喪失が、一〇〇回以上という、予想をはるかに超える頻度で独立に起きたことが最近の研究で結論づけられた。このような事実はそれまで見逃されてきた。多くの群島に生息している、翼が短くてよちよち歩く鳥類は、それまで見落とされてきた。なぜかと言うと、こうした鳥類は、人間が島に入り込んで来るなり、絶滅の危機にさらされたからだ。人間が地球上の生物種を一つ一つ記載し始めたときには、すでに絶滅していたのである(13)。

一方、収斂進化が実際にどのように起こるのかが、厳密な実験と、数学的処理、そしてデータ分析を通して詳しく解明されているケースもある。ジョナサン・ロソスは、カリブ海の島々に生息するアノールトカゲの研究に、自らの研究人生を捧げてきた。彼の頭の中は、まるで魔女の大釜のごとく、トカゲの尻尾や四肢がひしめきあっている。ロソスは入念な調査を通して、カリブ海の島々に流れついたアノールトカゲは、予想されるとおり、というかむしろ必然的に、三つのタイプに分岐進化したことを明らかにした。林冠に棲むように進化した種は、指先にある扁平な楕円形のパッド［細かいかぎ状の毛にびっしり覆われている］が大きく、木の枝にぴったりと張りつくのに都合よくなっている。枝先に棲むように進化した種も、やはり指先のパッドが大きいが、こうした種は、小枝から落下することなく、細い小枝上を器用に動き回れるように、四肢も尾も短くなっている。そして、地上をすばやく走り回るように進化した種は、四肢が長くて、指先のパッドは小さい。以上のような三タイプが、カリブ海に浮かぶ四つの大きな島の各々で、少なくとも一回、独立に進化したのである。カリブ海地域のアノールトカゲとして成功する方法は、どうやら限られているようだ。[14]

そして当然ながら、すでに本書で論じてきたような収斂進化、つまり、人類が自然に対して破壊的な力を加えることによって急速に起きてくる収斂進化も存在する。耐性をもった細菌、昆虫、雑草、真菌類は、予想したとおりに出現してくる。このような耐性は、収斂進化によって獲得された形質である場合が多い。マイケル・ベイムが企てたメガプレート実験の結果の再現性も、収斂進化によるものだ。場合によっては、耐性の進化、つまり耐性を獲得した生物種が人間の攻撃から身を守るメカニズムのみならず、そのような耐性をもたらす遺伝子にまで収斂進化が関わっている。

人類亡き後の生物界

多数にのぼる収斂進化の例は、将来どんな生物種が新たに進化するかを決める生命のルールが存在することを物語っている。概して、こうした例が示唆するのは、個々の種の生理生態よりもむしろ、進化の一般的傾向だ。しかし、生物種の具体的な生態についても、こうした予測が的中した実績がある。

一例を挙げると、ミシガン大学教授、リチャード・アレクサンダーは長きにわたって、アリ、ハナバチ、シロアリ、カリバチといった昆虫の社会の進化について研究してきた。こうした昆虫の社会に共通するのは、一部の個体（女王と王）だけが繁殖に携わり、大多数の個体は繁殖に関与しないということだ。ワーカーと呼ばれるこれら非生殖階級の個体は、女王と王のために働く。このような社会を、真社会性の社会と呼んでいる。真社会性の社会は、進化論的な意味では尋常でない。進化において、生物が「目指す」のはただ一つ、自分の遺伝子を次世代に渡すことであるのに、アリ、ハナバチ、シロアリ、カリバチの社会のワーカーはその機会を放棄している。ワーカーは、卵や幼虫の世話をする。餌を集める。コロニーを防衛する。しかし、例外的な場合を除くと、繁殖は行なわない。

進化論的観点から見た場合、繁殖を放棄することによって得られる、ワーカーにとっての唯一の利益は、近縁個体の遺伝子が次世代に伝わりやすくなること。言い換えると、自分の遺伝子との一致率がかなり高い遺伝子が、次世代に伝わりやすくなることだ。そのようなワーカーをもつ真社会性の社会が形成されるのはどのような場合なのか、アレクサンダーはその一連の要因を突きとめた。真社会性の社会は、共に暮らしている個体の近縁度が高く、したがって遺伝子の類似度が高い場合に、それぞれ独立に進化する（つまり収斂進化する）傾向があるとアレクサンダーは述べている。餌が巣の周りに散らばっている場合（それを集めれば一個体だけでなく多くの個体を養える場合）には、真社会性の社会が形成されやすい。また、各個体が力を合わせれば、巣を容易に防衛できる環境下では、真社会性の社会が形成されやすい。少なくとも昆虫類ではそうだった。たとえば、本書でもすでに述べたとおり、真社会性のシロアリは、丸太という閉鎖空間で、ゴキブリから進化した。そのような丸太の中では、近親交配が普通だった（したがって個体間の近縁度が高かった）と思われるし、また、餌も巣も同一であって、力を合わせて餌を集め、巣を守ることができた。

真社会性の鳥類、爬虫類、両生類というものは存在しない。そして当時、アレクサンダーは、真社会性の哺乳類は見つかっていないと述べていた。ところが、一九七五年からノースカロライナ州立大学などで行なった一連の講演で、アレクサンダーは、そのような哺乳類が存在する可能性を語るようになる。彼は未来を予測したのではなく、現在の世界の未調査の部分について予測を試みたのだ。アレクサンダーは、その未発見の哺乳類に備わっていると考えられる一二の特性を挙げた[15]。その哺乳類は砂漠に生息しているはず。地中に棲んで植物の根を食べているはず。もしかすると齧歯類かもしれない。アレクサンダーは大学を回って講演するたびに、聴衆にこう伝えていた。

そしてとうとう、一九七六年にやはり大学で講演しているとき（それはノーザンアリゾナ大学だった）、それを聴いていた哺乳類学者のリチャード・ヴォーンが立ち上がって、「ええと、すいません、それはハダカデバネズミの話のように聞こえるんですが」といった内容の発言をした。哺乳類学者のジェニファー・ジャーヴィスによるその後の調査で、ハダカデバネズミこそまさに、アレクサンダーが予測した生き物であることが明らかになる。ハダカデバネズミは、皮膚がたるんでいてほとんど毛がなく、砂漠の地下に棲んで植物の根を食べている真社会性の哺乳類だった[16]。

進化生物学者たちを集めてきて、人類滅亡後の生物についてアレクサンダーのような予測をしてほしいと頼んだら、きっと面白い結果になるにちがいない。私が研究仲間に内々に聞いてみた限りでは、人類亡き後の新たな種の進化の道筋は、どれだけの種が残っているかで決まるという点で意見が一致するようだ。一方、生物は基本的に、時を経るにつれて多様化・複雑化する傾向があるという点でも意見が一致する。これは古生物学の法則の一つとされる考え方だ。ということは、人類亡き後、ある系統のある生物種が生き残ったならば、その種が複数の種へと分岐していくのだろう。

哺乳類について考えてみよう。もし、哺乳類の主要グループのメンバーがまだ残っていたら、過去に進化したように、また新たに進化していくかもしれない。もし、野生のネコ科動物が六種残っていたら、それぞれが、その生息環境などに応じて、大小さまざまな十数種のネコ科動物に進化するかもしれない。イヌ科動物の場合もやはり、一種のオオカミまたはキツネから、多くの新種が進化するかもしれない。そのなかには、今日、私たちがよく知っている種と驚くほど似ているものもあるだろう。思いもよらぬほど異なっている種もあるだろう。

実際、過去にこれとよく似たことが起きたことを示す証拠がある。肉食性哺乳類は、有胎盤類の中からも、有袋類の中からも進化した。ハイイロオオカミは有胎盤類で、フクロオオカミは肉食性の有袋類だ。最近、コペンハーゲン大学の助教、クリスティ・ヒプスレイが、有胎盤類の頭蓋骨標本と、有袋類の頭蓋骨標本の詳細な比較検討を行なった。そして、フクロオオカミの頭蓋骨は、これまでに調査したどの有袋類の種の頭蓋骨よりも、ハイイロオオカミの頭蓋骨に似ていることを明らかにした。この二種は、中型の肉食動物へと進化する過程で、予測されるとおりの際立った収斂現象を示している。それに対して、ウォンバットなど多くの有袋類は、どんな有胎盤類よりもはるかに、他の有袋類とよく似ている[17]。

ジョナサン・ロソスなど、私が話を聞いた研究仲間の間では、ネコ科または何らかの哺乳類グループがさらに多様化する際に予測される、もう一つの特徴についても意見が一致している。恒温動物は一般に、気候が寒冷化すると、体を大きくする方向に進化する傾向がある。体が大きいほど、体表面積は相対的に小さくなり、そこから失われる熱も少なくなるからだ。逆に、気候が温暖化すると、体を小さくする方向に進化する傾向がある（これはベルクマンの法則と呼ばれている）。体が小さいほど、体表面積は相対的に大きくなり、そこから、発汗などによって熱を外に逃がすことができるからだ。遠い将来に、人類が氷河期に絶滅したならば、おそらく体の大きい個体のほうが生存確率が高くなるので、多くの系統で、体を大型化するような進化が起こるかもしれない。

もし、人類が温暖な時期に絶滅したならば、多数の生物種が、とりわけ哺乳類の種は、体を小型化するように進化していくかもしれない。地球が前回、非常に温暖だった時期には、小型哺乳類が進化したことを示す確かな証拠が得られている。その時期には矮小馬が出現した。[18] 自然選択には奇抜なことをしている意識はない。それには何の意図もないが、かつて地球上に存在していた矮小馬が、大昔の暖気の中で跳ね回っている景色を想像すると、奇抜この上ない感じがする。

特定の生物種の変化を見ていくと、暑さが体の大きさに及ぼす影響は、そう遠くない過去についても認められる。アメリカ合衆国南西部の砂漠に棲むウッドラットの体の大きさは、これまで二万五〇〇〇年の間、気候の変化に伴って変化してきた。暑くなると小型化した。寒くなると大型化した。[19]

もし、もっと極端な大量絶滅が起きて人類が消滅したら、自然選択は、残った半端物を自由にいじくって、もっと積極的に世界を一から作り直していくかもしれない。『*The Earth After Us*（人類後の地球）』の著者、ヤン・ザラシーヴィッチとキム・フリードマンは、哺乳類の種の大多数が絶滅したというシナリオのもとで、その後に出現しそうな一連の哺乳類の新種を想定している[20]。まず前提として、多様化する可能性が最も高いのは、すでに広域に分布していて、人類がいなくても生存でき、人類の消滅によって隔離される生物のはずだと考えた（船舶、航空機、自動車、その他の輸送資源がなくなることも隔離だと考える）。こうした基準に合致するするのはネズミであり、人類滅亡後はネズミの世界になるだろうという。ネズミ類のなかには、ヒトへの依存度が高い（したがってヒトがいなければ生きられない）種や個体群もあるが、そうでない種も少なくないし、ヒト依存種のなかにもそうではない個体群が存在する。ひょっとするとこれらが未来の哺乳類相を形成するのかもしれない。その場合には、次のようになるのではと、ヤン・ザラシーヴィッチとキム・フリードマンは綴っている。

おそらく、現在のネズミ類から多種多様な齧歯類が派生してくるだろう……その形や大きさはさまざまで、トガリネズミよりも小さな種もあれば、ゾウのように大きな体で草原を歩き回る種もあり、また、ヒョウのように俊敏で頑強で獰猛な種もあるだろう。そのようななかに、（ほんの好奇心から、また選択の余地を残しておくために）、洞窟で暮らし、石で原始的な道具を作り、殺して食べた他の哺乳類の皮を纏（まと）っている体毛のない大型の齧歯類を一種か二種、加えてもよかろう。海洋には、アザラシのような姿の齧歯類や、それらを狩る獰猛な殺し屋の齧歯類――今日のイルカや太古の魚竜イクチオサウルスのような、流線型のフォルムをもつ齧歯類――を思い描いてもよかろう[21]。

生物の収斂進化の傾向などに照らして想像がつく進化のシナリオだけでなく、現在われわれが知っている生物とはまるで違った生物についても考えてみたくなる。だが、もしゾウという動物が存在しなかったら、ゾウを想像することができるだろうか？　キツツキはどうだろう？　その独特の生活様式や特徴（ゾウの体躯やキツツキの嘴）は一回だけ進化した。しかし、進化によって利され、しかも現在知っている生物とはまるで異なる生物を思い描けるほどの想像力は、人間にはないのではなかろうか。

画家は、そのような生き物を描こうとするとき、既存の動物に余分な頭や脚を付け加えることが多い（アレクシス・ロックマンは頭、ロックマンやヒエロニムス・ボスは脚）。あるいは、別々の生物の特徴を組み合わせて一つの生物を描くこともある（サーベル状の歯、シカの角、ウサギの耳、偶蹄目のひづめを組み合わせるなど）。その結果、生物として機能しないほど過剰になったり（頭が多数あるなど）、あり得ないほど突飛な姿になったりする。しかし実際のところ、地球上のわれわれの周囲にもそのような生物種が存在する。たとえばカモノハシは、カモのような嘴、水かきのある前肢、毒を出す蹴爪など、奇妙なものをいろいろ持っている。カモノハシを知らなければ、こんな生き物は想像できないだろう。

遠い未来の生物の奇妙奇天烈な特徴をいろいろ考えていると、どうしても気になってくることがある。それは、人類滅亡後の地球に生きる種のなかから、人類のような際立った知能（自らを害するほど地球を温めてしまうような知能）を進化させる種は現れるのだろうかということだ。人類滅亡後の未来が、賢さを倍増させたカラスの世界、あるいは、街を築くイルカの世界になる可能性はあるのだろうか？　なくはないというのがその答えだ。あるインタビューで、ジョナサン・ロソスに知的生命の未来について尋ねたところ、十分な時間をかければ、他の霊長類が人類のような知能を進化させるかもしれないとのことだった。ただし、人類が霊長類を絶滅に追い込んだ場合は、そうとは言い切れないという。(22)

いずれにしても、これまでに地球上で知られているような知能が役に立つのは、さまざまな状況のうちの一部でしかない。確かに、そのような知能は、年ごとの環境条件が不安定なときに役に立つ。しかしそれにも限界がある。不確かさがあるレベルを超えると、大きな脳はもはや役に立たなくなる。おそらく最終的に、そのような事態が人類に降りかかるだろう。地球上の気候が、人類のせいで年を追うごとに予測不能になっていき、もはや発明的知能で解決できるレベルを超えてしまうのだ。気候条件があまりにも厳しくなると、優れた知能をもつ種が生き延びるのではなく、運のいい種や多産な種が生き残るという可能性もある。賢いカラスと多産なハトが競った場合に、ハトのほうが勝つこともある。

あるいはひょっとすると、未来の世界では、全く別種の発明的知能が幅を利かせるのかもしれない。最近出版された何冊かの本が、かなり切迫感をもって、さまざまなコンピュータに搭載されているある種の人工知能が、地球を支配する可能性について再考している。こうしたコンピュータは、どこかに放置されても学習が可能だし、自己複製もするだろう。われわれは今、人類亡き後も自己複製ができる、人工知能搭載のシステムを生み出す途上にいるのだろうか？　そのようなシステムはエネルギーを調達する必要があろう。自己修復機能も必要となろう。その実現性について、多数の本が書かれている。動き回って、ものを考え、つがいを見つけ、必要なものを自ら賄うコンピュータが人類に取って代わるのかどうかについては、そのような本に任せよう。それにしても、人間自身の持続可能な生き方を考えるよりも、それが可能な別の存在物を想定するほうが、ある意味で容易に思えるとは、何とも興味をそそられる。

ところで、もっと別のタイプの知能も存在する。それは、ミツバチやシロアリやアリに見られるような分散型知能である。アリという動物には、少なくともそれぞれの個体には、創造性に富む知能はない。むしろ、アリの知能の源は、それぞれの個体が、決まったルールに従って、新たな状況に対処していく能力にある。その決まったルールこそが、集団行動という形で創造性を発現させているのである。

このような見方をするならば、アリなどの昆虫の社会は、コンピュータが登場する前からコンピュータ制御システムだったわけだ。彼らの知能は、われわれ人類の知能とは質を異にする。自己認識をもたない。未来の予想はしない。他の生物種の消滅を悲しむこともなければ、自らの絶滅を嘆くことすらしない。それでいながら、いつまでも崩れない構造物を構築することができる。最古のシロアリの塚はおそらく、最古の人類の都市よりも長く棲み続けることができたにちがいない。社会性昆虫は持続可能な農業を営むことができる。ハキリアリは、切り落とした新鮮な葉で真菌を育て、その真菌を幼虫に食べさせる。ある種のシロアリは、枯れ葉を使って同様のことをする。自らの体で橋を架けることもできる。

自己学習ロボットがゆくゆくやりそうなことばかりだが、こうした昆虫がロボットと違うのは、生きていて、すでに存在しており、人類が支配しているのとほぼ同量の地球上のバイオマスを支配しているという点だ。ヒトよりも目立たないところで黙々と自らの世界を動かしているが、全体としては、やっていることに違いはない。人類亡き後、少なくともしばらくの間は、昆虫が地球の支配者として繁栄することになるだろう。だが、彼らもやはり絶滅する。

昆虫の社会が滅びた後、この世界は、当初長らくそうだったように（実を言えば、これまでずっとそうだったように）微生物の世界になる可能性が高い。古生物学者のスティーヴン・ジェイ・グールドは著書『フルハウス 生命の全容──四割打者の絶滅と進化の逆説』（ハヤカワ文庫）の中で、「地球は、今を去る三五億年前、最初の化石──もちろんバクテリア──が岩石中に埋め込まれて以来、常に「バクテリアの時代」であり続けているのだ」（渡辺政隆訳）と述べている。[23] アリが絶滅した後は、細菌（バクテリア）の、もっと広く言えば微生物の時代であり続けるだろう。しかしやがて、宇宙に何らかの異変が生じ、地球の環境条件が微生物すら生存できないほど極端なものになる。こうして、地球は沈黙に包まれて、再び、物理と化学の法則だけで動く惑星に、つまり、生命を支配するさまざまなルールはもはや適用されない惑星に戻るのである。[24]

訳者あとがき

私たち人類には、この先、どんな運命が待ち受けているのだろうか？　ヒトという種の未来を、生物界の諸法則を手がかりにして探っていこうというのが本書の趣旨である。原題は『*Natural History of the Future*』、直訳すると『未来の自然誌』となろうか。

本書で紹介されるのは、種数－面積関係の法則、アーウィンの法則、ニッチの法則、回廊(コリドー)の法則、回避(エスケープ)の法則、認知的緩衝の法則、多様性－安定性の法則等々。普段はあまり耳にしない法則が多いが、それらが具体的にどういう法則なのか、そもそもどのような経緯で明らかにされたのか、どんな人物が、どんな実験や調査を重ねて発見したのか、といったことが詳しく紹介される。

それにしてもなぜ、人類の未来を予測するのに、わざわざ生物界の法則に頼る必要があるのだろうか？　私たちはこれまで、自然界について膨大な知識を蓄積してきたはずだ。しかし、その知識や認識と、真の自然界の姿との間に大きなずれがあるというのである。

一八世紀にカール・リンネが体系化した生物分類が、現在もなお、生物の学名の基礎をなしているが、この階層分類体系は、生物の形態や代謝能力を「人間中心視点」で比較分類することによって構築されてきたものだ。それに対して、二〇世紀の末に、カール・ウーズが遺伝子の塩基配列による比較分類を提唱し、それに基づく全生物の進化系統樹を提案した。この系統樹上で人類を見つけようとするとどうなるか？　本書にも掲載されている分岐図には、次のような説明が添えられている。樹の右下に伸びる「真核生物の枝の小さな一部分、オピストコンタが、動物や真菌を含む枝である。動物はどこかと言うと、オピストコンタの細い枝の一つにすぎない。このような広い視野から捉えると、脊椎動物は系統樹の枝の一本にすらならない。枝からちょっと出た芽のようなものだ。哺乳類に至っては、その芽の一細胞にすぎない。この喩えでいくと、人類は細胞未満の何かである」。

著者はしきりと「人間中心視点」からの脱却を唱える。地球が宇宙の中心だと信じているときと、それが天文学的な数の星々を擁する宇宙の片隅にある惑星の一つだと知って眺めるときとでは、自分が暮らす地球の見え方がまるで違ってくる。それと同じで、自然界においてヒトという種が占める位置を確認して初めて、その姿を正確に捉えることができる。その上で、天体の運動を支配する物理法則と同様に普遍的な、生物界を支配する法則に則って、人類の未来を探っていこう、種としての寿命を少しでも伸ばす方法を考えようというのである。

著者ロブ・ダン氏は、ノースカロライナ州立大学の応用生態学の教授で、コペンハーゲン大学の進化ホロゲノミクスセンターの教授も兼任している。すでに、『家は生態系――あなたは20万種の生き物と暮らしている』（白揚社）、『世界からバナナがなくなるまえに――食糧危機に立ち向かう科学者たち』（青土社）、『わたしたちの体は寄生虫を欲している』（飛鳥新社）など、五冊の著書が邦訳されている。これまで世界各地で研究してきた著者は、生態学者の視点から、自然界で起きている見逃されがちな問題を取り上げて、現代社会に警鐘を鳴らし続けている。

　生物界の法則を組み合わせて考えると、うっかり見落としている事実が、理の当然として浮かび上がってくる。また、人類がこれまで、より快適な暮らしを目指して積み上げてきた努力が、かえって裏目に出ていることが明らかになる。単に視野が開けて見晴らしがよくなるだけでなく、ネガポジが反転するような、新たな発見ももたらしてくれる。

　たとえば、自然選択による進化は、チャールズ・ダーウィンが考えていたように、必ずしもゆっくりと長い時間をかけて起こるのではなく、瞬く間に起こりうることが現在ではわかっている。その不気味な進化の様相が「メガプレート実験」で詳しく語られるが、この厳然たる事実と、島嶼生物地理学の理論とを組み合わせて考えると、都市、農地、家屋、人体といった、至る所に存在する島状の生息地が、新種誕生の温床になりうることが明らかになる。つまり、私たちの身のまわりの生物を、薬剤でコントロールしようとすればするほど、耐性をつけた有害生物の楽園を生み出してしまうことになるのだ。

　また、近年の気候変動で、私たちは、平均気温の上昇のみならず、気温や降水量の変動幅の増大にも苦しめられるようになってきている。しかし、地質学的な時間スケールで過去を振り返ると、そもそも、地球環境が稀有なほど安定している時代に築かれてきたのが、私たち人類の社会や文化なのだ。農業においても、特定の気候条件に適した作物を作り出そうと、さまざまな育種の努力が重ねられてきたが、気候変動が激しくなると、むしろこれまでとは逆に、農作物の多様性を確保することこそが何よりも重要になってくる。

しかし、本書で最も意表を突かれるのは、「自然界は危機になど瀕していない」という主張ではないだろうか。人間が自然を痛めつけてきたのは確かだが、人間の横暴くらいで自然界が終焉を迎えるようなことはないと著者は言う。人間の所業によって絶滅に追い込まれるのは、人間と関わりの深い一部の生物種、つまり、ヒトの生存に欠かせない種や、ヒトに依存して生きている種なのである。自然界には、人間の想像も及ばない生物種が無数に存在しており、たとえば地底の奥深くなど、常識では考えられない極端な環境下で生きている微生物のなかには、一〇〇〇万年に一回、細胞分裂するような種もいるという。「そのような細胞は、人類進化の物語の一部始終も、人類の大加速（グレート・アクセラレーション）もすべて、一世代のうちに見てきたはずである。それを引き継いだ次世代の細胞は、およそ一〇〇〇万年後に終わるはずのその一生の間に、いったい何を経験するのだろうか？」

人類の生存を支えているミクロの生態系や、地球内部の未知のエリアに思いを馳せると、まるで、遠い遠い宇宙の果てに眼を向けているような感覚に襲われる。本書は、とてつもなく大きなスケールで、ヒトという種を見つめる視点を与えてくれる一冊だ。

最後になりますが、翻訳に当たりまして、原稿を丁寧にチェックして下さるなど、ひとかたならぬお世話になりました白揚社編集部の筧貴行様に心より感謝申し上げます。

二〇二二年一一月

今西康子

16. Jarvis, J. U., "Eusociality in a Mammal: Cooperative Breeding in Naked Mole-Rat Colonies," *Science* 212, no. 4494 (1981): 571–573; Sherman, Paul W., Jennifer U. M. Jarvis, and Richard D. Alexander, eds., *The Biology of the Naked Mole-Rat* (Princeton University Press, 2017).
17. Feigin, C. Y., et al., "Genome of the Tasmanian Tiger Provides Insights into the Evolution and Demography of an Extinct Marsupial Carnivore," *Nature Ecology and Evolution* 2 (2018):182–192.
18. D'Ambrosia, Abigail R., William C. Clyde, Henry C. Fricke, Philip D. Gingerich, and Hemmo A. Abels, "Repetitive Mammalian Dwarfing During Ancient Greenhouse Warming Events," *Science Advances* 3, no. 3 (2017): e1601430.
19. Smith, Felisa A., Julio L. Betancourt, and James H. Brown, "Evolution of Body Size in the Woodrat over the Past 25,000 Years of Climate Change," *Science* 270, no. 5244 (1995): 2012–2014.
20. Zalasiewicz, Jan, and Kim Freedman, *The Earth After Us: What Legacy Will Humans Leave in the Rocks?* (Oxford University Press, 2009).
21. Zalasiewicz and Freedman, *The Earth After Us*, chap. 2, section "Future Earth: Close Up."
22. Losos, Jonathan, "Lizards, Convergent Evolution and Life After Humans, an Interview with Jonathan Losos," interview by Rob Dunn, *Applied Ecology News*, September 21, 2020, https://cals.ncsu.edu/applied-ecology/news/lizards-convergent-evolution-and-life-after-humans-an-interview-with-jonathan-losos/.
23. Gould, Stephen Jay, *Full House* (Harvard University Press, 1996), 176.〔『フルハウス　生命の全容――四割打者の絶滅と進化の逆説』、渡辺政隆（訳）、ハヤカワ文庫、2003〕
24. 本章を読んで、意見と専門知識を寄せてくれた、バッキー・ゲイツ、リンジー・ザーノ、ヤン・ザラシーヴィッチ、メアリー・シュヴァイツァー、ジョナサン・ロソス、チャールズ・マーシャル、ロバート・コルウェル、クリスティ・ヒプスレイ、アラン・ワイズマン、トム・ギルバート、イーヴァ・パナジオタコプル、リアン・ピン・コーの皆様に感謝する。

Evolution of the Living Biota," *Nature Ecology and Evolution* 1, no. 6 (2017): 1–6.
2. Hagen, Oskar, Tobias Andermann, Tiago B. Quental, Alexandre Antonelli, and Daniele Silvestro, "Estimating Age-Dependent Extinction: Contrasting Evidence from Fossils and Phylogenies," *Systematic Biology* 67, no. 3 (2018): 458–474.
3. Harris, Nyeema C., Travis M. Livieri, and Robert R. Dunn, "Ectoparasites in Black-Footed Ferrets (*Mustela nigripes*) from the Largest Reintroduced Population of the Conata Basin, South Dakota, USA," *Journal of Wildlife Diseases* 50, no. 2 (2014): 340–343.
4. Colwell, Robert K., Robert R. Dunn, and Nyeema C. Harris, "Coextinction and Persistence of Dependent Species in a Changing World," *Annual Review of Ecology, Evolution, and Systematics* 43 (2012):183–203.
5. Rettenmeyer, Carl W., M. E. Rettenmeyer, J. Joseph, and S. M. Berghoff, "The Largest Animal Association Centered on One Species: The Army Ant *Eciton burchellii* and Its More Than 300 Associates," *Insectes Sociaux* 58, no. 3 (2011): 281–292.
6. Penick, Clint A., Amy M. Savage, and Robert R. Dunn, "Stable Isotopes Reveal Links Between Human Food Inputs and Urban Ant Diets," *Proceedings of the Royal Society B: Biological Sciences* 282, no. 1806 (2015): 20142608.
7. Dunn, Robert R., Charles L. Nunn, and Julie E. Horvath, "The Global Synanthrome Project: A Call for an Exhaustive Study of Human Associates," *Trends in Parasitology* 33, no. 1 (2017): 4–7.
8. Panagiotakopulu, Eva, Peter Skidmore, and Paul Buckland, "Fossil Insect Evidence for the End of the Western Settlement in Norse Greenland," *Naturwissenschaften* 94, no. 4 (2007): 300–306.
9. Weisman, Alan, *The World Without Us* (Macmillan, 2007), 8.〔『人類が消えた世界』、鬼澤忍（訳）、ハヤカワ・ノンフィクション文庫、2009〕
10. Marshall, "Five Palaeobiological Laws Needed to Understand the Evolution of the Living Biota."
11. Losos, Jonathan B., *Improbable Destinies: Fate, Chance, and the Future of Evolution* (Riverhead Books, 2017).〔『生命の歴史は繰り返すのか？——進化の偶然と必然のナゾに実験で挑む』、的場知之（訳）、化学同人、2019〕
12. Hoekstra, Hopi E., "Genetics, Development and Evolution of Adaptive Pigmentation in Vertebrates," *Heredity* 97, no. 3 (2006): 222–234.
13. Sayol, F., M. J. Steinbauer, T. M. Blackburn, A. Antonelli, and S. Faurby, "Anthropogenic Extinctions Conceal Widespread Evolution of Flightlessness in Birds," *Science Advances* 6, no. 49 (2020): eabb6095.
14. Losos, Jonathan B., *Lizards in an Evolutionary Tree: Ecology and Adaptive Radiation of Anoles* (University of California Press, 2011).
15. Braude, Stanton, "The Predictive Power of Evolutionary Biology and the Discovery of Eusociality in the Naked Mole-Rat," *Reports of the National Center for Science Education* 17, no. 4 (1997): 12–15.

sis," *Science* 305, no. 5690 (2004): 1632–1634. この取り組みについてのまとめは Dunn, Robert R., Nyeema C. Harris, Robert K. Colwell, Lian Pin Koh, and Navjot S. Sodhi, "The Sixth Mass Coextinction: Are Most Endangered Species Parasites and Mutualists?," *Proceedings of the Royal Society B: Biological Sciences* 276, no. 1670 (2009): 3037–3045 も参照。

3. Pimm, Stuart L., *The World According to Pimm: A Scientist Audits the Earth* (McGraw-Hill, 2001).
4. ニーは、この講演に基づく本の中のある章で、大きな生物種は「あちこち跳び回って騒々しい」が「生物多様性の点ではほとんど貢献していない」と述べている。彼の言う「大きな」生物種とは、ダニやそれより大きなもの、ダニからヘラジカまでのサイズのものだ。Nee, Sean, "Phylogenetic Futures After the Latest Mass Extinction," in *Phylogeny and Conservation*, ed. Purvis, Andrew, John L. Gittleman, and Thomas Brooks (Cambridge University Press, 2005), 387–399.
5. Jenkins, Clinton N., et al., "Global Diversity in Light of Climate Change: The Case of Ants," *Diversity and Distributions* 17, no. 4 (2011): 652–662.
6. Wehner, Rüdiger, *Desert Navigator: The Journey of an Ant* (Harvard University Press, 2020), 25.
7. Willot, Quentin, Cyril Gueydan, and Serge Aron, "Proteome Stability, Heat Hardening and Heat-Shock Protein Expression Profiles in *Cataglyphis* Desert Ants," *Journal of Experimental Biology* 220, no. 9 (2017): 1721–1728.
8. Perez, Rémy, and Serge Aron, "Adaptations to Thermal Stress in Social Insects: Recent Advances and Future Directions," *Biological Reviews* 95, no. 6 (2020): 1535–1553.
9. Nesbitt, Lewis Mariano, *Hell-Hole of Creation: The Exploration of Abyssinian Danakil* (Knopf, 1935), 8.
10. Gómez, Felipe, Barbara Cavalazzi, Nuria Rodríguez, Ricardo Amils, Gian Gabriele Ori, Karen Olsson-Francis, Cristina Escudero, Jose M. Martínez, and Hagos Miruts, "Ultra-Small Microorganisms in the Polyextreme Conditions of the Dallol Volcano, Northern Afar, Ethiopia," *Scientific Reports* 9, no. 1 (2019): 1–9.
11. Cavalazzi, B., et al., "The Dallol Geothermal Area, Northern Afar (Ethiopia)—An Exceptional Planetary Field Analog on Earth," *Astrobiology* 19, no. 4 (2019): 553–578.
12. 本章を読んで意見を寄せてくれたフェリペ・ゴメス、バーバラ・カヴァラッツィ、ロバート・コルウェル、メアリー・シュヴァイツァー、ラッセル・ランデ、ジェーミー・シュリーヴ、セルジュ・アロン、シム・セルダ、キャット・カルデルス、クリントン・ジェンキンズ、リアン・ピン・コー、ショーン・ニーの皆様に深く感謝する。ローラ・ハグ、素晴らしい系統発生論をありがとう。

終章　もはや生きているものはなく

1. Marshall, Charles R., "Five Palaeobiological Laws Needed to Understand the

第10章　進化とともに生きる

1. Warner Bros. Canada, "Contagion: Bacteria Billboard," September 7, 2011, YouTube video, 1:38, www.youtube.com/watch?v=LppK4ZtsDdM&feature=emb_title.
2. Weiner, J., *The Beak of the Finch: A Story of Evolution in Our Time* (Knopf, 1994), 9.〔『フィンチの嘴――ガラパゴスで起きている種の変貌』〕
3. Darwin, Charles, *The Descent of Man*, 6th ed. (Modern Library, 1872), chap. 4, fifth paragraph.〔『人間の進化と性淘汰』〕
4. Fleming, Sir Alexander, "Banquet Speech," December 10, 1945, The Nobel Prize, www.nobelprize.org/prizes/medicine/1945/fleming/speech/.
5. Comte de Buffon, Georges-Louis Leclerc, *Histoire naturelle, générale et particulière*, vol. 12, *Contenant les époques de la nature* (De l'Imprimerie royale, 1778), 197.
6. Jørgensen, Peter Søgaard, Carl Folke, Patrik J. G. Henriksson, Karin Malmros, Max Troell, and Anna Zorzet, "Coevolutionary Governance of Antibiotic and Pesticide Resistance," *Trends in Ecology and Evolution* 35, no. 6 (2020): 484–494.
7. Aktipis, Athena, "Applying Insights from Ecology and Evolutionary Biology to the Management of Cancer, an Interview with Athena Aktipis," interview by Rob Dunn, *Applied Ecology News*, July 28, 2020, https://cals.ncsu.edu/applied-ecology/news/ecology-and-evolutionary-biology-to-the-management-of-cancer-athena-aktipis/.
8. Harrison, Freya, Aled E. L. Roberts, Rebecca Gabrilska, Kendra P. Rumbaugh, Christina Lee, and Stephen P. Diggle, "A 1,000-Year-Old Antimicrobial Remedy with Antistaphylococcal Activity," *mBio* 6, no. 4 (2015): e01129-15.
9. Aktipis, Athena, *The Cheating Cell: How Evolution Helps Us Under- stand and Treat Cancer* (Princeton University Press, 2020).〔『がんは裏切る細胞である――進化生物学から治療戦略へ』、梶山あゆみ（訳）、みすず書房、2021〕
10. Jørgensen, Peter S., Didier Wernli, Scott P. Carroll, Robert R. Dunn, Stephan Harbarth, Simon A. Levin, Anthony D. So, Maja Schlüter, and Ramanan Laxminarayan, "Use Antimicrobials Wisely," *Nature* 537, no. 7619 (2016): 159.

11. 本章に思慮深いコメントを寄せ、加筆修正してくれたピートル・ヨルゲンソン、アシーナ・アクティピス、マイケル・ベイム、ロイ・キッショーニ、タミ・リーバーマン、クリスティーナ・リーの皆様に感謝する。

第11章　自然界の終焉にはあらず

1. Dunn, Robert R., "Modern Insect Extinctions, the Neglected Majority," *Conservation Biology* 19, no. 4 (2005): 1030–1036.
2. Koh, Lian Pin, Robert R. Dunn, Navjot S. Sodhi, Robert K. Colwell, Heather C. Proctor, and Vincent S. Smith, "Species Coextinctions and the Biodiversity Cri-

ver: Whole-Genome Characterization of Water-borne Outbreak and Sporadic Isolates to Study the Zoonotic Transmission of Giardiasis," *mSphere* 3, no. 2 (2018): e00090-18.

2. McMahon, Augusta, "Waste Management in Early Urban Southern Mesopotamia," in *Sanitation, Latrines and Intestinal Parasites in Past Populations*, ed. Piers D. Mitchell (Farnham, 2015), 19–40.
3. National Research Council, *Watershed Management for Potable Water Supply: Assessing the New York City Strategy* (National Academies Press, 2000).
4. Gebert, Matthew J., Manuel Delgado-Baquerizo, Angela M. Oliverio, Tara M. Webster, Lauren M. Nichols, Jennifer R. Honda, Edward D. Chan, Jennifer Adjemian, Robert R. Dunn, and Noah Fierer, "Ecological Analyses of Mycobacteria in Showerhead Biofilms and Their Relevance to Human Health," *MBio* 9, no. 5 (2018).
5. Proctor, Caitlin R., Mauro Reimann, Bas Vriens, and Frederik Hammes, "Biofilms in Shower Hoses," *Water Research* 131 (2018): 274–286.
6. For more on this research, see a longer discussion in Dunn, Rob, *Never Home Alone: From Microbes to Millipedes, Camel Crickets, and Honeybees, the Natural History of Where We Live* (Basic Books, 2018).〔『家は生態系――あなたは20万種の生き物と暮らしている』、今西康子（訳）、白揚社、2021〕
7. Ngor, Lyna, Evan C. Palmer-Young, Rodrigo Burciaga Nevarez, Kaleigh A. Russell, Laura Leger, Sara June Giacomini, Mario S. Pinilla-Gallego, Rebecca E. Irwin, and Quinn S. McFrederick, "Cross-Infectivity of Honey and Bumble Bee–Associated Parasites Across Three Bee Families," *Parasitology* 147, no. 12 (2020): 1290–1304.
8. Knops, Johannes M. H., et al., "Effects of Plant Species Richness on Invasion Dynamics, Disease Outbreaks, Insect Abundances and Diversity," *Ecology Letters* 2, no. 5 (1999): 286–293.
9. Tarpy, David R., and Thomas D. Seeley, "Lower Disease Infections in Honeybee (*Apis mellifera*) Colonies Headed by Polyandrous vs Monandrous Queens," *Naturwissenschaften* 93, no. 4 (2006): 195–199.
10. Zattara, Eduardo E., and Marcelo A. Aizen, "Worldwide Occurrence Records Suggest a Global Decline in Bee Species Richness," *One Earth* 4, no. 1 (2021): 114–123.
11. Potts, S. G., P. Neumann, B. Vaissière, and N. J. Vereecken, "Robotic Bees for Crop Pollination: Why Drones Cannot Replace Biodiversity," *Science of the Total Environment* 642 (2018): 665–667.
12. 本章についてコメントを寄せてくれたデイヴィッド・ターピイ、チャールズ・ミッチェル、アンジェラ・ハリス、ニコラス・ヴェリーケン、ブラッド・テーラー、ベッキー・アーウィン、ケンドラ・ブラウン、マルガリータ・ロペス・ウリベ、ノア・フィエールの皆様に感謝する。

die, and Maria Gloria Dominguez-Bello, “Comparative Analyses of Foregut and Hindgut Bacterial Communities in Hoatzins and Cows,” *ISME Journal* 6, no. 3 (2012): 531–541.
7. Escherich, T., “The Intestinal Bacteria of the Neonate and Breast-Fed Infant,” *Clinical Infectious Diseases* 10, no. 6 (1988): 1220–1225.
8. Domínguez-Bello, Maria G., Elizabeth K. Costello, Monica Contreras, Magda Magris, Glida Hidalgo, Noah Fierer, and Rob Knight, “Delivery Mode Shapes the Acquisition and Structure of the Initial Microbiota Across Multiple Body Habitats in Newborns,” *Proceedings of the National Academy of Sciences* 107, no. 26 (2010): 11971–11975.
9. Montaigne, Michel de, *In Defense of Raymond Sebond* (Ungar, 1959).
10. Mitchell, Caroline, et al., “Delivery Mode Affects Stability of Early Infant Gut Microbiota,” *Cell Reports Medicine* 1, no. 9 (2020): 100156.
11. Song, Se Jin, et al., “Cohabiting Family Members Share Microbiota with One Another and with Their Dogs,” *elife* 2 (2013): e00458.
12. Beasley, D. E., A. M. Koltz, J. E. Lambert, N. Fierer, and R. R. Dunn, “The Evolution of Stomach Acidity and Its Relevance to the Human Microbiome,” *PLOS ONE* 10, no. 7 (2015): e0134116.
13. Arboleya, Silvia, Marta Suárez, Nuria Fernández, L. Mantecón, Gonzalo Solís, M. Gueimonde, and C. G. de Los Reyes-Gavilán, “C-Section and the Neonatal Gut Microbiome Acquisition: Consequences for Future Health,” *Annals of Nutrition and Metabolism* 73, no. 3 (2018): 17–23.
14. Degnan, Patrick H., Adam B. Lazarus, and Jennifer J. Wernegreen, “Genome Sequence of *Blochmannia pennsylvanicus* Indicates Parallel Evolutionary Trends Among Bacterial Mutualists of Insects,” *Genome Research* 15, no. 8 (2005): 1023–1033.
15. Fan, Yongliang, and Jennifer J. Wernegreen, “Can’t Take the Heat: High Temperature Depletes Bacterial Endosymbionts of Ants,” *Microbial Ecology* 66, no. 3 (2013): 727–733.
16. Lopez, Barry, *Of Wolves and Men* (Simon and Schuster, 1978), chap. 1, “Origin and Description.”〔『オオカミと人間』〕
17. マリア・グロリア・ドミンゲス＝ベロ、マイケル・ポールセン、アラム・ミカエリアン、ジリ・フルカー、クリステーン・ナレパ、サンドラ・ブレオム・アンデルセン、エリザベス・コステロ、ジェニファー・ウェルネグリーン、ノア・フィエール、フィリッパ・ゴドイ＝ヴィトリーノの皆様は、洞察に富むコメントを本章に寄せてくれた。ありがとう。

第9章　ハンプティダンプティと授粉ロボット

1. Tsui, Clement K.-M., Ruth Miller, Miguel Uyaguari-Diaz, Patrick Tang, Cedric Chauve, William Hsiao, Judith Isaac-Renton, and Natalie Prystajecky, “Beaver Fe-

11. Mitchell, Charles E., David Tilman, and James V. Groth, "Effects of Grassland Plant Species Diversity, Abundance, and Composition on Foliar Fungal Disease," *Ecology* 83, no. 6 (2002): 1713–1726.
12. Khoury et al., "Increasing Homogeneity in Global Food Supplies and the Implications for Food Security."
13. Zhu, Youyong, et al., "Genetic Diversity and Disease Control in Rice," *Nature* 406, no. 6797 (2000): 718–722.
14. Bowles, Timothy M., et al., "Long-Term Evidence Shows That Crop-Rotation Diversification Increases Agricultural Resilience to Adverse Growing Conditions in North America," *One Earth* 2, no. 3 (2020): 284–293.
15. 本章について優れたコメントや知見を寄せてくれたマーク・カドット、ニック・ハダット、コリン・カウリー、マシュー・ブッカー、スタン・ハーポール、ネイト・サンダースの皆様に感謝する。デルフィン・ルナールは、本章を何度も書き換えるのを辛抱強く手伝ってくれた。

第８章　依存の法則

1. "Safe Prevention of the Primary Cesarean Delivery," *Obstetric Care Consensus*, no. 1 (2014), https://web.archive.org/web/20140302063757/http://www.acog.org/Resources_And_Publications/Obstetric_Care_Consensus_Series/Safe_Prevention_of_the_Primary_Cesarean_Delivery.
2. Neut, C., et al., "Bacterial Colonization of the Large Intestine in Newborns Delivered by Cesarean Section," *Zentralblatt für Bakteriologie, Mikrobiologie und Hygiene. Series A: Medical Microbiology, Infectious Diseases, Virology, Parasitology* 266, nos. 3–4 (1987): 330–337; Biasucci, Giacomo, Belinda Benenati, Lorenzo Morelli, Elena Bessi, and Günther Boehm, "Cesarean Delivery May Affect the Early Biodiversity of Intestinal Bacteria," *Journal of Nutrition* 138, no. 9 (2008): 1796S–1800S.
3. Leidy, Joseph, *Parasites of the Termites* (Collins, printer, 1881), 425.
4. Tung, Jenny, Luis B. Barreiro, Michael B. Burns, Jean-Christophe Grenier, Josh Lynch, Laura E. Grieneisen, Jeanne Altmann, Susan C. Alberts, Ran Blekhman, and Elizabeth A. Archie, "Social Networks Predict Gut Microbiome Composition in Wild Baboons," *elife* 4 (2015): e05224.
5. Dunn, Robert R., Katherine R. Amato, Elizabeth A. Archie, Mimi Arandjelovic, Alyssa N. Crittenden, and Lauren M. Nichols, "The Internal, External and Extended Microbiomes of Hominins," *Frontiers in Ecology and Evolution* 8 (2020): 25.
6. Godoy-Vitorino, Filipa, Katherine C. Goldfarb, Eoin L. Brodie, Maria A. Garcia-Amado, Fabian Michelangeli, and Maria G. Domínguez-Bello, "Developmental Microbial Ecology of the Crop of the Folivorous Hoatzin," *ISME Journal* 4, no. 5 (2010): 611–620; Godoy-Vitorino, Filipa, Katherine C. Goldfarb, Ulas Karaoz, Sara Leal, Maria A. Garcia-Amado, Philip Hugenholtz, Susannah G. Tringe, Eoin L. Bro-

125–139.
31. Antonson, Nicholas D., Dustin R. Rubenstein, Mark E. Hauber, and Carlos A. Botero, "Ecological Uncertainty Favours the Diversification of Host Use in Avian Brood Parasites," *Nature Communications* 11, no. 1 (2020): 1–7.
32. Beecher, as quoted in the outstanding book by Marzluff, John M., and Tony Angell, *In the Company of Crows and Ravens* (Yale University Press, 2007).
33. 本章に思慮深いコメントを寄せてくれたクリントン・ジェンキンズ、カルロス・ボテロ、ブランダ・ノウエル、フェラン・サヨル、ダニエル・ソル、タビー・フェン、ジュリー・ロックウッド、エイミー・カラン、ジョン・マーズラフ、トレヴァー・ブレストー、カレン・イスラーの皆様に感謝する。

第7章　リスク分散のための多様化

1. Dillard, Annie, "Life on the Rocks: The Galápagos," section 2, in *Teaching a Stone to Talk: Expeditions and Encounters* (HarperPerennial, 1988). 〔『石に話すことを教える』〕
2. Hutchinson, G. Evelyn, "The Paradox of the Plankton," *American Naturalist* 95, no. 882 (1961): 137–145.
3. Titman, D., "Ecological Competition Between Algae: Experimental Confirmation of Resource-Based Competition Theory," *Science* 192, no. 4238 (1976): 463–465. (Note: this paper was written before David Tilman changed his last name to Tilman.)
4. Tilman, D., and J. A. Downing, "Biodiversity and Stability in Grasslands," *Nature* 367, no. 6461 (1994): 363–365.
5. Tilman, D., P. B. Reich, and J. M. Knops, "Biodiversity and Ecosystem Stability in a Decade-Long Grassland Experiment," *Nature* 441, no. 7093 (2006): 629–632.
6. Dolezal, Jiri, Pavel Fibich, Jan Altman, Jan Leps, Shigeru Uemura, Koichi Takahashi, and Toshihiko Hara, "Determinants of Ecosystem Stability in a Diverse Temperate Forest," *Oikos* 129, no. 11 (2020): 1692–1703.
7. 一例として Gonzalez, Andrew, et al., "Scaling-Up Biodiversity-Ecosystem Functioning Research," *Ecology Letters* 23, no. 4 (2020): 757–776 を参照。
8. Cadotte, Marc W., "Functional Traits Explain Ecosystem Function Through Opposing Mechanisms, *Ecology Letters* 20, no. 8 (2017): 989–996.
9. Martin, Adam R., Marc W. Cadotte, Marney E. Isaac, Rubén Milla, Denis Vile, and Cyrille Violle, "Regional and Global Shifts in Crop Diversity Through the Anthropocene," *PLOS ONE* 14, no. 2 (2019): e0209788.
10. Khoury, Colin K., Anne D. Bjorkman, Hannes Dempewolf, Julian Ramirez-Villegas, Luigi Guarino, Andy Jarvis, Loren H. Rieseberg, and Paul C. Struik, "Increasing Homogeneity in Global Food Supplies and the Implications for Food Security," *Proceedings of the National Academy of Sciences* 111, no. 11 (2014): 4001–4006.

16. Fristoe, Trevor S., Andrew N. Iwaniuk, and Carlos A. Botero, "Big Brains Stabilize Populations and Facilitate Colonization of Variable Habitats in Birds," *Nature Ecology and Evolution* 1, no. 11 (2017): 1706–1715.
17. Sol, D., J. Maspons, M. Vall-Llosera, I. Bartomeus, G. E. Garcia-Pena, J. Piñol, and R. P. Freckleton, "Unraveling the Life History of Successful Invaders," *Science* 337, no. 6094 (2012): 580–583.
18. Sayol, Ferran, Daniel Sol, and Alex L. Pigot, "Brain Size and Life History Interact to Predict Urban Tolerance in Birds," *Frontiers in Ecology and Evolution* 8 (2020): 58.
19. Oliver, Mary, *New and Selected Poems: Volume One* (Beacon Press, 1992), 220, Kindle.
20. Haupt, Lyanda Lynn, *Crow Planet: Essential Wisdom from the Urban Wilderness* (Little, Brown, 2009).
21. Thoreau, Henry David, *The Journal 1837–1861*, Journal 7, September 1, 1854–October 30, 1855 (New York Review of Books Classics, 2009), chap. 5, January 12, 1855.
22. Sington, David, and Christopher Riley, *In the Shadow of the Moon* (Vertigo Films, 2007), film.
23. Pimm, Stuart L., Julie L. Lockwood, Clinton N. Jenkins, John L. Curnutt, M. Philip Nott, Robert D. Powell, and Oron L. Bass Jr., "Sparrow in the Grass: A Report on the First Ten Years of Research on the Cape Sable Seaside Sparrow (*Ammodramus maritimus mirabilis*)" (unpublished report, 2002), www.nps.gov/ever/learn/nature/upload/MON97-8FinalReportSecure.pdf.
24. Lopez, Barry, *Of Wolves and Men* (Simon and Schuster, 1978).〔『オオカミと人間』、中村妙子・岩原明子（訳）、草思社、1984〕
25. Ducatez, Simon, Daniel Sol, Ferran Sayol, and Louis Lefebvre, "Behavioural Plasticity Is Associated with Reduced Extinction Risk in Birds," *Nature Ecology and Evolution* 4, no. 6 (2020): 788–793.
26. Sol, Daniel, Sven Bacher, Simon M. Reader, and Louis Lefebvre, "Brain Size Predicts the Success of Mammal Species Introduced into Novel Environments," *American Naturalist* 172, no. S1 (2008): S63–S71.
27. Van Woerden, Janneke T., Erik P. Willems, Carel P. van Schaik, and Karin Isler, "Large Brains Buffer Energetic Effects of Seasonal Habitats in Catarrhine Primates," *Evolution: International Journal of Organic Evolution* 66, no. 1 (2012): 191–199.
28. Kalan, Ammie K., et al., "Environmental Variability Supports Chimpanzee Behavioural Diversity," *Nature Communications* 11, no. 1 (2020): 1–10.
29. Marzluff and Angell, *Gifts of the Crow*, 6.〔『世界一賢い鳥、カラスの科学』〕
30. Nowell, Branda, and Joseph Stutler, "Public Management in an Era of the Unprecedented: Dominant Institutional Logics as a Barrier to Organizational Sensemaking," *Perspectives on Public Management and Governance* 3, no. 2 (2020):

2. Diamond, Sarah E., Lacy Chick, Abe Perez, Stephanie A. Strickler, and Ryan A. Martin, "Rapid Evolution of Ant Thermal Tolerance Across an Urban-Rural Temperature Cline," *Biological Journal of the Linnean Society* 121, no. 2 (2017): 248–257.
3. Grant, Barbara Rosemary, and Peter Raymond Grant, "Evolution of Darwin's Finches Caused by a Rare Climatic Event," *Proceedings of the Royal Society B: Biological Sciences* 251, no. 1331 (1993): 111–117.
4. Rutz, Christian, and James J. H. St Clair, "The Evolutionary Origins and Ecological Context of Tool Use in New Caledonian Crows," *Behavioural Processes* 89, no. 2 (2012): 153–165.
5. Marzluff, John, and Tony Angell, *Gifts of the Crow: How Perception, Emotion, and Thought Allow Smart Birds to Behave Like Humans* (Free Press, 2012).〔『世界一賢い鳥、カラスの科学』、東郷えりか（訳）、河出書房新社、2013〕
6. Mayr, Ernst, "Taxonomic Categories in Fossil Hominids," in *Cold Spring Harbor Symposia on Quantitative Biology*, vol. 15 (Cold Spring Harbor Laboratory Press, 1950), 109–118.
7. Dillard, Annie, "Living Like Weasels," in *Teaching a Stone to Talk: Expeditions and Encounters* (HarperPerennial, 1988), last paragraph.〔『石に話すことを教える』、内田美恵（訳）、めるくまーる、1993〕
8. Sol, Daniel, Richard P. Duncan, Tim M. Blackburn, Phillip Cassey, and Louis Lefebvre, "Big Brains, Enhanced Cognition, and Response of Birds to Novel Environments," *Proceedings of the National Academy of Sciences* 102, no. 15 (2005): 5460–5465.
9. Fristoe, Trevor S., and Carlos A. Botero, "Alternative Ecological Strategies Lead to Avian Brain Size Bimodality in Variable Habitats," *Nature Communications* 10, no. 1 (2019): 1–9.
10. Schuck-Paim, Cynthia, Wladimir J. Alonso, and Eduardo B. Ottoni, "Cognition in an Ever-Changing World: Climatic Variability Is Associated with Brain Size in Neotropical Parrots," *Brain, Behavior and Evolution* 71, no. 3 (2008): 200–215.
11. Wagnon, Gigi S., and Charles R. Brown, "Smaller Brained Cliff Swallows Are More Likely to Die During Harsh Weather," *Biology Letters* 16, no. 7 (2020): 20200264.
12. Vincze, Orsolya, "Light Enough to Travel or Wise Enough to Stay? Brain Size Evolution and Migratory Behavior in Birds," *Evolution* 70, no. 9 (2016): 2123–2133.
13. Sayol, Ferran, Joan Maspons, Oriol Lapiedra, Andrew N. Iwaniuk, Tamás Székely, and Daniel Sol, "Environmental Variation and the Evolution of Large Brains in Birds," *Nature Communications* 7, no. 1 (2016): 1–8.
14. Weiner, J., *The Beak of the Finch: A Story of Evolution in Our Time* (Knopf, 1994).〔『フィンチの嘴――ガラパゴスで起きている種の変貌』〕
15. Marzluff and Angell, *Gifts of the Crow*, 13.〔『世界一賢い鳥、カラスの科学』〕

ト・フィッツパトリック、アンナ＝ソフィー・ステンスガルド、ベアトリス・ハーン、ベス・アーチー、マイケル・レイスキンドの皆様に感謝する。

第5章　ヒトのニッチ

1. Xu, Chi, Timothy A. Kohler, Timothy M. Lenton, Jens-Christian Svenning, and Marten Scheffer, "Future of the Human Climate Niche," *Proceedings of the National Academy of Sciences* 117, no. 21 (2020): 11350–11355.
2. Manning, Katie, and Adrian Timpson, "The Demographic Response to Holocene Climate Change in the Sahara," *Quaternary Science Reviews* 101 (2014): 28–35.
3. Hsiang, Solomon M., Marshall Burke, and Edward Miguel, "Quantifying the Influence of Climate on Human Conflict," *Science* 341, no. 6151 (2013), https://doi.org/10.1126/science.1235467.
4. Larrick, Richard P., Thomas A. Timmerman, Andrew M. Carton, and Jason Abrevaya, "Temper, Temperature, and Temptation: Heat-Related Retaliation in Baseball," *Psychological Science* 22, no. 4 (2011): 423–428.
5. Kenrick, Douglas T., and Steven W. MacFarlane, "Ambient Temperature and Horn Honking: A Field Study of the Heat/Aggression Relationship," *Environment and Behavior* 18, no. 2 (1986): 179–191.
6. Rohles, Frederick H., "Environmental Psychology—Bucket of Worms," *Psychology Today* 1, no. 2 (1967): 54–63.
7. Almås, Ingvild, Maximilian Auffhammer, Tessa Bold, Ian Bolliger, Aluma Dembo, Solomon M. Hsiang, Shuhei Kitamura, Edward Miguel, and Robert Pickmans, *Destructive Behavior, Judgment, and Economic Decision-Making Under Thermal Stress*, working paper 25785 (National Bureau of Economic Research, 2019), https://www.nber.org/papers/w25785.
8. Burke, Marshall, Solomon M. Hsiang, and Edward Miguel, "Global Non-Linear Effect of Temperature on Economic Production," *Nature* 527, no. 7577 (2015): 235–239.

9. 本章を読んで思慮深いコメントを寄せてくれたソロモン・シアン、マイク・ガヴィン、ジェン＝クリスチャン・スヴェニング、徐驰、マット・フィッツパトリック、ネイト・サンダース、エドワード・ミゲル、イングヴィルド・アルマス、マールテン・シェファーの皆様に感謝する。

第6章　カラスの知能

1. Pendergrass, Angeline G., Reto Knutti, Flavio Lehner, Clara Deser, and Benjamin M. Sanderson, "Precipitation Variability Increases in a Warmer Climate," *Scientific Reports* 7, no. 1 (2017): 1–9; Bathiany, Sebastian, Vasilis Dakos, Marten Scheffer, and Timothy M. Lenton, "Climate Models Predict Increasing Temperature Variability in Poor Countries," *Science Advances* 4, no. 5 (2018): eaar5809.

8. Araújo, Adauto, and Karl Reinhard, "Mummies, Parasites, and Pathoecology in the Ancient Americas," in *The Handbook of Mummy Studies: New Frontiers in Scientific and Cultural Perspectives*, ed. Dong Hoon Shin and Raffaella Bianucci (Springer, 2021).
9. Bos, Kirsten I., et al., "Pre-Columbian Mycobacterial Genomes Reveal Seals as a Source of New World Human Tuberculosis," *Nature* 514, no. 7523 (2014): 494–497.
10. Wolfe, Nathan D., Claire Panosian Dunavan, and Jared Diamond, "Origins of Major Human Infectious Diseases," *Nature* 447, no. 7142 (2007): 279–283.
11. Koch, Alexander, Chris Brierley, Mark M. Maslin, and Simon L. Lewis, "Earth System Impacts of the European Arrival and Great Dying in the Americas After 1492," *Quaternary Science Reviews* 207 (2019): 13–36.
12. Matile-Ferrero, D., "Cassava Mealybug in the People's Republic of Congo," in *Proceedings of the International Workshop on the Cassava Mealybug Phenacoccus manihoti Mat.-Ferr. (Pseudococcidae)*, held at INERAM'vuazi, Bas-Zaire, Zaire, June 26–29, 1977 (International Institute of Tropical Agriculture, 1978), 29–46.
13. Cox, Jennifer M., and D. J. Williams, "An Account of Cassava Mealybugs (Hemiptera: Pseudococcidae) with a Description of a New Species," *Bulletin of Entomological Research* 71, no. 2 (1981): 247–258.
14. Bellotti, Anthony C., Jesus A. Reyes, and Ana María Varela, "Observations on Cassava Mealybugs in the Americas: Their Biology, Ecology and Natural Enemies," in Sixth Symposium of the International Society for Tropical Root Crops, 339–352 (1983).
15. Herren, H. R., and P. Neuenschwander, "Biological Control of Cassava Pests in Africa," *Annual Revue of Entomology* 36 (1991): 257–283.
16. キャッサバコナカイガラムシについては、ロブ・ダン著 *Never Out of Season: How Having the Food We Want When We Want It Threatens Our Food Supply and Our Future* (Little, Brown, 2017)〔『世界からバナナがなくなるまえに――食糧危機に立ち向かう科学者たち』、高橋洋（訳）、青土社、2017〕で詳しく述べている。
17. Onokpise, Oghenekome, and Clifford Louime, "The Potential of the South American Leaf Blight as a Biological Agent," *Sustainability* 4, no. 11 (2012): 3151–3157.
18. Stensgaard, Anna-Sofie, Robert R. Dunn, Birgitte J. Vennervald, and Carsten Rahbek, "The Neglected Geography of Human Pathogens and Diseases," *Nature Ecology and Evolution* 1, no. 7 (2017): 1–2.
19. Fitzpatrick, Matt, "Future Urban Climates: What Will Cities Feel Like in 60 Years?," University of Maryland Center for Environmental Science, www.umces.edu/futureurbanclimates.
20. 本章を読んでコメントを寄せてくれたハンス・ヘレン、ジーン・リスタイノ、アイナラ・システィアガ・グティエレス、アジト・ヴァーキ、チャーリー・ナン、マッ

ed. Steward T. A. Pickett, Mary L. Cadenasso, J. Morgan Grove, Elena G. Irwin, Emma J. Rosi, and Christopher M. Swan (Yale University Press, 2019), 24.
6. Carlen, Elizabeth, and Jason Munshi-South, "Widespread Genetic Connectivity of Feral Pigeons Across the Northeastern Megacity," *Evolutionary Applications* 14, no. 1 (2020): 150–162.
7. Tang, Qian, Hong Jiang, Yangsheng Li, Thomas Bourguignon, and Theodore Alfred Evans, "Population Structure of the German Cockroach, *Blattella germanica*, Shows Two Expansions Across China," *Biological Invasions* 18, no. 8 (2016): 2391–2402.
8. 本章を読んで役立つコメントを寄せてくれたアダム・テランド、ジョージ・ヘス、ネイト・サンダース、ニック・ハダット、ジェニファー・コンスタンザ、ジェイソン・ムンシ＝サウス、ダグ・リーヴィ、ヘザー・ケイトン、カーティス・ベリヤの皆様に感謝する。

第４章　人類最後のエスケープ

1. Xu, Meng, Xidong Mu, Shuang Zhang, Jaimie T. A. Dick, Bingtao Zhu, Dangen Gu, Yexin Yang, Du Luo, and Yinchang Hu, "A Global Analysis of Enemy Release and Its Variation with Latitude," *Global Ecology and Biogeography* 30, no. 1 (2021): 277–288.
2. Seyfarth, Robert M., Dorothy L. Cheney, and Peter Marler, "Monkey Responses to Three Different Alarm Calls: Evidence of Predator Classification and Semantic Communication," *Science* 210, no. 4471 (1980): 801–803.
3. Headland, Thomas N., and Harry W. Greene, "Hunter-Gatherers and Other Primates as Prey, Predators, and Competitors of Snakes," *Proceedings of the National Academy of Sciences* 108, no. 52 (2011): E1470–E1474.
4. Dunn, Robert R., T. Jonathan Davies, Nyeema C. Harris, and Michael C. Gavin, "Global Drivers of Human Pathogen Richness and Prevalence," *Proceedings of the Royal Society B: Biological Sciences* 277, no. 1694 (2010): 2587–2595.
5. Varki, Ajit, and Pascal Gagneux, "Human-Specific Evolution of Sialic Acid Targets: Explaining the Malignant Malaria Mystery?," *Proceedings of the National Academy of Sciences* 106, no. 35 (2009): 14739–14740.
6. Loy, Dorothy E., Weimin Liu, Yingying Li, Gerald H. Learn, Lindsey J. Plenderleith, Sesh A. Sundararaman, Paul M. Sharp, and Beatrice H. Hahn, "Out of Africa: Origins and Evolution of the Human Malaria Parasites *Plasmodium falciparum* and *Plasmodium vivax*," *International Journal for Parasitology* 47, nos. 2–3 (2017): 87–97.
7. このような寄生体の進化について詳しくは、Kidgell, Claire, Ulrike Reichard, John Wain, Bodo Linz, Mia Torpdahl, Gordon Dougan, and Mark Achtman, "*Salmonella typhi*, the Causative Agent of Typhoid Fever, Is Approximately 50,000 Years Old," *Infection, Genetics and Evolution* 2, no. 1 (2002): 39–45 を参照。

15. Puckett, Emily E., Emma Sherratt, Matthew Combs, Elizabeth J. Carlen, William Harcourt-Smith, and Jason Munshi-South, “Variation in Brown Rat Cranial Shape Shows Directional Selection over 120 Years in New York City,” *Ecology and Evolution* 10, no. 11 (2020): 4739–4748.
16. Combs, Matthew, Kaylee A. Byers, Bruno M. Ghersi, Michael J. Blum, Adalgisa Caccone, Federico Costa, Chelsea G. Himsworth, Jonathan L. Richardson, and Jason Munshi-South, “Urban Rat Races: Spatial Population Genomics of Brown Rats (*Rattus norvegicus*) Compared Across Multiple Cities,” *Proceedings of the Royal Society B: Biological Sciences* 285, no. 1880 (2018): 20180245.
17. Cheptou, P.-O., O. Carrue, S. Rouifed, and A. Cantarel, “Rapid Evolution of Seed Dispersal in an Urban Environment in the Weed *Crepis sancta*,” *Proceedings of the National Academy of Sciences* 105, no. 10 (2008): 3796–3799.
18. Thompson, Ken A., Loren H. Rieseberg, and Dolph Schluter, “Speciation and the City,” *Trends in Ecology and Evolution* 33, no. 11 (2018): 815–826.
19. Palopoli, Michael F., Daniel J. Fergus, Samuel Minot, Dorothy T. Pei, W. Brian Simison, Iria Fernandez-Silva, Megan S. Thoemmes, Robert R. Dunn, and Michelle Trautwein, “Global Divergence of the Human Follicle Mite *Demodex folliculorum*: Persistent Associations Between Host Ancestry and Mite Lineages,” *Proceedings of the National Academy of Sciences* 112, no. 52 (2015): 15958–15963.
20. 本章について有益なコメントを寄せてくれたクリスティーナ・カウジャー、フレッド・グールド、ジーン・リスタイノ、ヤエル・キゼル、ティム・バラクロウ、ジェイソン・ムンシ＝サウス、ライアン・マーティン、ネイト・サンダース、ウィル・キムラー、ジョージ・ヘス、ニコラス・ゴテリの皆様に深く感謝する。

第3章　うかつにも建造された方舟

1. Pocheville, Arnaud, “The Ecological Niche: History and Recent Controversies,” in *Handbook of Evolutionary Thinking in the Sciences*, ed. Thomas Heams, Philippe Huneman, Guillaume Lecointre, and Marc Silberstein (Springer, 2015), 547–586.
2. Munshi-South, Jason, “Urban Landscape Genetics: Canopy Cover Predicts Gene Flow Between White-Footed Mouse (*Peromyscus leucopus*) Populations in New York City,” *Molecular Ecology* 21, no. 6 (2012): 1360–1378.
3. Finkel, Irving, *The Ark Before Noah: Decoding the Story of the Flood* (Hachette UK, 2014).〔『ノアの箱舟の真実――「大洪水伝説」をさかのぼる』、宮崎修二、標珠実（訳）、明石出版、2018〕
4. Terando, Adam J., Jennifer Costanza, Curtis Belyea, Robert R. Dunn, Alexa McKerrow, and Jaime A. Collazo, “The Southern Megalopolis: Using the Past to Predict the Future of Urban Sprawl in the Southeast US,” *PLOS ONE* 9, no. 7 (2014): e102261.
5. Kingsland, Sharon E., “Urban Ecological Science in America,” in *Science for the Sustainable City: Empirical Insights from the Baltimore School of Urban Ecology*,

第2章　都会のガラパゴス

1. Wilson, Edward O., *Naturalist* (Island Press, 2006), 15.〔『ナチュラリスト』（上下）、荒木正純（訳）、法政大学出版局、1996〕
2. Gotelli, Nicholas J., *A Primer of Ecology*, 3rd ed. (Sinauer Associates, 2001), 156.
3. Moore, Norman W., and Max D. Hooper, "On the Number of Bird Species in British Woods," *Biological Conservation* 8, no. 4 (1975): 239–250.
4. Williams, Terry Tempest, *Erosion: Essays of Undoing* (Sarah Crichton Books, 2019), ix.
5. Quammen, David, *The Song of the Dodo: Island Biogeography in an Age of Extinction* (Scribner, 1996)〔『ドードーの歌——美しい世界の島々からの警鐘』（上下）、鈴木主税（訳）、河出書房新社、1997〕; Kolbert, Elizabeth, The Sixth Extinction: An Unnatural History (Henry Holt, 2014).〔『6度目の大絶滅』、鍛原多惠子（訳）、NHK出版、2015〕
6. Chase, Jonathan M., Shane A. Blowes, Tiffany M. Knight, Katharina Gerstner, and Felix May, "Ecosystem Decay Exacerbates Biodiversity Loss with Habitat Loss," *Nature* 584, no. 7820 (2020): 238–243.
7. MacArthur, R. H., and E. O. Wilson, *The Theory of Island Biogeography*, Princeton Landmarks in Biology (Princeton University Press, 2001), 152.
8. Darwin, Charles, *Journal of Researches into the Geology and Natural History of the Various Countries Visited by H.M.S. Beagle, Under the Command of Captain FitzRoy, R.N., from 1832 to 1836* (Henry Colborun, 1839), in chap. 17.〔『ビーグル号航海記』〕
9. Coyne, Jerry A., and Trevor D. Price, "Little Evidence for Sympatric Speciation in Island Birds," *Evolution* 54, no. 6 (2000): 2166–2171.
10. Darwin, Charles, *On the Origin of Species*, 6th ed. (John Murray, 1872), in chap. 13.〔『種の起源』〕
11. Quammen, *The Song of the Dodo*, 19.〔『ドードーの歌——美しい世界の島々からの警鐘』〕
12. Izzo, Victor M., Yolanda H. Chen, Sean D. Schoville, Cong Wang, and David J. Hawthorne, "Origin of Pest Lineages of the Colorado Potato Beetle (Coleoptera: Chrysomelidae)," *Journal of Economic Entomology* 111, no. 2 (2018): 868–878.
13. Martin, Michael D., Filipe G. Vieira, Simon Y. W. Ho, Nathan Wales, Mikkel Schubert, Andaine Seguin-Orlando, Jean B. Ristaino, and M. Thomas P. Gilbert, "Genomic Characterization of a South American Phytophthora Hybrid Mandates Reassessment of the Geographic Origins of *Phytophthora infestans*," *Molecular Biology and Evolution* 33, no. 2 (2016): 478–491.
14. McDonald, Bruce A., and Eva H. Stukenbrock, "Rapid Emergence of Pathogens in Agro-Ecosystems: Global Threats to Agricultural Sustainability and Food Security," *Philosophical Transactions of the Royal Society B: Biological Sciences* 371, no. 1709 (2016): 20160026.

第1章　生物界による不意打ち

1. Steffen, W., W. Broadgate, L. Deutsch, O. Gaffney, and C. Ludwig, "The Trajectory of the Anthropocene: The Great Acceleration," *Anthropocene Review* 2, no. 1 (2015): 81–98.
2. Comte de Buffon, Georges-Louis Leclerc, *Histoire naturelle, générale et particulière*, vol. 12, *Contenant les époques de la nature* (De L'Imprimerie royale, 1778).
3. Gaston, Kevin J., and Tim M. Blackburn, "Are Newly Described Bird Species Small-Bodied?," *Biodiversity Letters* 2, no. 1 (1994): 16–20.
4. National Research Council, *Research Priorities in Tropical Biology* (US National Academy of Sciences, 1980).
5. Rice, Marlin E., "Terry L. Erwin: She Had a Black Eye and in Her Arm She Held a Skunk," *ZooKeys* 500 (2015): 9–24; originally published in *American Entomologist* 61, no. 1 (2015): 9–15.
6. Erwin, Terry L., "Tropical Forests: Their Richness in Coleoptera and Other Arthropod Species," *The Coleopterists Bulletin* 36, no. 1 (1982): 74–75.
7. Stork, Nigel E., "How Many Species of Insects and Other Terrestrial Arthropods Are There on Earth?," *Annual Review of Entomology* 63 (2018): 31–45.
8. Barberán, Albert, et al., "The Ecology of Microscopic Life in House-hold Dust," *Proceedings of the Royal Society B: Biological Sciences* 282, no. 1814 (2015): 20151139.
9. Locey, Kenneth J., and Jay T. Lennon, "Scaling Laws Predict Global Microbial Diversity," *Proceedings of the National Academy of Sciences* 113, no. 21 (2016): 5970–5975.
10. Erwin, quoted in Strain, Daniel, "8.7 Million: A New Estimate for All the Complex Species on Earth," *Science* 333, no. 6046 (2011): 1083.
11. この一節は Robinson, Andrew, "Did Einstein Really Say That?," *Nature* 557, no. 7703 (2018): 30–31 から引用。
12. Liu, Li, Jiajing Wang, Danny Rosenberg, Hao Zhao, György Lengyel, and Dani Nadel, "Fermented Beverage and Food Storage in 13,000 Y-Old Stone Mortars at Raqefet Cave, Israel: Investigating Natufian Ritual Feasting," *Journal of Archaeological Science: Reports* 21 (2018): 783–793.
13. ジャック・ロンギーノの推定に基づく。
14. Hallmann, Caspar A., et al., "More Than 75 Percent Decline over 27 Years in Total Flying Insect Biomass in Protected Areas," *PLOS ONE* 12, no. 10 (2017): e0185809.
15. 本章を読んで思慮深いコメントを寄せてくれたブライアン・ヴィーグマン、ミシェル・トラウトワイン、フリード・ウェルカー、マーティン・ドイル、ナイジェル・ストーク、ケン・ローシー、ジェイ・レノン、カレン・ロイド、ピーター・レーヴンの皆様に感謝する。トマス・パペからは特に多くの有益なコメントを寄せてもらった。

註

本書全体を通して、ヴィクトリア・プライアー、T・J・ケレハー、そしてブランドン・プロイアが、編集上の優れたアドバイスをしてくれた。生態学の法則の重要性について検討する上で、クリスタ・クラップが投資家の観点から力を貸してくれた。本書の土台となっている研究の多くは、ノースカロライナ州立大学の応用生態学部、およびコペンハーゲン大学の進化ホロゲノミクスセンターが提供してくれた環境のもとで実施されたものである。また、本書の知見をもたらした研究の多くは、アメリカ国立科学財団の資金提供により実施されたものである。基礎生物学を通して解明される一般的な真理が、実践的な行動を可能にしてくれている。本書は、スローン財団の惜しみない支援なくしては、おそらく出版まで漕ぎ着けられなかっただろう。本書をどんな本にするか（したいか）というビジョンを描いてくれたドロン・ウェーバーには、特に深く感謝している。毎度のことながら、最大級のありがとうを言わねばならないのは、モニカ・サンチェスだ。着想を得て夜中の2時に起き出した私が、生物の法則について語るのに耳を傾けてくれた。私が疾病の地理的分布について喋るのを聞きながら、一度ならずも朝食を共にしてくれた。そして、海面上昇について語り合いながら、美しいデンマークの海岸線を一緒に歩いてくれた。ありがとう、モニカ。

序章

1. Ghosh, Amitav, *The Great Derangement: Climate Change and the Unthinkable* (Chicago University Press, 2016), 5.〔『大いなる錯乱――気候変動と〈思考しえぬもの〉』、三原芳秋・井沼香保里（訳）、以文社、2022〕
2. Ammons, A. R., “Downstream,” in *Brink Road* (W. W. Norton, 1997).
3. Weiner, J., *The Beak of the Finch: A Story of Evolution in Our Time* (Knopf, 1994), 298.〔『フィンチの嘴――ガラパゴスで起きている種の変貌』、樋口広芳・黒沢令子（訳）、ハヤカワ・ノンフィクション文庫、2001〕
4. ミシシッピ川とその作用について、マーティン・ドイルが極めて有益な知見を与えてくれた。アメリカの河川に関するマーティンの優れた著書、Doyle, Martin, *The Source: How Rivers Made America and America Remade Its Rivers* (W. W. Norton, 2018) を参照。

ISBN 978-4-8269-0245-8

ヒトという種の未来について
生物界の法則が教えてくれること

二〇二三年二月十三日　第一版第一刷発行

著　者　ロブ・ダン
訳　者　今西康子
発行者　中村幸慈
発行所　株式会社　白揚社　©2023 in Japan by Hakuyosha
〒101-0062　東京都千代田区神田駿河台1-7
電話 03-5281-9772　振替 00130-1-25400
装　幀　川添英昭
印刷・製本　中央精版印刷株式会社